山东耕地质量评价与应用丛书

平度耕地

孙 坚 主编

山东大学出版社

《平度耕地》编委会

前　言

平度市于1981年参与开展了全国第二次土壤普查工作，对全市的地形地貌、岩石与成土母质、土壤类型、土壤理化性状、土壤培肥与改良等方面进行了翔实的调查分析和研究工作，系统整理和编写出了比较全面、科学完整的基础资料《平度县土壤志》。在较长时期内，对平度市的土肥技术推广应用起到了巨大的指导作用，有效地促进了农业生产的发展。但由于受当时条件限制，在样品采集、检测能力、分析方法等环节存在一些不足。特别是三十多年来，随着农业生产的快速发展，种植制度、耕作方式、施肥状况、耕地土壤养分状况等都已发生较大变化，原有的某些数据、资料已不能有效地反映目前的耕地地力状况。因此，进一步搞好耕地地力评价工作以更好地指导农业生产，具有重要的现实意义。

从2006年开始，平度市分别承担实施了青岛市和国家的测土配方施肥补贴项目。根据《农业部办公厅关于做好耕地地力评价工作的通知》（农办农[2007]66号）统一部署，平度市2006～2009年共采集用于耕地地力评价的土壤样品2081个，检测土壤理化性状34381项次，相对应调查完成农户基本情况调查表和农户施肥信息调查表各2081份。样点覆盖了全市的主要土壤类型、作物种类和种植方式。对全部样点进行了卫星定位，并通过严格科学筛选，形成了耕地地力调查的有效点位数据库，采用ACCESS软件进行分析、GIS软件进行系统评价、MAPGIS系统绘制图件，最后完成了土壤理化性状分析与评价、耕地地力分析与评价、耕地资源合理利用与改良等文字资料和相关专题研究报告，制作出了土壤养分含量分布图、耕地地力评价成果图等24幅图件。同时，研发了"平度市土壤养分管理与施肥信息系统"，并在江北（平度）农业信息网上开通应用，农户通过电脑便可以足不出户地查询到耕地土壤养分状况和施肥技术信息，促进了配方施肥技术的应用。

平度市耕地地力评价工作是在青岛市农委具体指导下完成的；中共平度市委、市政府高度重视，加强组织领导，及时协调督导，确保了工作的顺利开展；平度市国土局、统计局、气象局、水利局、农机局、畜牧局、财政局、审计局等部门以及各镇（街道办事处）都给予了大力协助和支持；山东省土肥总站、青岛市土肥站、山东农业大学、青岛农业大学、青岛各区市农业局等也都提供了技术支持和帮助，在此一并表示感谢！

《平度耕地》是对平度市耕地地力评价工作成果的汇编，广大农技人员在土样采集、野外调查等方面付出了艰辛的劳动，编写人员在资料收集与汇总、数据统计与分析、资源利用与改良等方面实事求是、科学严谨、一丝不苟。由于技术水平所限、时间仓促，难免存在问题，希望广大读者及专家学者们批评指正，以便进一步修改提高。

编　委

2015 年 9 月

目 录

第一章　自然与农业生产情况

第一节　自然条件

一、地理位置与交通

平度市位于胶东半岛西部，东经 119°31′～120°19′、北纬 36°28′～37°02′。隶属山东省青岛市，东以小沽河、大沽河为界，与莱西市和即墨市相邻；西及西南以胶莱河为界，与昌邑市和高密市相望；南与胶州市毗邻；北与莱州市接壤。东西横距约 71km，南北纵距约 64km，土地总面积为 3175.63km^2。境内有大莱龙铁路、海青铁路，S16、S21、G15、G2011 四条高速公路，以及 S804、S217、S218、S219、S220、S603 等省道，形成了纵横交织、四通八达的道路交通网络，是胶东半岛连接内陆腹地的交通咽喉。

二、行政区划

平度市是山东省面积最大的县级市。2009 年，平度市辖张戈庄、郭庄、南村、仁兆、古岘、麻兰、门村、长乐、店子、灰埠、新河、张舍、田庄、马戈庄、白埠、蓼兰、万家、兰底、崔家集、明村、大泽山、崔召、云山、祝沟、旧店、大田 26 个镇，城关、李园、同和、香店 4 个街道办事处，1 个经济开发区，1785 个行政村，总户数为 426010 户，总人口为 1375751 人，其中农业人口为 932136 人，占总人口的 67.8%，非农业人口为 443615 人，占总人口的 32.2%。2012 年 12 月，平度市调整了镇（街道办事处）的行政区划，现辖 17 个镇（街道办事处）：12 个镇、5 个街道办事处。

三、气　候

平度市属于暖温带半湿润季风区大陆性气候，光照充足，四季分明，春季干旱多风、夏季湿热多雨、秋季温和凉爽、冬季寒冷干燥，年内各个季节气象条件差异比较明显。

（一）日　照

平度市历年（1971～2000 年）平均日照总时数为 2642.9h，历年各月平均日照百分率为 60%。日照时数以 5 月最多，为 272.4h，12 月最少，为 186.8h。

（二）气　温

平度市历年平均气温为 12.2℃。极端最高气温为 38.4℃（1997 年 6 月 21 日），极端最低气温为－17.6℃（1982 年 1 月 19 日）。最热月为 7 月，月平均气温为 25.5℃，最冷月为1月，月平均气温为-2.6℃。月平均气温年较差为28.1℃，气温年平均日较差为10.8℃。

初霜期一般出现在10月22日前后，最早为10月11日，最晚为11月2日；终霜期一般出现在4月8日前后，最早为3月10日，最晚为5月19日。全年平均无霜期为195.5天，最长216天，最短147天。

日平均气温稳定通过0℃以上的持续天数（农作物耕作期）为283.3天，时间是2月26日至12月5日，可供作物生长的有效积温为4593.6℃；日平均气温稳定通过3℃以上的持续天数为255.9天，时间是3月13日至11月23日，可供作物生长的有效积温为4510.4℃；日平均气温稳定通过5℃以上的持续天数为239.9天，时间是3月22日至11月16日，可供作物生长的有效积温为4431.3℃；日平均气温稳定通过10℃以上的持续天数为204.6天，时间是4月8日至10月29日，可供作物生长的有效积温为4130.7℃；日平均气温稳定通过15℃以上的持续天数为155.1天，时间是5月8日至10月9日，可供作物生长的有效积温为3456.7℃。

（三）降　水

平度市降水量年际变化较大，历年平均降水量为609.7mm，季节降水主要集中于夏季（6～8月）。春季降水86.9mm，占年降水量的14.3%；夏季降水391.2mm，占年降水量的64.2%，主汛期一般为7、8月，其间降水315.7mm，占年降水量的51.8%；秋季降水105.5mm，占年降水量的17.3%；冬季降水26.1mm，占年降水量的4.3%。

降水日数历年平均为75.7天。降水日分布与年降水量逐月变化趋势基本一致，夏季最多，春秋季次之，冬季最少。全年以7月最多，平均12.5天；1月最少，平均3.1天。

四、水文特点

（一）河流水系

平度市境内流域面积在30km²以上的河流有29条，多发源于东北部山区，形成了北胶莱河和大沽河两大水系，分别注入渤海、黄海。

北胶莱河水系：北胶莱河在平度市境内长77km，流域面积为1914.06km²；南胶莱河在平度市境内长11.5km，流域面积为304km²。北胶莱河在蓼兰镇南姚家村与南胶莱河分水，汇入的支流有白沙河、现河、龙王河、双山河、淄阳河、泽河等。河水以降水为主要补给来源，系山洪性河道，水势暴涨暴落，最高水位出现的季节与雨季相同，春季一般断流，但因干流地处低洼地带，在旱季对地下水的补给起着重要的作用。

大沽河水系：大沽河发源于招远市境内，在平度市境内长35.6km，流域面积为848.48 km²。汇入的支流有小沽河、墨水河、落药河、南胶莱河等。季节特点与北胶莱河水系相同，只是在旱季对地下水的补给效果不如北胶莱河。

（二）地下潜水

平度市潜水埋深呈季节性变化，水位的升降和水量的大小均随灌溉用水量、降水量的大小呈周期性变化。地下水位变化范围一般为3～7m，最大为9.85m。汛期随着降水量增大、用水量减少，地下水位升高，到9月初升至最高水位，一直持续到翌年2月中旬。随着春灌季节到来，由于补给量减少、用水量增多，地下水位明显下降，到6月降至最低水位。由于受地形、海拔高程影响，潜水埋深总的趋势是自南部、西南部、西北部向东北部逐渐加深。南部、西南部、西北部低洼平原区多数区域潜水埋深为2～3m，潜水参与成土过程，是潮土、砂姜黑土、盐土形成的主要因素之一；北部、西部山前平原区潜水埋深为2～3m，是潮棕壤形成的主要因素之一；山丘地区地势高，潜水埋深在5m以上，未参与成土过程。平度市的层间水为浅层水，地下水流是从北部向西南、西部流动。

（三）潜水矿化度

平度市的两大水系中，大沽河水系流域和北胶莱河水系的中上游流域潜水矿化度大都低于0.5g/L，属淡水，水质较好。北胶莱河水系下游流域中，南村镇西南部、兰底镇南部、蓼兰镇、万家镇、崔家集镇、白埠镇中东部、明村镇中西部、马戈庄镇中西部多为弱矿化水（0.5～2.0g/L）；白埠镇西部、明村镇南及东南部地势低洼区域为中矿化水（2.0～5.0g/L）；张舍镇西部、新河镇中北部为强矿化水（5.0～10.0g/L）；新河镇西北部部分区域为盐水（10.0～30.0g/L）。部分区域弱矿化水、中矿化水可用于农田灌溉，但应慎重，以防止土壤发生次生盐渍化；强矿化水、盐水不能用于农田灌溉。

五、地质、岩石与成土母质

（一）地　质

平度市在大地构造上，位于沂沭断裂带东侧、胶北台拱西翼，为一古老基底褶皱地块。有元古界前震旦系与中生界白垩系组成基底的古老变质岩层，广泛出露于北部山地、丘陵。基岩主要为花岗片麻岩、大理岩、碎屑岩等。第四系松散沉积层，则较集中堆积于东南平原和西南洼地，约占全市总面积的60.8%。积物厚度一般在30m左右，北胶莱河下游的新河镇海相沉积达70m以上。全市可分平北台隆、平南凹陷、平西穹折。大泽山脉在古老岩系之上、第四系松散沉积层之下，发育着良好的白垩系地层。

（二）岩石与成土母质

岩石是矿物的集合体。成土母质由岩石风化而来，是构成土壤的物质基础，因而母岩直接影响母质的特性。任何土壤都是在母质上经生物作用发育演变而来的，它们的发育程度、肥力高低都受到原母质的直接影响。母质是作物大部分矿物质养分的来源。土壤许多物理性质（通透性、持水性、保肥性）都与母质的机械组成和土体构型有关。因此，母岩、母质对土壤的形成、发育、属性、分布类型等有着直接的影响。

1. 岩石概况及其对土壤的影响

按岩石出露情况，平度市的山地丘陵分为花岗岩和花岗片麻岩。其他古老的变质岩，因片理发育好、褶皱强烈，极易风化剥蚀。沉积岩和变质岩多埋于地下。市境北部为大泽山脉，岩石为花岗岩和花岗片麻岩，属酸性岩类，约占全市90%以上。岩石的种类不同，其化学组成也不同，如表1-1所示。因此，所生成的母质及在此母质上发育的土壤的成分、性质也不同。

表 1-1 不同岩石的化学成分表

岩石名称	SiO_2 (%)	Al_2O_3 (%)	Fe_2O_3 (%)	FeO (%)	MgO (%)	CaO (%)	Na_2O (%)	K_2O (%)	H_2O (%)	P_2O_5 (%)
花岗岩	70.18	14.47	1.57	1.78	0.88	1.99	3.48	4.11	0.84	0
砂岩	78.33	4.77	1.07	0.30	1.16	5.30	0.45	1.31	1.63	0.08

花岗岩和花岗片麻岩主要成分是二氧化硅(含量为 70.18%),风化作用较快,因而形成较深厚的风化层。平度市成土母质多为花岗岩、花岗片麻岩风化物,在其风化物上形成的土壤颗粒粗,含二氧化硅多,质地偏砂,保肥、保水能力差,通透性好,养分贫瘠,pH 低于 6.5,呈微酸至酸性。山区土壤质地多为沙壤和砾质土,松类生长良好,适于种植驰名中外的大泽山葡萄。土壤经历风化和淋溶,一价元素已有很大变化,因此,棕壤缺钾。南部、西南部平原土壤中钾元素含量较高,质地多为轻壤、中壤,适于粮油菜生产。

2. 成土母质

平度市处于大泽山系与胶莱河谷平原的交接部位,地势从东北向西南倾斜。山丘部位成土过程以剥蚀为主。市境南部、西南部、西部和西北部受胶莱河谷凹陷和渤海沉降的影响,覆盖着深厚的第四纪松散沉积物。按照所处的地形部位、各种动力的作用及其特征,全市成土母质可分为 5 种类型。

(1)坡积物,主要分布于北部山丘地区和西部丘陵中上部的山坡或陵坡上。由于受到重力作用及暂时的流水作用影响,搬运距离较近,分选性不好,层理不明显或无层理,磨圆度不佳,颗粒粗糙,常间有石砾。坡积物从上到下,母质由粗到细,其厚度也由薄到厚。平度市的荒坡岭和部分梯田,由于不合理的放牧、垦殖,植被遭到破坏,水土流失严重,有机物质和养分含量低,土壤瘠薄,发育为棕壤性土。

(2)洪积物,主要分布于北部山丘地区的山前平原地带。在巨大山洪作用下,把大量物质携带到山前,因坡度骤然变缓而使其迅速沉积,但由于分选作用差,大小碎屑分选不良,颗粒磨圆度不好,粗细颗粒悬殊、混杂凌乱。从山前到平原地区,质地由粗到细,洪积物厚度由薄变厚,土体层次界限不明显,多数地区为厚壤心,呈柱状结构。地下水质好量丰,是山区的粮食囤子。

(3)冲积物,主要分布在河流两侧和部分低洼区,是平度市潮土类的主要成土母质。风化碎屑经河流搬运,在流速缓处沉积下来,常随距河远近,质地由细到粗,呈规律性变化,以大沽河、白沙河、淄阳河两岸最为明显。因具有良好的分选性,剖面沉积层次明显,出现通体砂质、上砂下黏、上黏下砂、黏砂间层、层理交错的构型。这些不同的构型,对土壤的发育、理化性质和肥力等产生很大的影响。

(4)浅湖沼相沉积物,主要分布在胶莱河流域,也就是市西南一带。由湖泊沼泽长期静水沉积而成,颜色较暗,颗粒较细,质地较黏重,物理性状较差,排水困难,是砂姜黑土的主要成土母质。

(5)海相沉积物,主要分布于市西北部。由于渤海海岸上升,风化物在海边沉积,颗粒粗细不一,距海近处为砂粒,距海远处为较细的沉积物。沉积物质地细的养分含量高,质地粗的含量低。水源比较丰富，因含盐分，易形成盐土，对作物生长十分不利。海相沉积物是盐土和滨海盐化潮土的主要成土母质。

六、地形、地貌

(一)地 形

平度市地形为东北高而西南低之势，呈伞形向东南、西南、西北倾斜，可分为三部分。

1. 低 山

低山主要分布于市境北部、东北部，面积为 10917.95 hm^2，占全市总面积的 11.40%。北部是大泽山山脉，蜿蜒起伏，跨大泽山、大田、崔召、云山、旧店、李园等地，有大小山头 2000 余座，较大的山峰有 30 多座，多呈西北—东南走向。主要分两支：一支是大泽山地，由大泽山西峰向南与西南方向伸展约 20km，最高峰是大泽山北峰顶，海拔 736.7m，是全市的最高峰；另一支是两目山地，由大泽山北峰向东和东南方向延伸约 20km，最高的山是青山，海拔 577.4m。这些山脉是市境内主要河流的发源地。

2. 丘 陵

丘陵面积为 84853.55 hm^2，占全市总面积的 18.85%。根据所处位置和外部特征，丘陵可分为三类：一类是山地的延续，与山地的界限较不明显，高度较大，海拔为 150～300m，山坡坡度在 20°左右；一类是孤立状的丘陵，高度较小，海拔一般为 100～200m，丘陵高度较齐，山坡比较平缓；另一类是剥蚀残丘，在冲积平原上，散布着许多短小的、中间被平原隔断的缓丘，具有准平原化的地形特征，海拔为 50～150m。

3. 平原洼地

市境中南部、西北部是平原区，面积为 84563.86 hm^2，占全市总面积的 26.71%，地面高程为 20～50m。市境南部、西南部、胶莱河沿岸是洼地，面积为 135219.86 hm^2，占全市总面积的 42.71%，地面高程多在海拔 10m 以下。特别是胶莱河沿岸的下游地区，海拔最低，在 1.7m 左右。

(二)地 貌

平度市地貌分为 4 个地貌类型、13 个微地貌类型，如表 1-2 所示。

表 1-2 平度市地貌类型表

地貌类型	面积(hm^2)	占土地总面积(%)	主要土壤类型
低山丘陵	95771.50	30.25	
石质山岭	3102.68	0.98	岩石裸露
近山高阶地	3862.52	1.22	棕壤、褐土
荒坡岭	20610.66	6.51	棕壤性土、褐土性土
近山阶地	34636.04	10.94	棕壤、淋溶褐土
岭坡梯田	14341.98	4.53	棕壤、棕壤性土
坡麓梯田	15291.78	4.83	棕壤、褐土、淋溶褐土

续表

地貌类型	面积(hm^2)	占土地总面积(%)	主要土壤类型
缓岗	3925.84	1.24	淋溶褐土
平原	84563.86	26.71	
山前缓平地	48883.04	15.44	潮棕壤、潮土
河滩高地	19249.28	6.08	潮土
微斜平地	16431.54	5.19	潮土、湿潮土
洼地	135219.86	42.71	
槽状洼地	38213.62	12.07	砂姜黑土、湿潮土、滨海盐化潮土、盐土
浅平洼地	97006.24	30.64	砂姜黑土、湿潮土
河谷阶地	1044.78	0.33	
沿河阶地	1044.78	0.33	潮土、棕壤

1. 石质山岭

石质山岭主要分布于大泽山和两目山地的较高部位或顶部，自然覆被度低于60%，以裸露的石质荒岭为主。面积为3102.68 hm^2，仅占土地总面积的0.98%。宜发展林果业。

2. 荒坡岭

荒坡岭多分布于平度北部山区的中上部，坡度大多为20°～30°，面积为20610.66hm^2，占土地总面积的6.51%。自然覆被度高于60%，多为马尾松林地和荒坡，土层薄，多由花岗岩、花岗片麻岩的风化物残积而成。

3. 岭坡梯田

岭坡梯田多分布于平北山丘中上部，地形较陡，坡度为10°～20°，单块梯田面积较小，多数在667m^2以下，梯田群呈阶式环山水平条带状分布，阶差较大，土层浅薄，水土流失严重，多发育为棕壤性土，系人工在坡积洪积、堆积物上垒叠而成。面积为14341.98hm^2，占土地总面积的4.53%。

4. 坡麓梯田

坡麓梯田主要分布于平北山丘下部缓坡处。梯田的形状随坡形而异，但单块田面多呈块状，每块约数亩至十数亩，土层厚薄不等，多发育为中、厚层棕壤，由坡积、洪积物堆积和人工垒叠而成。面积为15291.78hm^2，占土地总面积的4.83%。宜发展林、果业。享有盛名的大泽山葡萄，多种植于坡麓梯田上。

5. 近山高阶地

近山高阶地分布于山前的坡麓之下，地形部位较高，但相对于坡麓则明显的开阔平缓。阶地每块数亩或数十亩，地堰明显，堰高多为1～2m，多发育为厚层和深厚层棕壤，在1m或数米以下可见母岩，由洪积物堆积并经人工修整而成。面积为3862.52hm^2，占土地总面积的1.22%。

6. 近山阶地

近山阶地分布于近山高阶地的下部，地势平缓，地堰高度一般低于1m，每块地十数亩至数十亩不等，土壤多为厚层和深厚层棕壤，由洪积物堆积并经人工修整而成。面积为34636.04hm^2，占土地总面积的10.94%。

7. 缓　岗

缓岗主要分布于兰底镇东南部。由剥蚀残余缓丘发育而成，地势高差起伏较小，相对高差为2～5m，地形缓平，由洪积冲积物堆叠而成，多发于为淋溶褐土。面积为3925.84hm^2，占土地总面积的1.24%。

8. 山前缓平地

山前缓平地位于山前倾斜平地的下部，即山麓洪积扇（锥）中下部扇缘地带，地势缓平，比降一般小于1/400，土层深厚，土壤较肥沃，多发育为潮棕壤，局部有褐土出现，由洪积冲积而成。面积为48883.04hm^2，占土地总面积的15.44%。

9. 微斜平地

微斜平地由河流漫流沉积而成。地面坡降一般在1/5000～1/3000。微斜平地上的水系较河滩高地发达，因田间排水工程配套差，涝灾较重，丰水年渍涝面积可占耕地面积的60%左右。潜水埋深为2～3m，年变幅在1m左右，矿化度为0.5～1.0g/L，土壤类型以潮土、湿潮土为主。根据上述情况，微斜平地旱涝俱存，产量低而不稳定。面积为16431.54hm^2，占土地总面积的5.19%。

10. 河滩高地

河滩高地为古河道漫滩。以砂质土或沙壤质土沿河呈带状分布。平度市系垄岗河滩高地，为洪水经常漫溢的地段，呈脊状，宽3～5km，脊顶与两侧平地高差2～4m，主要分布于大、小沽河西岸和白沙河、现河、淄阳河流域。河滩高地潜水埋深平均在2m以上，年变幅在0.5m左右，潜水矿化度较低，低于0.5g/L，土壤以潮土为主。因潜水质好量丰，无涝、旱、盐碱危害，作物产量较高，是平度市主要的粮油生产基地。面积为19294.28hm^2，占土地总面积的6.08%。

11. 浅平洼地

浅平洼地由静水沉积而成，处于平度市主要河流改道的中间地带，地势缓平而低洼，俗称"漫洼"。洼地边缘地面与洼底相差0.5～1.0m。潜水埋深较浅，干旱季节为1m，汛期接近地表，甚至地面积水，潜水出流不畅，矿化度一般为2～5g/L，局部地区为5～10g/L或10～20g/L。土壤大都为土质较黏的砂姜黑土、湿潮土，局部地区仍有盐碱危害。内涝是农业生产上的主要威胁，常常形成毁灭性的灾害。因此，治涝是改洼治碱的基础条件。全市共97006.24hm^2，占土地总面积的30.64%。

12. 槽状洼地

槽状洼地多为平度市诸河流的堤外洼地，大都呈带状分布。由于河床高出地面，在河道两侧有高堤约束，滩地不断沉积淤高，使两岸堤下相对低洼，形成槽状洼地。槽状洼地潜水埋深在2m以下，矿化度低于0.5g/L，局部地区高于10g/L，有成片盐荒，土壤为沙壤和轻壤。因坡水汇集，排水不畅。面积为38213.62hm^2，占土地总面积的12.07%。

13. 沿河阶地

沿河阶地主要分布于河沟两岸。在河沟不同的曲流段，阶梯的大小、多少亦不相等，最多可有3～5个阶梯，最大田面可达数十亩，最大阶差可超过2m。近河处因河水侧渗，地下水位较浅，为厚层潮土。沟河上游，因坡陡水流急，冲刷作用强烈，阶地田面窄小，土层厚薄不等，多发育为中层、厚层棕壤，由河沟切割并经人工整修而成。面积为1044.78hm^2，占土地总面积的0.33%。沿河阶地多数土层深厚，水源条件好，适宜发展农业和林果业。

七、植　被

(一)针叶林植被

针叶林植被主要分布在大泽山区及部分丘陵中上部。常绿针叶林为赤松天然次生林、黑松人工林和少量的油松林，落叶针叶林为少量落叶松人工林；园林景观绿化主要为雪松、侧柏、龙柏、桧柏、水杉等。

(二)落叶阔叶林植被

落叶阔叶林植被主要为人工林和萌蘖林，代表树种有刺槐、麻栗、毛白杨、榆树、白蜡、柳、国槐、欧美杨、三倍体毛白杨、84K杨、泡桐、法桐、合欢、樱花等乔木林。天然落叶阔叶林发育极差，只有少量的鹅耳枥、水榆花楸、花楸天然次生林；人工栽培的有苹果、桃、杏、李、山楂、核桃、板栗、枣、柿、石榴、樱桃、梨、银杏、杜仲、香椿、茶等。

(三)落叶阔叶灌木植被

天然分布的代表植物有黄荆、连翘、胡枝子、吉氏木蓝、尖叶杜鹃、盐槐、扶芳藤、卫矛、白杜、悬钩子、赤李、郁李等，盐碱地带有柽柳等；人工栽培的有葡萄、桑、紫穗槐、杞柳、蜡条等经济林和红叶小檗、月季、金叶女贞、黄杨等景观植被。

(四)园林草地植被

园林草地植被主要有结缕草、三叶草、高羊毛、麦冬、马尼拉、早熟禾、玉簪、紫叶酢酱草等。

(五)农业植被

农业植被主要有人工栽培农作物和农田杂草两大类。农作物主要有小麦、玉米、棉花、花生、大豆、高粱、谷子、稻、红薯、绿豆、芝麻、红麻、向日葵、土豆、大蒜、葱、苜蓿、姜、牛蒡、山药、西瓜及其他多种瓜果蔬菜。农田杂草主要有马齿苋、播娘蒿、葶苈、荠、小花糖芥、黎蒺藜、碱蓬绿苋、蚤缀、白茅、狗尾草、小蓟、苍耳等。

第二节　农村经济与农业生产情况

一、农村经济情况

2009年，平度市实现地区生产总值460.25亿元，可比增长13.2%，其中农业增加值64.37亿元，可比增长3.0%，占全市地区生产总值的14.0%。农民人均纯收入8850元，比上年增长8.8%。

二、农业生产情况

近年来，平度市秉承农业自然禀赋，把“发展高端特色名牌农业、构筑现代农业产业体系”作为农业转方式、调结构的核心内容，积极实施国家地理标志产品保护，加快推进特色农业发展，培育形成了大泽山葡萄、马家沟芹菜、云山大樱桃、明村西瓜、旧店苹果等一批品牌特色产业，成为全市农业经济增长新亮点。积极推进区域化布局、标准化生产、产业化经营、品牌化运作的“四化”战略，不断完善农业服务、农产品市场流通、农业基础设施保障“三大”体系建设，逐步构筑起了颇有竞争力的现代农业产业体系，整体推进了现代农业发展。平度市作为传统的农业大市，是全国闻名的粮食主产县、强筋小麦生产优势区域、全国商品油料生产基地、全国优质果品生产基地、山东省重要的出口创汇蔬菜生产基地，曾先后被命名为“中国花生之乡”“中国葡萄之乡”“中国大姜之乡”，获得“全国粮食生产先进县(标兵)”“全国食品工业强市”“中国果菜无公害十强市”等荣誉称号。

2009 年，平度市粮食作物播种面积为 202347.3hm^2，总产 1.4788×10^6t。其中，夏粮(小麦)总产 7.027×10^5t；秋粮总产 7.761×10^5t，玉米总产 7.699×10^5t，占秋粮总产的 99.2%，红薯、大豆等其他秋粮作物总产 0.62×10^4t，占秋粮总产的 0.8%。

平度市经济作物种植种类较为齐全，花生总产 1.66×10^5t，棉花总产 0.44×10^4t，蔬菜总产 2.1809×10^6t，瓜类总产 2.154×10^5t，烟叶总产 0.24×10^3t。

果树种植面积为 10385hm^2，水果总产 3.209×10^5t。其中，苹果总产 2.038×10^5t，葡萄园总产 5.75×10^4t，桃总产 2.93×10^4t，梨总产 1.55×10^4t。

2009 年，平度市畜牧业迅速发展，肉类总产 18.9×10^4t，比上年增长 11.2%；牛、羊奶总产 2.3×10^4t，比上年增长 31.9%；禽蛋总产 3.7×10^4t，比上年减少 1.2%。

2009 年，平度市水产品总产 1.10×10^4t，与上年同期基本持平。

第三节 农业基础设施情况

一、农田水利设施情况

平度市水资源严重不足，多年平均水资源总量为 6.4×$10^8$$m^3$，其中地表水 4×$10^8$$m^3$、地下水 3.8×$10^8$$m^3$(重复计算 1.4×$10^8$$m^3$)。在水资源总量中，可利用量为 4.8×$10^8$$m^3$，其中地表水 1.7×$10^8$$m^3$、地下水 3.1×$10^8$$m^3$。全市人均占有淡水资源量为 486$m^3$，分别占全国、山东省、青岛市人均占有淡水资源量的 17.9%、141.3%、141.1%。

平度市各行业年总用水量为 2.3×$10^8$$m^3$，其中地表水 0.7×$10^8$$m^3$，地下水开采量 1.6×$10^8$$m^3$。农业每年灌溉用水 1.74×$10^8$$m^3$，占年总用水量的 74.5%。

平度市农田排灌系统较为完善，因受自然条件限制，三分之二的土地为井灌区，三分之一的土地为水库水和引河灌区。拥有大中型水库 6 座，库容 2.58×$10^8$$m^3$；小型水库 101 座，库容 0.41×$10^8$$m^3$；塘坝、平塘、拦河闸 1510 座，总拦蓄能力约 2.2×$10^8$$m^3$；机电井 44060 眼；配套机电井 42696 眼。排灌机械总动力 6.02×10^5kW。有效灌溉面积为 1.28×$10^5$$hm^2$，占总耕地面积的 78.8%；旱涝保收面积为 1.02×$10^5$$hm^2$，占总耕地面积的 62.6%。

平度市从 1982 年开始因地制宜地大力发展节水型农业，水利、农业等部门先后推广应用地面塑料软管、地埋低压管、喷灌、微灌等节水灌溉工程，发展节水灌溉面积 $9.31\times10^4hm^2$。其中，固定、半固定节水设施灌溉面积 $3.43\times10^4hm^2$，软管面积 $4.91\times10^4hm^2$，喷灌面积 $2873hm^2$，微灌面积 $567hm^2$，防渗渠 $6287hm^2$。

二、农业生产机械情况

2009 年，平度市拥有农业机械总动力 2.8827×10^6kW，百亩农机总动力 110.9kW，百亩农机总动力在山东省所有农业县(区、市)中排名第 10 位。农机总值达到 12.6 亿元，田间配套机具达到 7.3×10^4 台(件)。大中型、小型拖拉机保有量 47861 台，各类农田作业机械 138921 台。小麦联合收割机 2136 台，玉米联合收获机械 1002 台(套)。农业机械化程度达 86%，机耕、机播、机收程度分别达到 98.7%、75%和 68%。粮油作物机械化水平较高，基本达到耕作、管理、收获全程机械化。但是由于园艺类作物生产的特殊性，大部分蔬菜在机械化种植、收获上水平相对较低。

第二章　土壤与耕地利用情况

第一节　土壤类型与分布

一、土壤类型与土壤分布

根据《全国第二次土壤普查暂行技术规程》和山东省《土壤普查工作分类暂行方案》的要求，采用土壤发生学分类的原则，平度市土壤共分为棕壤、褐土、潮土、盐土、砂姜黑土 5 个土类，棕壤性土、棕壤、潮棕壤、褐土性土、淋溶褐土、褐土、潮土、盐化潮土、湿潮土、滨海潮盐土、砂姜黑土 11 个亚类，14 个土属，49 个土种(见附表)。

平度市土壤随微地形的变化呈有规律的分布，北部、东北部低山丘陵区主要分布棕壤；南部、西部平原洼涝区多为砂姜黑土；大沽河、小沽河、白沙河、现河、秦皇河、淄阳河、胶莱河等河流沿岸多为潮土；西北部因海水侵袭和潜水作用，分布着盐土；平西、平西北、东南部残丘埠岭区多为褐土。

各种土壤类型面积如表 2-1 所示。

表 2-1　不同土壤类型面积统计表

项　目	砂姜黑土	潮　土	棕　壤	褐　土	盐　土	合　计
面积(hm^2)	80162.21	46689.45	44702.75	5397.75	136.55	177088.71
占耕地(%)	45.27	26.37	25.24	3.05	0.08	100

二、土壤形态特征

依据土壤分类系统，平度市主要土壤类型的形态特征、生产性能分述如下。

(一)棕壤土类(代号 A)

棕壤剖面以棕色和黄棕色为主，广泛分布于东北部山区和西部一些小的缓丘埠岭上，面积为 44702.75hm^2，占耕地面积的 25.24%，是面积较大的土类之一，俗称“岭砂土”“粗砂土”“黄土”“老黄土”“山根土”等。棕壤土类呈酸性到微酸性，pH 多为 6.2 左右，土层较厚，腐殖质含量较高，土壤容重为 1.47g/cm^3，孔隙度为 44.3%，养分含量相对低于其他土类，保肥性能较差，但供肥能力较强，其耕层土壤主要理化性状如表 2-2 所示。

表 2-2 棕壤土类耕层土壤主要理化性状

容重(g/cm^3)	总孔隙度(%)	pH	有机质(g/kg)	全氮(g/kg)	碱解氮(mg/kg)	有效磷(mg/kg)	速效钾(mg/kg)	交换性钙(mg/kg)
1.47	44.3	6.2	13.4	0.78	75	37.5	123	3887
交换性镁(mg/kg)	有效硫(mg/kg)	有效硅(mg/kg)	有效铁(mg/kg)	有效锰(mg/kg)	有效铜(mg/kg)	有效锌(mg/kg)	有效硼(mg/kg)	有效钼(mg/kg)
487	8.6	72.8	47.74	37.64	3.00	1.96	0.44	0.64

棕壤土类根据发育部位、成土条件和剖面特征的不同，可分为棕壤性土、棕壤、潮棕壤3个亚类。

1. 棕壤性土亚类(代号 Aa)

棕壤性土亚类俗称“岭砂土”“粗砂土”等，集中分布于北部、东北部低山丘陵的中上部，居于大泽山、店子、大田、城关、崔召、云山、祝沟、旧店等，麻兰、香店、古岘北部、平西残丘有零星分布，面积为 9940.16hm^2，占耕地面积的 5.61%。

棕壤性土是一种粗骨型土壤，成土年限较短，母岩为酸性岩类的花岗岩、花岗片麻岩，所形成的母质含有较多的砂粒和砾石，土层一般仅为 15～30cm，厚者可达 40～60cm。矿质养分较少，肥力低，剖面发育不完全，多无心土层，表层以下为半风化母岩。因分布于山体埠丘的中上部，地形部位高，坡度大，土壤侵蚀严重。目前，山丘的上部是尚未垦殖的自然土壤，多栽植赤松、刺槐等，其余多生长杂草，系林业用地和荒山。在山丘的中下部多垦殖为农耕地，以种植花生、红薯为主，一般一年一作。经过治山改土，人工堆叠的棕壤性土若有水浇条件并保证一定的施肥量，土层厚度在 50cm 左右，种植小麦每亩单产可达400kg 左右。棕壤性土土层薄，质粗多砾(一般含砾石 15%～20%)，孔隙大而少，疏松，不抗旱，不保水，不保肥，肥力低，是山地丘陵最贫瘠的土壤。土壤侵蚀严重，水、肥、土流失是石质土贫瘠的主要原因，因此必须进行治山改土，加强水土保持。该类土壤分为酸性岩类 1 个土属、3 个土种，如表 2-3 所示。

表 2-3 酸性岩类土属土种表

土种代号	土种名称	俗　称	面积(hm^2)	占耕地(%)
$Aa_1\frac{1}{1}$	粗砂表土极薄层硬石底酸性岩类棕壤性土	粗砂土 岭砂土	308.08	0.17
$Aa_1\frac{1}{2}$	粗砂土薄层硬石底酸性岩类棕壤性土	粗砂土 岭砂土	2664.97	1.50
$Aa_1\frac{1}{3}$	粗砂土中层硬石底酸性岩类棕壤性土	粗砂土 岭砂土	6967.11	3.93

主要土种的形态特征、生产性能如下：

(1)粗砂表土极薄层硬石底酸性岩类棕壤性土(代号 $Aa_1\frac{1}{1}$)：俗称“粗砂土”“岭砂土”，分布于平北、平东北低山丘陵的荒坡岭上，面积为 308.08hm^2，占耕地面积的

0.17%，是平度市的主要林业用地，目前多生长赤松、刺槐和杂草，多系未开垦的自然土壤，零星的垦为农耕地。该土大部分是未开垦的自然土壤，保留着自然土壤的形态，枯枝落叶残留土中，所以有机质、全氮含量比一般农业土壤高，但速效磷含量缺乏。由于所处地形部位高，坡度大，植被覆盖率低，水土流失严重。今后应封山育林，加强水土保持，坡度大的农耕地应退耕还林、还牧。

(2)粗砂土薄层硬石底酸性岩类棕壤性土(代号 $Aa_1\frac{1}{2}$)：俗称“粗砂土”“岭砂土”，多分布于平北、平东北部低山丘陵中上部的岭坡梯田的部分荒坡岭上，少数坡麓梯田亦有分布，多为耕地，面积为 2664.97hm²，占耕地面积的 1.50%。该土种由于所处地形部位高，坡度大，水、肥、土流失较严重，土层浅，土壤瘠薄，土质偏砂，疏松，通透性强，不保水，不保肥，不抗旱，是平度市低产土壤之一。今后应治山改土，建设高标准梯田，加固地堰，蓄水保土，发展经济林木和经济作物。

(3)粗砂土中层硬石底酸性岩类棕壤性土(代号 $Aa_1\frac{1}{3}$)：俗称“粗砂土”“岭砂土”，主要分布于平北、平东北低山丘陵中下部的坡麓梯田和近山高阶地上，平西残丘亦有零星分布，面积为 6967.11hm²，占耕地面积的 3.93%。该土种土层浅，生产性能好于极薄层和薄层硬石底酸性岩类棕壤性土。但肥力较低，物理性状不良，耕层结构差，多为农用地，是平度市低产土壤之一。生产性能及改良利用措施如亚类所述。

2. 棕壤亚类(代号 Ac)

棕壤亚类俗称“黄堰土”“黄土”“黄黏泥”等，其面积最大，为 27159.25hm²，占棕壤土类的 15.34%。属耕作土壤，多分布于平北、平东北山丘中下部的近山阶地、沟谷梯田和山前倾斜平原上，平西残丘地带也有分布，母质为洪积物。主要分布于旧店、祝沟、大田、云山、崔召、大泽山、店子、城关、李园、门村、香店、麻兰、古岘、灰埠、张舍、田庄、马戈庄、明村等地。

棕壤亚类土层较深厚，一般大于 1m。土体中多含有少量粗砂和砾石，土体下部出现黏化层和铁锰胶膜、结核，通体无石灰反应，土壤呈酸性到微酸性。依据母质类型、土体和表层质地的不同，可分洪积棕壤 1 个土属、4 个土种，如表 2-4 所示。

表 2-4 洪积棕壤土属土种表

代 号	土种名称	俗 称	面积(hm²)	占耕地(%)
$Ac_2\frac{3}{1}$	沙壤表均砂质洪积棕壤	黄砂土	4047.05	2.29
$Ac_2\frac{3}{3\#}$	沙壤表厚壤心洪积棕壤	黄砂土	19448.68	10.98
$Ac_2\frac{3}{3\because}$	沙壤表厚砂心洪积棕壤	黄砂土	2420.45	1.37
$Ac_2\frac{4}{1}$	轻壤表均壤质洪积棕壤	黄 土	1243.07	0.70

主要土种的形态特征、生产性能如下：

(1)沙壤表厚壤心洪积棕壤(代号 $Ac_2\frac{3}{3\#}$)：俗称“黄砂土”，主要发育在山前洪积扇和倾斜平原上，部分发育在近山阶地上，是棕壤土类面积最大的土种。主要分布于旧店、祝沟、云山、崔召、大田、大泽山、店子、城关、门村、李园、香店、麻兰、古岘、灰埠、张舍、马戈庄、明村等地，面积为 19448.68hm²，占耕地面积的 10.98%。该土表层质地为沙壤质，适耕期长，耕性良好，通透性良好，有机质分解快，供肥迅速，易造成作物后期脱肥早衰。春季地温回升快，土性发暖，作物苗期生长较好。保肥力中等，地力瘠薄，养分偏低，抗旱力差，水源不足，受干旱威胁大。部分耕地地面不平，水土流失严重。适种小麦、花生、红薯等作物。今后应平整土地，增施有机肥料和秸秆还田，配合施用氮、磷、钾及微肥。

(2)沙壤表厚砂心洪积棕壤(代号 $Ac_2\frac{3}{3\therefore}$)：俗称“旱龙道黄砂土”，主要分布于大泽山、店子、李园、城关、崔召、祝沟、麻兰、云山、田庄、明村等地，面积为 2420.45hm²，占耕地面积的 1.37%。该土表层为沙壤质，耕性良好，适耕期长，通气状况良好，保肥、保水能力差，结构不良，作物后期易脱肥早衰。心土层为砂质土，漏肥、漏水严重，故群众有“旱龙道”之称。适种红薯、花生等作物。今后应抽砂换土，增施有机肥，培肥地力，施用化学肥料应掌握“少吃多餐”的原则，平整土地，建设高标准梯田，走旱地农业的路子。

(3)沙壤表均砂质洪积棕壤(代号 $Ac_2\frac{3}{1}$)：俗称“砂质黄土”，主要分布于旧店、大田、崔召、云山、麻兰、李园、城关、明村等地，面积为 4047.05hm²，占耕地面积的 2.29%。该土种生产性能、改良措施与厚砂心、黄砂土基本相同，但保水、保肥、抗旱能力更差，今后应走旱地农业的路子。

(4)轻壤表均壤质洪积棕壤(代号 $Ac_2\frac{4}{1}$)：俗称“山根黄土”，主要分布于旧店、大田、长乐、店子、麻兰、张戈庄等的部分近山阶地和山前缓平地上，面积为 1243.07hm²，占耕地面积的 0.70%。该土体构型为均壤质型，表层质地为轻壤，不黏不砂，耕性良好，适耕期长，各种孔隙度适中，有机质分解较快，供肥性能良好，保肥、保水能力较强，土地适宜性强。表土以下为壤质土，物理性状良好，但因养分含量比例不协调，耕层薄，不利于作物正常生长发育。今后应增施有机肥，配合氮、磷、钾肥，发展灌溉，以水促肥。

3. 潮棕壤亚类(代号 Ae)

潮棕壤亚类俗称“黄土”“黑黄土”等，主要分布于东北山区及城关、李园、香店、同和、麻兰、古岘、门村、店子、长乐、灰埠、张舍、田庄、马戈庄、明村等的山前平原地平处。潜水位为 2～3m，参与了成土过程，剖面下部有铁锈斑纹，有明显的附加潮土成土作用。面积为 7603.34hm²，占耕地面积的 4.29%。

该亚类土层深厚，土壤水分状况较好，浅层地下水质好量丰，表层质地较好(沙壤—轻壤)，耕性良好，适耕期长，土体中水、肥、气、热状况较协调，土壤生产性能在棕壤土类中居首位。适种各种作物，且多为高产稳产田。土壤养分含量适中，但比例失调。今后应注意用地、养地相结合，调节各种养分比例。

根据母质、土体构型及表层质地，可分为洪积冲积潮棕壤 1 个土属、6 个土种，如表 2-5所示。

表 2-5　　洪积冲积潮棕壤土属土种表

代　号	土种名称	俗　称	面积(hm^2)	占耕地(%)
$Ae_3\frac{3}{3\#}$	沙壤表厚壤心洪积冲积潮棕壤	黄砂土	3146.07	1.78
$Ae_3\frac{3}{3\because}$	沙壤表厚砂心洪积冲积潮棕壤	黄砂土	1343.66	0.76
$Ae_3\frac{4}{1}$	轻壤表均壤质洪积冲积潮棕壤	黄土	2597.33	1.47
$Ae_3\frac{4}{3\#}$	轻壤表厚黏心洪积冲积潮棕壤	二合土	110.36	0.06
$Ae_3\frac{4}{5}$	轻壤表厚黏腰洪积冲积潮棕壤	二合土	152.12	0.09
$Ae_3\frac{4}{5\because}$	轻壤表厚砂腰洪积冲积潮棕壤	黄土	253.8	0.14

主要土种的形态特征、生产性能如下：

(1)轻壤表厚黏腰洪积冲积潮棕壤(代号 $Ae_3\frac{4}{5}$)：俗称“蒙金两合土”“山前蒙金土”等，主要分布于祝沟镇驻地以北，面积为 152.12hm^2，占耕地面积的 0.09%。该土是典型的上松下实“蒙金土”，属平度市生产性能最佳的土壤之一。表层质地适中，耕性良好，适耕期长，理化性状良好，土地适宜性强。上下土层水、肥、气、热协调，上层疏松有利于根系伸展和水肥吸收；心土层以下土质黏重，毛管孔隙发达，保水、保肥，可起到“小水库”和“小肥料库”的作用，抗旱耐涝，是农业生产上理想的土体构型。但由于重用轻养，有机肥投入少，所以土壤养分比例失调，且耕层浅薄。今后应用养结合，逐年加深耕层，增施有机肥、磷肥，配合施用氮、钾肥，协调土壤中氮、磷、钾比例。

(2)轻壤表厚黏心洪积冲积潮棕壤(代号 $Ae_3\frac{4}{3\#}$)：俗称“黑黄土”“两合土”等，主要分布于祝沟、店子及城关，面积为 110.36hm^2，占耕地面积的 0.06%。耕层以下黏土层多出现在 30cm 左右，因出现部位过高，土质黏重，通透性不良，影响根系的生长发育，雨季易发生涝涝。黏土层是土体中的障碍层次。今后应逐年加深耕层，增施有机肥料，培肥地力。

(3)轻壤表均壤质洪积冲积潮棕壤(代号 $Ae_3\frac{4}{1}$)：俗称“小蒙金黄土”“均壤质黄土”，主要分布于古岘、麻兰、长乐、店子、张舍等地，面积为 2597.33hm^2，占耕地面积的 1.47%。由于所处地部位低平，土层深厚，地下水位浅，水量丰富，灌溉条件较好，生产性能好，养分含量略高。

(4)沙壤表厚砂心洪积冲积潮棕壤(代号 $Ae_3\frac{3}{3\because}$)：俗称“旱龙道黄砂土”，主要分布于古岘、麻兰、云山、张戈庄等地，面积为 1343.66hm^2，占耕地面积的 0.76%。

(5)轻壤表厚砂腰洪积冲积潮棕壤(代号 $Ae_3\frac{4}{5\because}$)：俗称“黄土”“旱龙道两合土”等，面积为 253.8hm^2，占耕地面积的 0.14%，主要分布于张戈庄镇。该土 60～100cm 土体内出现厚度大于 30cm 的砂质土层，漏肥、漏水，生产性能较差，但适种作物较广泛。

(6)沙壤表厚壤心洪积冲积潮棕壤(代号 $Ae_3\frac{3}{3\#}$)：俗称“黄砂土”“小蒙金黄砂土”，主要分布于旧店、云山、麻兰、香店、李园、门村、长乐、崔召、同和、城关等地，面积为 3146.07hm^2，占耕地面积的 1.78%。该土耕作历史悠久，是山区主要的耕作土壤，是潮棕壤亚类中面积最大的土种。土体构型属上松下实的“蒙金土”型，保水、保肥，但耕层浅，养分贫瘠。今后应注意培肥土壤，氮、磷、钾肥合理施用，用地、养地相结合。

(二)褐土类(代号 B)

该土类在平度市面积较小，共计 5397.75hm^2，占耕地面积的 3.05%，零星分布于灰埠、长乐、大泽山、店子、门村、张舍、马戈庄、明村、兰底、南村等的一些残丘上。

褐土与棕壤呈复域存在，多发育在石灰性母岩上，通体褐色，淋溶作用强烈。土壤容重为 1.48g/cm^3，总孔隙度为 44.3%，pH 中性至微碱性，物理性状、保肥性能好于棕壤，供肥性能好于砂姜黑土，养分含量相对低于砂姜黑土和潮土。褐土类耕层土壤主要理化性状如表 2-6 所示。

表 2-6 褐土类耕层土壤主要理化性状

容重 (g/cm^3)	总孔隙度 (%)	pH	有机质 (g/kg)	全氮 (g/kg)	碱解氮 (mg/kg)	有效磷 (mg/kg)	速效钾 (mg/kg)	交换性钙 (mg/kg)
1.48	44.3	7.6	14.4	0.84	72	28.6	134	4002

交换性镁 (mg/kg)	有效硫 (mg/kg)	有效硅 (mg/kg)	有效铁 (mg/kg)	有效锰 (mg/kg)	有效铜 (mg/kg)	有效锌 (mg/kg)	有效硼 (mg/kg)	有效钼 (mg/kg)
489	6.7	116.2	19.12	26.91	1.47	1.50	0.42	0.65

褐土在成土过程中由于受地形部位、土体发育程度、淋溶作用等因素的影响，使土壤属性产生了差异，分别形成了褐土、淋溶褐土、褐土性土 3 个亚类。

1. 褐土亚类(代号 Bd)

褐土亚类俗称“黄土”“山根土”等，是褐土类的典型亚类，面积较小，仅 243.37hm^2，占耕地面积的 0.14%，主要分布于马戈庄、明村、大泽山、长乐等地。该土多发于洪积扇和山前缓平地的钙质岩类风化物的洪积母质上，有轻度侵蚀现象。虽耕作管理粗放，养分含量较低，但土体构型良好，增产潜力较大，适宜种植粮、油作物。今后应培肥地力，发展灌溉。

褐土亚类分为洪积褐土 1 个土属、轻壤表均壤质洪积褐土 1 个土种(代号 $Bd_2\frac{4}{1}$)，如表 2-7 所示。

表 2-7　　洪积褐土土属土种表

代　号	土种名称	俗　称	面积(hm^2)	占耕地(%)
$Bd_2\frac{4}{1}$	轻壤表均壤质洪积褐土	黄土、山根土	243.37	0.14

2. 淋溶褐土亚类(代号 Bc)

淋溶褐土亚类俗称“黄土”“黄砂土”等,发育部位较高,位于棕壤之下,常与棕壤呈复域存在,pH 为 6.5 左右。因淋溶作用强烈,1m 土体内无钙积层,无假菌丝体,底土层有微弱的石灰反应。主要分布于门村、店子、灰埠、马戈庄、明村等地。面积为 470.36hm^2,占耕地面积的 2.66%。该土表层为沙壤、轻壤,土体构型以厚壤心与均壤质面积最大,土体深厚,保水、保肥较好,适耕期长。依据母质和土体构型可分为洪积淋溶褐土、洪积冲积淋溶褐土 2 个土属、3 个土种,如表 2-8 所示。

表 2-8　　淋溶褐土土属土种表

代　号	土种名称	俗　称	面积(hm^2)	占耕地(%)
$Bc_2\frac{3}{3\therefore}$	沙壤表厚砂心洪积淋溶褐土	旱龙道、砂黄土	225.33	0.13
$Bc_3\frac{3}{3\#}$	沙壤表厚壤心洪积冲积淋溶褐土	厚壤心、黄砂土	2573.51	1.45
$Bc_3\frac{4}{1}$	轻壤表均壤质洪积冲积淋溶褐土	小蒙金、黄埠土	1911.52	1.08

主要土种的形态特征、生产性能如下:

(1)轻壤表均壤质洪积冲积淋溶褐土(代号 $Bc_3\frac{4}{1}$):俗称“小蒙金山根土”“小蒙金黄埠土”,主要分布于灰埠、店子、门村、张舍、马戈庄、明村等地,面积为 1911.52hm^2,占耕地面积的 1.08%。该土种是生产上理想的耕作土壤之一,土层深厚,无障碍层次,生产中应注意培肥土壤,增施有机肥,调节氮、磷、钾比例,加厚活土层。

(2)沙壤表厚壤心洪积冲积淋溶褐土(代号 $Bc_3\frac{3}{3\#}$):俗称“黄砂土”,主要分布于南村、兰底、灰埠等地,面积为 2573.51hm^2,占耕地面积的 1.45%。该土水源缺乏,耕层养分低。今后应平整土地,防止水土流失,发展旱作农业,培肥地力,增施有机肥,配合施用钾肥,协调养分比例,发展粮、油、果生产。

(3)沙壤表厚砂心洪积淋溶褐土(代号 $Bc_2\frac{3}{3\therefore}$):俗称“旱龙道砂黄土”,主要分布于明村镇,面积为 225.33hm^2,占耕地面积的 0.13%。

3. 褐土性土亚类(代号 Ba)

褐土性土亚类俗称“岭砂土”“粗砂土”等,主要分布于李园、门村、灰埠、马戈庄、明村等地,是在褐土地带内的一种薄层粗骨土,成土年龄短,剖面发育不完全,土层厚度一般为 30～40cm,其下即出现半风化母岩(钙质岩类)。主要分布于埠丘顶部,地下水位均在 5m

以下，通体有较强烈的石灰反应，为中性土壤，pH 为 6.8～7.5。依据母岩、母质和土体厚度，可分为坡积洪积褐土 1 个土属、粗砂土表中层硬石底坡积洪积褐土性土 1 个土种（代号 $Ba_6\frac{1}{3}$），如表 2-9 所示。

表 2-9 坡积洪积褐土土属土种表

代 号	土种名称	俗 称	面积(hm²)	占耕地(%)
$Ba_6\frac{1}{3}$	粗砂土表中层硬石底坡积洪积褐土性土	砂岭土 粗砂土	444.02	0.25

（三）潮土类（代号 C）

潮土是平度市主要耕作土壤，广泛分布于各大河流沿岸、河滩高地和古河道上，部分浅平洼地亦有分布，主要包括旧店、祝沟、云山、崔召、香店、麻兰、古岘、仁兆、张戈庄、郭庄、南村、蓼兰、白埠、崔家集、明村、马戈庄、新河、灰埠、长乐、店子、门村、李园、城关等地，面积为 46689.45hm²，占耕地面积的 26.37%。

潮土是直接发育在河流沉积物上，受潜水作用形成的一类土壤。土壤容重偏大，为 1.55g/cm³；总孔隙度偏小，为 41.7%；pH 为中性，物理性状较适中，保肥性能好于棕壤，供肥性能好于砂姜黑土，养分含量相对低于砂姜黑土，但高于褐土和棕壤，养分比例不协调，其耕层土壤主要理化性状如表 2-10 所示。

表 2-10 潮土类耕层土壤主要理化性状

容重(g/cm³)	总孔隙度(%)	pH	有机质(g/kg)	全氮(g/kg)	碱解氮(mg/kg)	有效磷(mg/kg)	速效钾(mg/kg)	交换性钙(mg/kg)
1.55	41.7	6.7	13.1	0.77	77	42.5	121	3981
交换性镁(mg/kg)	**有效硫(mg/kg)**	**有效硅(mg/kg)**	**有效铁(mg/kg)**	**有效锰(mg/kg)**	**有效铜(mg/kg)**	**有效锌(mg/kg)**	**有效硼(mg/kg)**	**有效钼(mg/kg)**
481	9.4	92.2	41.59	29.06	1.97	1.95	0.56	0.71

根据受潜水作用程度、土壤盐化情况，潮土类划分为潮土、湿潮土和盐化潮土 3 个亚类。

1. 潮土亚类（代号 Cb）

潮土亚类俗称“砂土”“二合土”“河淤土”等，主要分布于诸河流沿岸，包括旧店、祝沟、崔召、香店、麻兰、云山、古岘、仁兆、南村、城关、蓼兰、张戈庄、门村、白埠、长乐、店子、李园、灰埠、新河、马戈庄、明村、崔家集、郭庄等地，面积为 33947.19hm²，占耕地面积的 19.17%。

潮土的成土母质为河流冲积物。由于河流多次决口，沉积物交互沉淀，故土体构型复杂。潮土亚类按潜水状况、地理位置、石灰反应状况，分为 2 个土属，即无石灰性河潮土和石灰性河潮土，14 个土种，如表 2-11 所示。

表 2-11 无石灰性河潮土、石灰性河潮土土属土种表

代 号	土种名称	俗 称	面积(hm^2)	占耕地(%)
$Cb_4\frac{3}{2}$	沙壤表厚砂心无石灰性河潮土	旱龙道砂土	1493.39	0.84
$Cb_4\frac{3}{19}$	沙壤表均砂质无石灰性河潮土	均砂质砂土	8213.39	4.64
$Cb_4\frac{4}{2}$	轻壤表厚砂心无石灰性河潮土	旱龙道二合土	790.02	0.45
$Cb_4\frac{4}{16}$	轻壤表厚黏腰无石灰性河潮土	蒙金二合土	909.1	0.51
$Cb_4\frac{4}{19}$	轻壤表均壤质无石灰性河潮土	小蒙金二合土	10878	6.14
$Cb_4\frac{5}{14}$	中壤表厚黏心无石灰性河潮土	厚黏心河淤土	606.21	0.34
$Cb_{4'}\frac{3}{2}$	沙壤表厚砂心石灰性河潮土	旱龙道青砂土	2185	0.89
$Cb_{4'}\frac{3}{8}$	沙壤表厚壤心石灰性河潮土	厚壤心青砂土	530.4	0.30
$Cb_{4'}\frac{3}{19}$	沙壤表均砂质石灰性河潮土	均砂质青砂土	2796.41	1.58
$Cb_{4'}\frac{4}{2}$	轻壤表厚砂心石灰性河潮土	旱龙道二合土	157.41	0.09
$Cb_{4'}\frac{4}{4}$	轻壤表厚砂腰石灰性河潮土	旱龙道二合土	271.61	0.15
$Cb_{4'}\frac{4}{19}$	轻壤表均壤质石灰性河潮土	小蒙金二合土	3717.2	2.10
$Cb_{4'}\frac{5}{14}$	中壤表厚黏心石灰性河潮土	厚黏心河淤土	781.9	0.44
$Cb_{4'}\frac{5}{19}$	中壤表均壤质石灰性河潮土	小蒙金河淤土	1639.62	0.93

主要土种的形态特征、生产性能如下：

(1)轻壤表均壤质无石灰性河潮土(代号 $Cb_4\frac{4}{19}$)：俗称"小蒙金二合土"，主要分布于古岘、仁兆、南村、张戈庄、长乐等地，面积为 $10878hm^2$，占耕地面积的 6.14%。该土土体构型为均壤质。表层质地适中，水、肥、气、热状况较协调，是平度市较好的土壤类型，也是高产稳产田的集中分布区。负有盛名的"朱毛城、临淄土"就属此类型。排灌条件好，适种多种作物。今后应用地、养地相结合，培肥土壤，增施磷肥，配合施用钾肥，调节土壤养分比例。

(2)沙壤表均砂质无石灰性河潮土(代号 $Cb_4\frac{3}{19}$)：俗称"均砂质黄砂土"等，主要分布于旧店、祝沟、云山、仁兆、长乐、香店、麻兰、蓼兰等地，面积为 $8213.39hm^2$，占耕地面积的

4.64%。该土种全剖面土壤质地为砂均质，漏肥、漏水，易干旱。今后应改良土壤质地，施用化肥要“少吃多餐”，并增施有机肥，发展喷灌，控制灌水定额，种植规格以短窄畦为主，适宜种植果树、花生、红薯。

(3)沙壤表厚砂心无石灰性河潮土(代号 $Cb_4\frac{3}{2}$)：俗称“旱龙道砂土”等，主要分布于南村、蓼兰、香店、麻兰等地，面积为 1493.39hm^2，占耕地面积的 0.84%。

(4)中壤表厚黏心无石灰性河潮土(代号 $Cb_4\frac{5}{14}$)：俗称“厚黏心河淤土”，主要分布于古岘和仁兆，面积为 606.21hm^2，占耕地面积的 0.34%。

(5)轻壤表厚砂心无石灰性河潮土(代号 $Cb_4\frac{4}{2}$)：俗称“旱龙道二合土”等，主要分布于蓼兰，面积为 790.02hm^2，占耕地面积的 0.45%。

(6)轻壤表厚黏腰无石灰性河潮土(代号 $Cb_4\frac{4}{16}$)：俗称“蒙金二合土”，主要分布于古岘，面积为 909.1hm^2，占耕地面积的 0.51%。

石灰性河潮土土属的各种土种、剖面特征与无石灰性河潮土土属的各种土种的属性基本相同，其区别是石灰反应程度不同，土体构型相似的土种改良利用措施基本相同，如 $Cb_{4'}\frac{4}{19}$和 $Cb_4\frac{4}{19}$。享有盛名的“金昌里，银寨里，不如耿家前怀里”之土，属 $Cb_{4'}\frac{4}{19}$类型，俗称“蒙金土”。

2. 湿潮土亚类(代号 Ce)

湿潮土亚类俗称“黑土”“黑黏土”等，主要分布于湖洼地和交接洼地上，是在较长期季节性渍水和潜水位较高的条件下，并附加沼泽化和脱沼泽化的成土作用，形成的一类土壤。土壤剖面上部色泽深暗，质地较黏重，潜育化明显，底部出现灰色或蓝灰色的潜育层，常与砂姜黑土呈复域分布。

湿潮土亚类按母质类型在平度市只有一个土属，即冲积湿潮土(代号 Ce_8)。该土属发育在冲积母质上，潜水埋深为 1～2m，沼泽过程已退化，经耕作熟化，表土颜色变淡。主要分布于明村、马戈庄、张舍、门村、白埠、蓼兰、同和、万家、兰底、南村、仁兆、张戈庄、麻兰、香店等地，面积为 10140.65hm^2，占耕地面积的 5.73%。按土体构型和表层质地，湿潮土亚类可分为冲积湿潮土 1 个土属、6 个土种，如表 2-12 所示。

表 2-12 冲积湿潮土土属土种表

代 号	土种名称	俗 称	面积(hm^2)	占耕地(%)
$Ce_8\frac{4}{16}$	轻壤表厚黏腰冲积湿潮土	厚黏腰黑土	220.08	0.12
$Ce_8\frac{3}{2}$	沙壤表厚砂心冲积湿潮土	旱龙道砂土	840.8	0.47
$Ce_8\frac{4}{14}$	轻壤表厚黏心冲积湿潮土	厚黏心黑土	1041.41	0.59

续表

代　号	土种名称	俗　称	面积(hm^2)	占耕地(%)
$Ce_8\frac{4}{19}$	轻壤表均壤质冲积湿潮土	均壤质黑土	3118.45	1.76
$Ce_8\frac{5}{14}$	中壤表厚黏心冲积湿潮土	厚黏心黑黏土	2513.23	1.42
$Ce_8\frac{5}{19}$	中壤表均壤质冲积湿潮土	均壤质黑黏土	2406.68	1.36

主要土种的形态特征、生产性能如下：

(1)中壤表均壤质冲积湿潮土(代号 $Ce_8\frac{5}{19}$)：俗称“均壤质黑黏土”，主要分布于明村、万家、白埠、香店等地，面积为 2406.68hm^2，占耕地面积的 1.36%。该土表层质地为中壤，偏黏，耕性较差，土性发冷，土壤通透性差，易旱、易涝，有机质分解慢，肥效迟缓，供肥能力较差。心土层为中壤质，养分含量高，心土层以下出现潜育层，因部位较低，在生产上障碍作用不大。因地下水位下降，土壤已向好的方面转化。今后应培肥地力，排灌配套，增施磷肥，调节养分比例，逐年加厚活土层。适种小麦、玉米、棉花等作物。

(2)轻壤表均壤质冲积湿潮土(代号 $Ce_8\frac{4}{19}$)：俗称“均壤质黑土”，主要分布于张舍、门村、同和、香店、蓼兰、万家、兰底、明村等地，面积为 3118.45hm^2，占耕地面积的 1.76%。该土土体构型为均壤质，表层质地为轻壤，耕性良好，适耕期长，供肥性、稳肥性较好。心土层壤质，保水、保肥能力较强，抗旱耐涝性好，养分含量中等偏上，心土层以下出现潜育层，俗称“白干土”。但因出现部位较低，生产上影响不大。今后应用地、养地相结合，培肥地力，发展灌溉，氮、磷、钾肥配合施用。适种小麦、玉米、棉花等作物。

(3)中壤表厚黏心冲积湿潮土(代号 $Ce_8\frac{5}{14}$)：俗称“厚黏心黑黏土”，主要分布于马戈庄、明村、白埠、蓼兰、香店、仁兆、南村等地，面积为 2513.23hm^2，占耕地面积的 1.42%。该土种耕性差，通透性、耐寒性、耐涝性较差，适耕期短，土质发板，活土层薄，春季地温回升慢，土性冷，不发小苗，供肥性能差，保水、保肥能力较好，养分含量较低，但磷素缺乏，氮、磷比例失调，黏土层出现部位高，影响作物根系伸展。潜育层出现部位较低，多在 60cm 以下，在生产上影响不大。今后应培肥地力，增施磷肥，逐年增加活土层厚度，以砂压黏，改良土性。适种小麦、玉米、棉花等作物。

(4)沙壤表厚砂心冲积湿潮土(代号 $Ce_8\frac{3}{2}$)：俗称“旱龙道砂土”，主要分布于张舍、兰底、张戈庄等地，面积为 840.8hm^2，占耕地面积的 0.47%。

(5)轻壤表厚黏腰冲积湿潮土(代号 $Ce_8\frac{4}{16}$)：俗称“厚黏腰黑土”，主要分布于麻兰，面积为 220.08hm^2，占耕地面积的 0.12%。

(6)轻壤表厚黏心冲积湿潮土(代号 $Ce_8\frac{4}{14}$)：俗称“厚黏心黑土”，主要分布于麻兰，面积为 1041.41hm^2，占耕地面积的 0.59％。

3. 盐化潮土亚类(代号 Cc)

盐化潮土亚类俗称“盐碱土”。盐化潮土是一种附加盐渍化的潮土类性，发育在平度市西北部的大型洼地边缘和洼坡地带，包括新河、张舍、灰埠的部分村庄。潜水埋深为 1～2m，潜水矿化度为 10～20g/L，成土母质为冲积和海相沉积物。面积为 2601.61hm^2，占耕地面积的 1.47％。

盐化潮土亚类地表有盐斑，表层多为沙壤和轻壤质，土体构型多为均砂质和厚砂心，通体有石灰反应，pH 为 7.0～8.0，但漏肥、漏水，潜水位高，矿化度大，土壤盐分含量高，危害作物。

盐化潮土盐类按地理位置分，只有 1 个土属，即滨海盐化潮土土属(代号 Cc_6)。土壤含盐量为 0.1％～0.6％，多为氯化物。土壤盐分含量随季节变化而变化：春秋两季，土壤盐分随地下水的蒸发在地表聚积，形成盐斑，危害作物；夏季雨水大，盐分随水下渗被淋溶到底层，土壤表层盐分含量降低，盐斑消失。

本土属依据表层质地、土体构型和盐化成度，可分为 2 个土种，如表 2-13 所示。

表 2-13 滨海盐化潮土土属土种表

代 号	土种名称	俗 称	面积(hm^2)	占耕地(％)
$Cc_6\frac{3(一)}{19}$	轻盐化沙壤表均砂质潮土	盐碱土	1152.06	0.65
$Cc_6\frac{4(一)}{2}$	轻盐化轻壤表厚砂心潮土	盐碱土	1449.55	0.82

主要土种的形态特征、生产性能如下：

(1)轻盐化沙壤表均砂质潮土(代号 $Cc_6\frac{3(一)}{19}$)：俗称“盐碱土”，主要分布于新河、张舍、灰埠等地，面积为 1152.06hm^2，占耕地面积的 0.65％。土壤含盐量从表层至 50cm 土体内呈近似漏斗状分布，50cm 以下随着层次的加深，土壤含盐量增加。该土体通体为砂质土，保水、保肥能力差，漏肥、漏水严重，耕性良好，适耕期长，养分贫瘠(除速效钾外)，潜水位高，矿化度大(一般为 10～20g/L)，从而造成土壤含盐量增加，影响作物正常生长。一般地块因盐碱危害，缺苗一成左右。今后应注重培肥土壤，生物措施与工程措施相结合，综合治理盐碱地。适宜种植小麦、棉花、大豆、玉米等作物。

(2)轻盐化轻壤表厚砂心潮土(代号 $Cc_6\frac{4(一)}{2}$)：俗称“旱龙道盐碱土”等，主要分布于新河、张舍、灰埠等地，面积为 1449.55hm^2，占耕地面积的 0.82％。

(四)盐土土类(代号 D)

盐土土类是平度市面积最小的土类，仅分布于新河的胶莱河与泽河汇流处及高辛庄一带，面积为 136.55hm^2，占耕地面积的 0.08％。

盐土所发育的地形部位低，海拔高度都在 10m 以下，潜水位也在 1～2m 以内(局部地区小于 1m)，地下水矿化度大(10～30g/L，有的则高于 30g/L，多为氯化物)，表层土壤含盐量大于1%，pH为7.5～8.0，抑制作物生长。大部分地块为盐荒地，只生长黄须菜、碱蓬、柽柳等盐生作物。因脱离海潮影响的时间和潜水状况不同，滨海潮盐土多与滨海盐化潮土呈复域存在。依据潜水状况、地理位置、海拔高程、土体构型、盐渍度等，盐土土类划分为滨海潮盐土1个亚类（代号Db）、滨海潮盐土1个土属、沙壤表均砂质海滨潮盐土1个土种（代号$Db_3\frac{3(三)}{19}$），如表2-14所示。

表2-14 滨海潮盐土土属土种表

代号	土种名称	俗称	面积(hm^2)	占耕地(%)
$Db_3\frac{3(三)}{19}$	沙壤表均砂质滨海潮盐土	盐碱土	136.55	0.08

该土种土层为砂质土，土体构型系均砂质，土壤容重为1.42g/cm^3，总孔隙度为46.6%，结构不良，土壤湿时板结，干时随风飞扬，俗称“冒烟土”。

平度市滨海潮盐土的主要特点是：属氯化物表聚盐土；潜水位较高，矿化度大；地面覆被度小，蒸发量大，在春季和秋季造成两个返盐高峰；因尚未脱离海潮的影响，造成土壤盐分、钾素含量高。

鉴于以上特征及盐分的活动规律，今后应采取工程与生物相结合的综合改良措施。开发改良途径：围堰整平地面，蓄淡压盐，挖沟排水，修建条台田，降低地下水位，控制返盐。广种耐盐作物和绿肥作物，培肥土壤，一般田面可种紫穗槐、田菁等，沟底发展苇、蒲等，走农、林、牧、副、渔综合发展的道路。

（五）砂姜黑土土类（代号G）

砂姜黑土土类俗称“干狗黑土”“干狗黑黏土”等，是平度市分布最广、面积最大的古老耕作土壤，分布于市境南部、西部、西南部，多集中在潍石公路以南和三城路以西的浅洼平地上，主要是同和、蓼兰、张戈庄、郭庄、仁兆、南村、兰底、万家、白埠、崔家集、明村、门村、田庄、马戈庄、张舍、灰埠、店子等地，面积为80162.21hm^2，占耕地面积的45.27%。

砂姜黑土剖面特征的一个显著特点，是有两种不同的土壤层次：一是黏重紧实的黑土层，二是砂姜层。砂姜黑土土质较黏重，容重为1.56g/cm^3，均大于其他土类，总孔隙度为41.3%，均小于其他土类，易旱、易涝，活土层薄，物理性状不良，保肥性能好，但供肥性能较差，养分含量相对高于其他土类。因此，旱、涝、冷、板、僵、瘠是影响农业生产的主要障碍，必须加以改良。砂姜黑土耕层土壤主要理化性状如表2-15所示。

表2-15 砂姜黑土类耕层土壤主要理化性状

容重 (g/cm^3)	总孔隙度 (%)	pH	有机质 (g/kg)	全氮 (g/kg)	碱解氮 (mg/kg)	有效磷 (mg/kg)	速效钾 (mg/kg)	交换性钙 (mg/kg)
1.56	41.3	7.7	14.4	0.86	80	34.0	165	3929

交换性镁 (mg/kg)	有效硫 (mg/kg)	有效硅 (mg/kg)	有效铁 (mg/kg)	有效锰 (mg/kg)	有效铜 (mg/kg)	有效锌 (mg/kg)	有效硼 (mg/kg)	有效钼 (mg/kg)
508	9.8	106.1	18.69	17.74	1.50	1.90	0.52	0.70

根据砂姜黑土分布的地形部位、表土色泽及厚度、黑土层出现的部位和厚度、砂姜层出现的部位等，可分为砂姜黑土1个亚类(Ga)、2个土属(黑土裸露砂姜黑土、薄层覆盖砂姜黑土)、8个土种，如表2-16所示。

表2-16 黑土裸露砂姜黑土、薄层覆盖砂姜黑土土属土种表

代号	土种名称	俗称	面积(hm²)	占耕地(%)
$Ga_1\frac{4}{8}$	轻壤表厚砂姜心黑土裸露砂姜黑土	浅干狗黑土	1363.76	0.77
$Ga_1\frac{4}{10}$	轻壤表厚砂姜腰黑土裸露砂姜黑土	深干狗黑土	15292.62	8.64
$Ga_1\frac{5}{3}$	中壤表厚黑土心黑土裸露砂姜黑土	深干狗二性土	3614.85	2.04
$Ga_1\frac{5}{8}$	中壤表厚砂姜心黑土裸露砂姜黑土	浅干狗二性土	13270.88	7.49
$Ga_1\frac{5}{10}$	中壤表厚砂姜腰黑土裸露砂姜黑土	深干狗二性土	41676.6	23.50
$Ga_1\frac{6}{3}$	重壤表厚黑土心黑土裸露砂姜黑土	深干狗黑黏土	3712.65	2.10
$Ga_2\frac{4}{10}$	轻壤表厚砂姜腰薄黄土覆盖砂姜黑土	深干狗黄土	719.1	0.41
$Ga_2\frac{5}{3}$	中壤表厚黑土心薄黄土覆盖砂姜黑土	深干狗黄黏土	570.75	0.32

主要土种的形态特征、生产性能如下：

(1)中壤表厚砂姜腰黑土裸露砂姜黑土(代号$a_1\frac{5}{10}$)：俗称“深干狗黑土”“二性土”等，是砂姜黑土土类中面积最大的土种，面积为41617.6hm²，占耕地面积的23.50%，主要分布于南村、仁兆、郭庄、张戈庄、万家、崔家集、白埠、蓼兰、同和、李园、门村、张舍、马戈庄、田庄等地。该土通体壤质，表层质地偏黏，耕性较差，干时龟裂，适耕期较短，养分比例失调，局部地区湿时瀰涝，影响作物正常生长。今后应逐步加深耕层，熟化土壤，增厚活土层，种植绿肥作物，实行秸秆还田，增施有机肥，培肥地力，以砂压黏，改良土壤结构。

(2)轻壤表厚砂姜腰黑土裸露砂姜黑土(代号$Ga_1\frac{4}{10}$)：俗称“深干狗黑土”，主要分布于店子、灰埠、张舍、马戈庄、明村、崔家集、门村、蓼兰、万家、南村等地，面积为15292.62hm²，占耕地面积的8.64%。该土种表层质地为轻壤，耕性良好，适耕期长，土质不砂不黏，通透性良好，生产性能优于中壤表厚砂姜腰黑土裸露砂姜黑土，改良利用措施同中壤表厚砂姜腰黑土裸露砂姜黑土。

(3)中壤表厚砂姜心黑土裸露砂姜黑土(代号$Ga_1\frac{5}{8}$)：俗称“浅干狗二性土”“浅干狗黑黏土”等，主要分布于明村、崔家集、白埠、蓼兰、万家、兰底、郭庄等地，面积为13270.88hm²，占耕地面积的7.49%。该土种因发育部位低，地下水位浅(1～3m)，脱潜

期较短，潜育层位高，均在 20～60cm 范围内出现砂姜层（平均出现深度 48.6cm）。黑土层浅薄，有的耕层以下即出现砂姜层。该土种表层土质地较黏、紧实，物理性状差，养分比例失调。砂姜层出现部位高，漏肥、漏水严重，易干旱。耕层以下有较坚实的犁底层，其下多为砂姜层，影响作物根系的下扎和正常生长发育，作物后期易早衰。局部地区潜水矿化度高，春季有返盐现象。今后应加强秸秆还田，逐年加深耕层，增施有机肥，排灌配套。适宜种植粮棉油作物。

(4)轻壤表厚砂姜心黑土裸露砂姜黑土（代号 $Ga_1\frac{4}{8}$）：俗称"浅干狗黑土"，多分布于南村、兰底、万家、明村、马戈庄等地，面积为 1363.76hm^2，占耕地面积的 0.77%。

(5)中壤表厚黑土心黑土裸露砂姜黑土（代号 $Ga_1\frac{5}{3}$）：俗称"深干狗黑黏土""深干狗二性土"等，主要分布于仁兆、南村、明村、马戈庄、白埠、云山等地，面积为 3614.85hm^2，占耕地面积的 2.04%。该土种表层中壤偏黏，通透性差，适耕期短，土壤死、板、僵、硬，结构不良，干时龟裂，湿时澥涝，抗旱耐涝性均差。心土层黏重，犁底层坚实，影响作物根系的伸展，土壤保肥能力强，养分储量较高，但供肥性不良。今后应增施有机肥料，实行秸秆还田，逐年加深耕层，改善土壤结构，排灌配套。适宜种植粮棉作物。

(6)重壤表厚黑土心黑土裸露砂姜黑土（代号 $Ga_1\frac{6}{3}$）：俗称"深干狗黑黏土"，主要分布于明村、马戈庄、仁兆、郭庄、张戈庄等地，面积为 3712.65hm^2，占耕地面积的 2.10%。该土种表层质地黏重，为重壤质，其通透性、耕性、供肥性差。生产性能及改良利用措施同中壤表厚黑土心黑土裸露砂姜黑土。

(7)轻壤表厚砂姜腰薄黄土覆盖砂姜黑土（代号 $Ga_2\frac{4}{10}$）：俗称"深干狗黄土""深干狗二合土" 等，主要分布于郭庄、南村、门村等地，面积为 719.1hm^2，占耕地面积的 0.41%。该土种的整个土体具有 3 个基本层次：黄土层、黑土层、砂姜层。砂姜层出现在 60cm 以下，黄土表层系第四纪沉积覆盖物。

(8)中壤表厚黑土心薄黄土覆盖砂姜黑土（代号 $Ga_2\frac{5}{3}$）：俗称"深干狗黄黏土"，主要分布于门村、南村等的部分地区，面积为 570.75hm^2，占耕地面积的 0.32%。

第二节　土地利用状况

一、土地利用现状

2009 年，平度市土地总面积为 317563.1hm^2。

耕地面积为 186422.5hm^2，占土地总面积的 58.7%。其中，水浇地面积为 173938.1hm^2，旱地面积为 12484.4hm^2。

园地面积为 18751.3hm^2，占土地总面积的 5.9%。其中，果园面积为 14725.6hm^2，茶园面积为 6.6hm^2，其他园地面积为 4019hm^2。

林地面积为22523.6hm²,占土地总面积的7.1%。

草地面积为6186.4hm²,占土地总面积的1.9%。

城镇村及工矿用地面积为33296.7hm²,占土地总面积的10.5%。其中,城市用地面积为4656.2hm²,建制镇用地面积为4541.3hm²,村庄用地面积为20791.9hm²,采矿用地面积为2440.6hm²,风景名胜及特殊用地面积为866.8hm²。

交通运输用地面积为14189.5hm²,占土地总面积的4.5%。其中,铁路用地面积为24.3hm²,公路用地面积为3321.1hm²,农村道路用地面积为10843.6hm²,管道运输用地面积为0.5hm²。

水域及水利设施用地面积为25569hm²,占土地总面积的8.1%。其中,河流水面面积为6046.5hm²,水库水面面积为2931.7hm²,坑塘水面面积为4854.6hm²,内陆滩涂面积为636.6hm²,沟渠面积为9243.5hm²,水工建筑用地面积为1856hm²。

其他土地面积为10624.2hm²,占土地总面积的3.3%。其中,设施农用地面积为3144.5hm²,田坎面积为3975.9hm²,盐碱地面积为13.6hm²,裸地面积为3490.2hm²。

二、土地利用现状及存在的主要问题

(一)土地利用现状

1. 呈明显的区域分布

平度市的土地利用现状受自然、社会、经济等因素的影响,形成了较为明显的区域分布状态。平度市中心区域,包括城关、李园、同和、香店4个街道办事处,是重要的工业、交通、经济、文化事业中心,其土地利用以城镇村及工矿用地居多;东北部山地丘陵区,包括大泽山、店子、大田、旧店、祝沟、云山、崔召7个镇,该区域的园地、林地、未利用土地比重大,而耕地比重小;中部平原区,包括灰埠、长乐、张舍、马戈庄、田庄、门村、白埠、明村、蓼兰、张戈庄、郭庄、南村、仁兆、古岘、麻兰15个镇,该区域农业基础设施条件较好,土地的主要利用方式是农业种植业,产量水平相对较高,是平度市重要的粮食、油料、蔬菜产区;西南部、西北部洼地区,包括崔家集、万家、兰底、新河4个镇,该区域人均耕地较多,土地利用特点是以耕地为主,耕作管理相对较为粗放,产量水平相对较低。

2. 土地利用率高

平度市是一个农业大市,有着悠久的农业种植历史,长期以来当地农民形成了一种精耕细作的传统模式。随着土地利用现状的不断优化和合理搭配,各种不同类型的土地得以有效的充分利用。已经开发利用的土地面积为307872.9hm²,土地利用率达96.9%。用于农业的土地面积达259759.4hm²,土地的农业利用率为81.8%。其中,农业垦殖面积为231976.4hm²,垦殖率达73.1%。

3. 人均土地面积较小

平度市是山东省土地面积最大的县级市,但人口较多,人均土地面积仅为0.231hm²。

4. 耕地后备资源贫乏

平度市未利用土地加上滩涂,共有10326.8hm²,仅占土地总面积的3.25%。这些土地中,不能进行农业开发的裸岩石砾地、盐碱地和部分低洼滩涂有4114.4hm²,占未利用土地面积的42.5%,其余6212.4hm²土地大部分是山区25°坡以上的山丘荒草地。不但是严禁垦殖区，而且土层浅薄、土质低劣，不能开发为耕地。经调查分析，有可能开发为耕地的未利用土地面积不到 2000hm^2，仅占土地总面积的 0.63%。

(二)土地利用存在的主要问题

1. 耕地面积逐年减少，人地矛盾日趋突出

根据调查统计，在新中国成立初期，平度市的耕地面积为 209000hm^2，1956 年达到历史最大值，为 227266.7hm^2，1981 年为 204009.7hm^2，1990 年为 190110.3hm^2，2009 年为 186422.4hm^2。1981 年至 1990 年的 9 年间，耕地面积共减少了 13899.4hm^2，平均每年减少 1544.4hm^2；1990 年至 2009 年的 19 年间，耕地面积共减少了 3687.9hm^2，平均每年减少 194.1hm^2。1981 年、1990 年、2009 年人均耕地面积分别是 0.167hm^2、0.145hm^2、0.135hm^2，人地矛盾日趋突出。

2. 建设用地集约化利用程度低

1990 年，平度市居民点及独立工矿用地面积为 23303.2hm^2，2009 年为 33296.7hm^2，增加了 9993.5hm^2。一方面，新的建设用地逐年增多，另一方面，有些镇(街道办事处)企业用地处于闲置状态，有些工业园区企业用地存在"圈而未用"或"占多用少"现象，使土地没有得到有效的充分利用。

3. 乱采滥挖矿产资源，破坏了土地和生态环境

平度市矿产资源较为丰富，一些采矿业户采取粗放的经营方式乱采滥挖，有的石墨矿区不但挖损耕地，而且选矿后的尾沙、尾矿占压耕地；有的山区采石矿，不但把有植被和林木的山体变成了裸岩地，而且在采矿过程中形成的"毛石"、碎碴填塞山沟或占压土地，破坏了土地资源和生态环境。

4. 土地利用模式不科学合理，制约着土地利用总体效益的提高

平度市土地利用现状总体布局已基本步入了因地制宜、高效利用的良性循环轨道，但仍存在一些不尽科学合理的利用模式。一是平原和低洼地区存在少部分产量较低、品质较差的果园用地，不但管理水平较低，而且面积、规模小，难以形成产业优势。二是山丘地区仍有部分坡陡瘠薄的耕地没有退耕，不但使山地特有的优势难以得到发挥，而且还制约着经济效益的提高和生态环境的改善。

第三节　耕地利用与管理

一、耕地利用现状

2009 年，平度市耕地面积为 186422.4hm^2，占土地总面积的 58.7%，其中水浇地面积为 173938.1hm^2，占耕地面积的 93.3%；旱地面积为 12484.4hm^2，占耕地面积的 6.7%。

平度市农作物总播种面积为 287547hm^2。其中，粮食作物播种面积为 202347.3hm^2，经济作物播种面积为 85199.7hm^2。夏粮作物播种面积为 101559.4hm^2，其中小麦播种面积为 101552.8hm^2，基本占夏粮作物播种面积的 100%。秋粮作物播种面积为 100787.9hm^2，其中玉米播种面积为 99700.7hm^2，占秋粮作物播种面积的 98.9%；大豆、红薯等其他秋粮作物播种面积为 1087.2hm^2，占秋粮作物播种面积的 1.1%。经济作物

当中，花生播种面积为 33480.3hm^2，棉花播种面积为 3707hm^2，蔬菜播种面积为 42840.7hm^2，瓜类播种面积为 3989.5hm^2，烟叶播种面积为 75.1hm^2。耕地复种指数为 154.2%。

二、耕地管理

新中国成立以来，平度市耕地面积经历了几次较为明显的增减变化。1988 年、2004 年两次修订发布实施《中华人民共和国土地管理法》以后，实行了严格的耕地保护制度，对于建设用地占用耕地实行“占一补一、先补后占”的制度，使违法占用耕地现象得到了有效遏制。在基本农田保护方面，1994 年，平度市根据国家、山东省、青岛市基本农田保护的有关规定，编制了基本农田保护区规划，划定了基本农田保护区。1997 年，结合新一轮土地利用总体规划的编制，对原来基本农田保护区进行了第一次调整。1999 年1 月1 日，国务院发布实施了《基本农田保护条例》，平度市根据批准实施的市镇两级土地利用总体规划，对基本农田保护区进行了第二次调整，先后组织完成了基本农田保护区规划调整、划区定界、制度建立、标志设立、资料整理、责任书签订等工作。为切实加强对基本农田的保护，重点落实了基本农田保护的六项制度：一是建立了基本农田保护责任制；二是实行了基本农田保护区“六不准制度”，即基本农田保护区内不准擅自进行非农业建设，不准弃耕造林植果，不准毁田挖沙、取土、烧窑、圈地葬坟，不准擅自开挖渔塘、采矿，不准毁坏水利和水土保持设施，不准排放污染或可能造成污染的废水、废渣、废气等；三是实行了占用基本农田严格审批与占补平衡制度；四是落实了基本农田质量保护制度和基本农田环境保护制度；五是建立了基本农田保护区监督检查制度，严格查处违法占用耕地的行为；六是建立了基本农田保护面积登记制度。

三、耕地保养情况与耕地障碍因素分析

(一)耕地保养情况

土壤是作物生长的基础，要充分发挥土地的增产潜力，不断提高单产，就必须采取措施，改良土壤，培肥地力，协调诸肥力因素，建立一个良好的土壤生态系统。

平度市在耕地保养方面的主要做法为：广开肥源，增施有机肥料，秸秆还田，深耕，打破犁底层，科学施肥，加强田间基础设施建设等。

土壤有机质是衡量土壤肥力高低和用地、养地工作好坏的重要指标。长期以来，平度市土壤有机质不足，是土壤肥力瘠薄的主要原因。党和政府历来重视地力建设工作，鼓励农民发展畜牧养殖、广开肥源，从新中国建立到 20 世纪 60 年代，土杂肥用量有了明显增加。70 年代初期大规模发展夏季高温堆肥，成效明显。进入 21 世纪后，随着我国加入世界贸易组织，生态环境的保护和资源的可持续利用受到广泛重视，农业技术部门大力推广了有机无机复合肥、生物有机肥、商品有机肥等新型肥料品种及相关实用技术，作物秸秆得到了充分利用，小麦秸秆基本上实现了全部还田，玉米秸秆还田率达到 80%以上，土壤有机质稳步提升。

在科学施肥方面，平度市自 1981 年开始推广配方施肥技术，当时的主要理论依据是全市第二次土壤普查的成果和肥料试验数据。提出的施肥原则是稳氮、增磷，但只是技术

层面上的总体要求，并没有实现真正的量化。到 1989 年，已基本研究得出小麦、玉米、棉花、花生等主要农作物的土壤养分丰缺指标、利用系数、化肥利用率、单位产量养分吸收量等施肥参数，为配方施肥技术的进一步优化提供了理论依据。后来随着工作的不断深入和检测条件的不断改善，配方施肥的覆盖范围越来越大，量化指标也越来越明确。从 1989 年开始，在上级业务部门的支持下，有 12 个镇（街道办事处）相继建立了镇级土壤化验室，配合市土肥站开展测土配方施肥工作，覆盖面积达到 53330hm^2。

自 2006 开始，国家加大了在测土配方施肥方面的扶持力度。2006 年，中央 1 号文件《中共中央国务院关于推进社会主义新农村建设的若干意见》将测土配方施肥工作列为推进新农村建设的一项重要举措。平度承担了农业部和青岛市两级测土配方施肥补贴资金项目，项目以粮食增产、农业增效、农民增收和农业生态环境改善为目标，以提高科学施肥技术的入户率、覆盖率、贡献率和肥料利用效率为主攻方向，紧紧围绕“测、配、产、供、施”5 个环节、9 项内容开展工作。通过资料的搜集整理、野外调查采样、室内检测分析、数据库建立、图件制作等一系列技术手段，摸清了全市耕作土壤的理化性状；通过安排“3414”肥料效应田间试验获得了主要作物的最佳施肥量、施肥比例和施肥方法，形成了完整的耕地地力评价指标体系，为施肥分区和肥料配方提供了可靠依据。2009 年，与青岛农业大学联合研发了平度市土壤养分管理与施肥信息系统，在 江北（平度）农业信息网和平度政务网上开通应用。该系统覆盖了平度市 1788 个村、6000 余地块约 140000hm^2 耕地的土壤地力信息，农户可对所在区域土壤养分状况进行查询，并得到施肥配方。

在田间基础设施建设方面，北部山区主要是搞好水土保持，防止土壤侵蚀，实行山、水、田、林、路综合治理。在种植上因地制宜，宜粮则粮，宜林则林，宜果则果。水土流失严重的地块（坡度大于 25°），实行退耕还林，固土保水，涵养水源。南部平原区主要是实施农业综合开发项目和标准粮田建设项目，项目以土地治理为主要建设内容，以农田水利建设为重点，改造中低产田，改善生产条件，提高农田生产能力。通过铺设地下输水管道、铺设地下电缆、深打机井、构筑桥涵、建设蓄水平塘、节水工程、整修田间生产路、田间林网建设等工程措施，达到了渠相通、沟相连、机井有序分布、桥涵闸电配套齐全，全部实行低压管节水灌溉，有效灌溉面积达到 100％。经过这些建设，显著改善了项目区的生态环境和农业生产条件，提高了耕地基础地力和水肥资源利用率，增强了农作物抗旱减灾能力，粮食综合生产能力有了较大提高，对发展高产、优质、高效农业发挥了显著的促进作用。

（二）耕地障碍因素分析

1. 土壤瘠薄

平度市土层厚度小于 60cm 的耕地土壤面积为 10266.41hm^2，占耕地面积的 5.79％，主要分布于山丘地区，表层土壤含有大量粗砂和砾石，保肥、保水性差，普遍缺乏有机质，土壤养分含量低且比例失调，易干旱，作物产量水平低而不稳。

2. 障碍层次

耕地土壤中，土体内存在夹砂层、砂姜层、砾石层、厚黏心（夹黏层）等障碍层次和较差土体构型，面积为 120588.38hm^2，占耕地面积的 68.09％，大部分耕地耕层以下存在坚实的犁底层。这些障碍层次，或漏肥、漏水，或易旱、易涝，阻碍和制约着土体中水、肥、气、热的上下运行，对农业生产产生不利影响。

3. 质地不良

平度市土壤质地过砂、过黏、较差的耕地面积为 59914.48hm^2，占耕地面积的33.83%。土壤过砂，漏肥、漏水严重，土壤瘠薄，养分含量低，易干旱，造成作物早衰减产。土壤过黏，通透性不良，土壤板结，适耕期短，雨季易涝，干时龟裂，生产性能低而不稳。

4. 土壤酸化和盐渍化

据调查，平度市有强酸性耕地土壤约 3329.6hm^2，占耕地面积的 1.9%，其中粮田面积为 1811.5hm^2，菜地面积为 127.3hm^2，园地面积为 1390.8hm^2，主要分布于旧店、大泽山、云山、崔召、城关等地，土壤类型属棕壤。耕地土壤酸化的原因主要有 3 个：一是成土母质，平度市的北部为大泽山脉，岩石为花岗岩和花岗片麻岩，属酸性岩类，由其风化所生成的母质呈微酸性至酸性。二是施肥原因，由于施肥量逐年增大，施入的酰胺态氮、铵态氮最终都被氧化为硝态氮。在硝化的过程中，产生的 H^+ 使土壤酸化。加上有机肥施用量相对不足，土壤缓冲能力减弱，导致土壤酸化程度加快。三是灌溉水质下降。随着农田化学肥料的长期大量施用、生活污水的大量排放和固体废物的不合理处置，水质氮、磷面源污染的程度有增加的趋势。尤其在雨季后，水质中硝氮和总磷的含量明显增加。通过对不同采样时期和采样点的水质氨氮、硝氮和总磷含量指标的分析和评价，发现地表水氨氮浓度有 20%的样点超出了国家规定的Ⅴ类水质标准。另外，保护地栽培特别是大棚菜地存在盲目过量施肥现象，灌溉方式大部分采用传统的漫灌或沟灌，肥水利用率低。已经有 15%左右的大棚土壤出现轻度盐渍化现象。

三、耕地施肥状况分析

(一)肥料施用现状

平度市施用的肥料，主要是有机肥料、化学肥料和微生物肥料。

1. 有机肥料

平度市有机肥资源总量为 4.235×10^6t，其中农家肥资源总量为 2.211×10^6t，作物秸秆资源总量为 2.024×10^6t。农家肥是农田施用的主要有机肥，实际施用总量为 1.847×10^6t(含沼气肥)。粮田施用有机肥的占 3.5%，平均施用量为 18750kg/hm^2，其中小麦施用有机肥的占 7.1%，平均施用量为 18750kg/hm^2，花生田施用有机肥的占 7.2%，平均施用量为 1778.4kg/hm^2，棉田施用有机肥的占 7.0%，平均施用量为 17500kg/hm^2，蔬菜地施用有机肥的占 65.5%，平均施用量为 38283kg/hm^2，果树施用有机肥的占 63.3%，平均施用量为 33900kg/hm^2(见表 2-17)。

表 2-17　　平度市农家肥施用现状统计表

作　物	播种面积(hm^2)	施肥面积(hm^2)	平均施肥量(kg/hm^2)	施肥比例(%)
粮田	215000	7568	18750	3.5
小麦	106000	7568	18750	7.1
玉米	109000	0	0	0

续表

作 物	播种面积(hm^2)	施肥面积(hm^2)	平均施肥量(kg/hm^2)	施肥比例(%)
花生	28660	2063.5	1778.4	7.2
棉花	3707	260	17500	7
蔬菜	59698.8	39100	38283	65.5
设施蔬菜	13361.9	11900	67500	94.6
露天蔬菜	46336.9	27200	25500	58.7
果树	9331	5906	33900	63.3

作物秸秆还田方面，小麦播种面积为 101560hm^2，秸秆基本上实现了全部还田，还田量达 8.29×10^5t；玉米播种面积为 105510hm^2，秸秆换田率已经达到 96%以上，还田量达 9.84×10^5t。

商品有机肥主要应用在经济效益较高的蔬菜、瓜果、花卉、烟草等作物上，施用量为 1500～3750kg/hm^2。

2. 化学肥料

目前，平度市化肥投入总量为 124056t(折纯)。其中，氮肥 57630t(折纯)，磷肥 28478t(折纯)，钾肥 37790t(折纯)，微量元素肥料 158t(折纯)，平均每公顷耕地施用化肥 669.6kg，氮、磷、钾肥的施用比例为 1∶0.49∶0.66。小麦、花生、棉花的氮、磷、钾肥的用量和比例基本合理，玉米的磷、钾肥用量偏低。蔬菜地有机、无机肥比例比较合理，化学肥料投入量普遍偏大，利用率比较低，平均不到 30%。化肥投入占生产总成本的比重为：大田农作物平均 30.85%(其中小麦 38.6%)，果树平均 37.3%，大棚菜平均 52.5%。

在化肥种类的选择和施用数量方面，氮肥以尿素为主，碳酸氢铵施用数量和施用面积较小，主要用作基肥和追肥。尿素作基肥的施用量为 375～600kg/hm^2，作追肥的施用量为 300～450kg/hm^2。碳酸氢铵作基肥的施用量为 600～750kg/hm^2，作追肥的施用量为 450～600kg/hm^2。

磷肥主要有过磷酸钙、重过磷酸钙和钙镁磷肥等，用于大豆、花生、红薯、马铃薯效果明显，主要用作基肥，施用量为 600～750kg/hm^2。近几年随着复混肥料的大量施用而逐渐减少。

钾肥有硫酸钾和氯化钾。硫酸钾主要用于忌氯喜钾作物，如马铃薯、烟草、西瓜、果树。氯化钾多用于小麦、玉米、棉花、花生等作物，施用量为 300～450kg/hm^2。

复混肥是由两种以上养分标明含量的、由化学方法和掺混方法制成的肥料，其养分全，品种多，针对性强，使用方便，肥效高，深受农民喜爱，目前已成为主导性的农田肥料。复混肥在粮油作物上主要用作基肥，在蔬菜、果树上也作追肥施用。作基肥的施用量一般为 450～750kg/hm^2，作追肥的施用量一般为 375～525kg/hm^2。

微肥主要有硫酸锌、硫酸亚铁、硼砂、硫酸铜及复合型微量元素叶面肥等，主要用在蔬菜、果树、花生、棉花等经济作物上，粮食作物用得很少。基肥的施用量一般为 20～30 kg/hm^2(实物)，根外追肥的施用量一般为 3.4～6.8kg/hm^2(实物)。

平度市主要作物化学肥料施用现状如表 2-18 所示。

表 2-18 平度市主要作物化学肥料施用现状统计表

作　物	实物量(kg/hm²)	折纯量(kg/hm²)			氮、磷、钾比例
		氮(N)	磷(P_2O_5)	钾(K_2O)	
小麦	1275	345	113.5	133.5	1∶0.33∶0.39
玉米	1120	289	84	133	1∶0.29∶0.46
花生	760	118	114	116.3	1∶1∶1
棉花	1055	250.5	112.5	112.5	1∶0.45∶0.45
设施蔬菜	1875	300	187.5	281.3	1∶0.63∶0.94
露天蔬菜	1564.8	274.1	174.7	227.6	1∶0.64∶0.83
果树	2687.5	456.7	240.5	427.5	1∶0.53∶0.93

3. 微生物肥料

微生物肥料以生物有机肥为主,还有少量的微生物制剂,主要用于大姜、土豆等作物,施用面积和施用量很少。

(二)历史施用化肥情况与粮食产量的变化

1. 历史施用化肥情况

新中国成立前,平度农民只施用有机肥料,其中圈肥是主要的,但施用范围小、数量有限,一般每公顷施肥 15000kg 左右,有条件者施少量豆饼肥田。1954 年以后开始施用化肥。1966 年氮素化肥开始大量施用。1968 年开始施用磷肥,20 世纪 70 年代初期开始大量施用磷肥,碳酸氢铵逐步替代了氨水,并开始施用钾肥。自 80 年代后期起,土杂肥的用量越来越少,肥料投入逐渐偏重于化肥,有的农户甚至不用土杂肥,全部依靠化肥。

20 世纪 90 年代以后,化肥施用量增加较快,特别是氮肥和复合肥的投入有明显的增加,氮肥以尿素为主要品种,复合肥以磷酸二铵和三元复合肥为主要品种。单一的磷肥和钾肥主要在果树、蔬菜及烟草上施用,大田作物施用得较少,总量趋于减少。磷、钾营养主要靠三元复合肥提供。此期微量元素肥料应用已经比较普遍,小麦、玉米等粮食作物平均每年推广应用锌肥 $6\times10^4\,hm^2$,砂姜黑土的花生上平均每年推广铁肥约 $0.47\times10^4\,hm^2$,棉花、花生、葡萄推广硼肥 $1.33\times10^4\,hm^2$。

进入 21 世纪后,随着市场经济的快速发展和人们生活水平的不断提高,农产品的质量和品质越来越被人们所重视,特别是对于瓜果、蔬菜的营养、保健要求越来越高,优质无公害农产品越来越有市场。生态环境的保护和资源的可持续利用受到广泛重视,集节水、节肥、省工于一体的滴灌施肥技术在保护地蔬菜栽培中得到了广泛应用。到 2003 年,平度市氮、磷、钾肥投入比例为 1∶0.46∶0.31,耕层土壤有机质平均含量为 10.6g/kg、碱解氮平均含量为 75mg/kg、有效磷平均含量为 19.7mg/kg、速效钾平均含量为 78mg/kg,土壤养分比例趋向合理。

2. 粮食产量的变化

新中国成立初期，平度市的粮食作物主要是小麦、红薯、谷子、高粱，玉米播种面积较小，粮食总产只有217620t，平均单产才52kg/667m^2。历年粮油产量如表2-19所示。

表2-19 历年粮油产量统计表

年 份	粮食总产（$\times10^4$t）	小麦单产（kg/667m^2）	玉米单产（kg/667m^2）	花生总产（$\times10^4$t）	花生单产（kg/667m^2）
1949	21.76	39.5	59	1.98	90
1956	24.40	60.5	105	3.80	111.5
1966	31.94	55	122.5	3.59	129
1970	32.74	61.5	142.5	2.56	89.5
1980	59.36	152	297	4.77	154
1983	76.62	268.5	334.1	7.71	227.8
2003	89.64	446.9	475.3	19.63	334.3
2007	130.97	432	498	17.05	333
2008	139.44	448	509	16.93	342
2009	147.88	461.3	516	16.57	330

以上历年数据表明：1983年到2009年的26年间，平度市粮食作物总产增加了7.126$\times10^5$t，增产幅度达93%，呈现明显的上升趋势，平均每年增产粮食27408t。这里面有耕作制度改革、管理水平提高以及优良品种应用的作用，但肥料的运用也起到了很重要的增产作用。肥料的施用补充、协调了土壤养分，满足了作物对各营养元素的需求，使农作物生长健壮，抗逆性强。据统计，平衡施肥较习惯施肥，粮食作物增产10%以上，油料作物增产14%左右，果品和蔬菜增产21.2%左右，而且农产品品质也有所提高，土壤肥力稳中有升。

（三）施肥实践中存在的主要问题

(1)有机肥投入量在不同地区和不同作物上很不平衡，总量仍然较低。积制和施用模式仍以手工劳动为主，技术落后，劳动强度大，不卫生，影响了农民积制、施用的积极性。

(2)有机肥加工和秸秆综合利用方面的技术立项较少，缺少政策支持和资金支持。有机肥料的工厂化生产率低，规模小，技术规范不完善，各种加工工艺自成体系，质量优劣不一。

(3)存在过量施肥现象。特别是大棚蔬菜施肥普遍过量，个别农户甚至超量两倍以上。土壤出现盐渍化现象，影响了作物的正常生长和农产品品质。随着大田耕作施肥机械化操作的全面应用，大大节省了农村劳动力，但也有不少农户为了贪图省事，将作物整个生育期所需肥料在播种时随种子一次性施入，每公顷一次性投肥量达到750～900kg。由于超量施用且施用方法和施用时期不当，出现了烧种、烧苗现象。

(4)施肥比例不合理，重化肥，轻有机肥，重大量元素肥料，轻中微量元素肥料，部分地区的农作物出现生理性病害。施肥方法不科学，导致肥料利用率低。据调查，由于不合理施肥每年浪费标准氮肥约20000t、标准磷肥5700t、钾肥2000t，不仅造成了巨大的经济损失，而且对土壤和地下水产生污染，对人畜安全和农产品的质量产生不利影响。

第三章　耕地地力调查的样品采集与分析

第一节　土壤样品的布点与采集

一、土壤样品布点

按粮田、园地、露天菜地、设施菜地等作物分类，根据不同的土壤类型，在采样前，综合土壤图、土地利用现状图和行政区划图，并参考第二次土壤普查采样点位图确定采样点位，形成采样点位图。根据土壤类型、土地利用、耕作制度、产量水平等因素，将采样区域划分为若干个采样单元，每个采样单元的土壤性状尽可能均匀一致。平均每个采样单元为：大田作物每 $33hm^2$ 采一个样，大田园艺作物每 $6.7hm^2$ 采一个样，设施菜地每一个大棚采一个样。为便于田间示范跟踪和施肥分区，采样集中在位于每个采样单元相对中心位置的典型地块(同一农户的地块)，采样地块面积为 $0.13\sim0.33hm^2$。采用 GPS 定位，记录经纬度，精确到 0.1″。

二、采样方法

每个采样点的取土深度及采样量均匀一致，土样上层与下层的比例相同。取样器垂直于地面入土，深度相同。用取土铲取样时，先铲出一个耕层断面，再平行于断面取土。所有样品都采用不锈钢取土器采样。

(一)采样时间

粮田在秋后。设施蔬菜在晾棚期采集。果园在果品采摘后的第一次施肥前采集。

(二)采样深度及采样点数量

采样深度为 0～20cm，要保证足够的采样点，使之能代表采样单元的土壤特性。采样必须多点混合，每个样品取 15～20 个样点。

(三)采样路线

采样时按照“随机”“等量”和“多点混合”的原则进行采样。一般采用“S”形布点采样。在地形变化小、地力较均匀、采样单元面积较小的情况下，采用“梅花”形布点取样。避开路边、田埂、沟边、肥堆等特殊部位。蔬菜地混合样点的样品采集根据沟、垄面积的比例确定沟、垄采样点数量。果园采样以树干为圆点向外延伸到树冠边缘的三分之二处采集，每株对角采 2 点。

（四）样品量

混和土样取土 1kg 左右，用四分法将多余的土壤弃去。方法是将采集的土壤样品放在盘子或塑料布上，弄碎、混匀，铺成正方形，划对角线将土样分成四份，把对角的两份分别合并成一份，保留一份，弃去一份。如果所得的样品依然很多，可再用四分法处理，直至所需数量为止。

（五）样品标记

采集的样品放入统一的样品袋，用铅笔写好标签，内外各一张。土壤采样标签如表 3-1所示。

表 3-1　土壤采样标签

统一编号：（和农户调查表编号一致）　　　　　　　　　　　　邮编：
采样时间：　　年　　月　　日　　时　　　　　　土壤类型：
采样地点：平度市　　　镇（街道办事处）　　　村　　　地块　　　农户名：
地块在村的（中部、东部、南部、西部、北部、东南、西南、东北、西北）
采样深度：① 0～20cm　②______cm（不是①的，在②填写）
该土样由______点混合（规范要求 15～20 点）
经度：____度____分____秒　　　纬度：____度____分____秒
采样人：　　　　　　　　　联系电话：

三、田间调查

（一）调查内容

每个采样点都详细调查记载了取样地点（包括村、农户名和 GPS 定位）、土壤类型（具体到土类、亚类、土属和土种）、土体构型、耕层深度、地下水位、肥力水平、排灌能力、障碍因素、侵蚀程度、地形部位、土壤质地类型、种植制度、秸秆利用、农田建设质量、灌溉方式、种植方式、盐渍化程度、年降水量、上季作物名称及田间生长日期、本季作物名称及田间生长日期、作物产量、年度化肥施用情况、年度有机肥施用情况、灌溉次数和灌溉量等。

（二）调查方法

采取面对面现场调查的方式，共填制调查表 2081 份。

第二节　土壤样品制备

从野外采回的土壤样品要及时放在样品盘上，摊成薄薄一层，置于干净整洁的室内通风处自然风干，严禁暴晒，并注意防止酸碱等气体及灰尘的污染。风干过程中要经常翻动土样并将大土块捏碎以加速干燥，同时剔除侵入体。

风干后的土样按照不同的分析要求研磨过筛，充分混匀后，装入样品瓶中备用。瓶内外各放标签一张，写明编号、采样地点、土壤名称、采样深度、样品粒径、采样日期、采样人及制样时间、制样人等项目。制备好的样品要妥善储存，避免日晒、高温、潮湿和酸碱等气体的污染。全部分析工作结束，分析数据核实无误后，试样一般还要保存3～12个月，以备查询。

一、一般化学分析试样

将风干后的样品平铺在制样板上，用木棍或塑料棍碾压，并将植物残体、石块等侵入体和新生体剔除干净。细小已断的植物须根，可采用静电吸附的方法清除。压碎的土样用2mm孔径筛过筛，未通过的土粒重新碾压，直至全部样品通过2mm孔径筛为止。通过2mm孔径筛的土样可供pH、盐分、交换性能及有效养分等项目的测定。

将通过2mm孔径筛的土样用四分法取出一部分继续碾磨，使之全部通过0.25mm孔径筛，供有机质、全氮等项目的测定。

二、微量元素分析试样

用于微量元素分析的土样，其处理方法同一般化学分析样品，但在采样、风干、研磨、过筛、运输、储存等环节，不要接触可造成样品污染的铁、铜等金属器具。采样、制样推荐使用不锈钢、木、竹或塑料工具，过筛使用尼龙网筛等。通过2mm孔径尼龙筛的样品可用于测定土壤有效态微量元素。

第三节　样品分析与质量控制

一、样品分析项目与测定方法

根据《全国耕地地力调查与质量评价技术规程》测试分析项目的要求，平度市耕地地力调查与质量评价化验分析项目有19项，测定方法如表3-2所示。

表3-2　耕地地力调查分析项目测定方法

分析项目	测定方法
土壤pH	玻璃电极法
土壤有机质	油浴加热重铬酸钾氧化容量法
土壤全氮	凯氏蒸馏法
土壤碱解氮	碱解扩散法
土壤有效磷	碳酸氢钠浸提—钼锑抗比色法
土壤速效钾	乙酸铵浸提—火焰光度计法
土壤缓效钾	硝酸浸提—火焰光度法
土壤交换性钙	乙酸铵交换—原子吸收分光光度计法
土壤交换性镁	乙酸铵交换—原子吸收分光光度计法

续表

分析项目	测定方法
土壤有效硫	磷酸盐—乙酸法
土壤有效硅	柠檬酸浸提—硅钼蓝比色法
土壤有效铜	DTPA 浸提—原子吸收分光光度计法
土壤有效锌	DTPA 浸提—原子吸收分光光度计法
土壤有效铁	DTPA 浸提—原子吸收分光光度计法
土壤有效锰	DTPA 浸提—原子吸收分光光度计法
土壤有效硼	姜黄素比色法
土壤有效钼	草酸—草酸铵浸提—极谱法
土壤容重	环刀法
土壤水溶性盐分总量	电导率法

二、质量控制

质量控制一般是指对土壤样品分析过程的控制方法，包括化验室内部控制、实验室外部控制、其他控制，其目的是把分析误差控制在容许限度内，保证测量结果有一定的精密度和准确度，使分析数据在给定的置信水平内，达到所要求的质量。

为获得具有代表性、完整性、精密性、准确性和可比性的数据，当采集的样品送达化验室后，对每一个样品的分析化验都经过"样品制备→样品前处理→分析测试→数据处理→检测报告整理"5 个环节，每个环节都与分析质量密切相关。因此，对每一个环节都强化技术管理，对分析化验的全过程进行严格的质量控制，以确保分析结果的真实有效。

质量控制主要采取以下几项措施：

(一)样品制备

1. 磨碎与过筛

用研钵制样，粉碎样品全部过 2mm 孔径筛，取部分样品过 0.25mm 孔径筛，分析全氮和有机质。

2. 混　匀

把同一批通过 2mm 孔径筛的土壤样品全部置于无污染的搅拌器内搅拌，直到搅拌均匀为止，将混匀的样品全都分装到塑料瓶中(样重约 1kg)，备用。取部分样品磨碎过 0.25mm 孔径筛，混匀。

3. 检　测

按检测要求分析土壤样品，同一项目用统一的方法进行测试分析，结果经整理统计后，得到平均值和标准差。检测项目包括有机质、全氮、有效磷、速效钾、pH、中微量元素等。

（二）参比样

利用内参样掺插控制测试准确度，样品测定时加入 15%的参比样，参比样测定值应在该参比样特定测试项目所规定的置信区间，否则同批样品该项目检测结果判定为不合格，该项目重新检测。参比样品由山东省土壤肥料总站统一组织制作，用统一的方法进行检测，经整理统计后，其平均值和标准差作为日常分析工作的参比值。

每批样品加入参比样作为控制样品，将参比样在不同日期按照与土样相同的测试方法进行测定，每次平行测定两份。对测定结果的相对误差（$|x_1-x_2|\div\bar{x}\times100\%$，式中 $\bar{x}$ 是 2 次测试结果平均值）符合要求者保留，否则报废重做。对多次重复测试结果（15 次以上）进行统一分析，计算平均值 $\bar{x}$ 及样本标准偏差 S。在分析土样的每批加入一个参比样同时测试，如果参比样测试结果在区间（$\bar{X}-2S,\bar{X}+2S$）之内，确认该批测试结果有效，否则该批测试结果无效，分析原因后重新测定。

（三）平行测定（与参比样交替使用）

在测定成批样品时，随机抽取 10%的样品（分析编号个位是 0 或 5 的样品）进行平行双样测定，根据平行结果判断有无大误差，估计精密度。还可用平均值报结果，减少随机误差。一般平行双样允许误差参照方法规定误差。当平行双样测定结果不符合要求时，除对不合格者重新做平行双样测定外，再增加测定 10%的平行双样，直至误差符合要求。坚持平行实验、再现性实验，控制精密度，减少随机误差。

具体做法是：对控制样品进行多次重复测定，由所得结果计算出控制样的平均值 X 和标准差 S，绘制精密度控制图，纵坐标为测定值，横坐标为获得数据的顺序。将平均值 X 作成与横坐标平行的中心线 CL，$X\pm3S$ 为上下控制限 U_{CL} 及 L_{CL}，$X\pm2S$ 为上下警戒限 U_{WL} 及 L_{WL}。在进行试样例行分析时，每批带入控制样，其测定数据在控制图上打点。如果打在控制限外，叫“超控”，该批结果全部为错误结果，必须立即找出原因，采取适当措施，等“回控”后再重复测定。如果控制样的结果落在控制限和警戒限之间，说明精密度已不理想，应引起注意。

（四）校准曲线

为消除温度或其他因素影响，每批样品均需画校准曲线，与样品同条件操作。标准系列设置 6 个以上浓度点，根据浓度和吸光值绘制校准曲线或求出一元线性回归方程，计算相关系数，对一般待测组分较稳定的待测样品如微量金属元素等，一般标准曲线的相关系数的绝对值 $|r|>0.999$，则该标准曲线可判断为合格，否则应找出原因尽可能加以纠正，并重新测定及绘制新标准曲线。

（五）空白实验

空白实验即在不加试样的情况下，按照分析试样完全相同的操作步骤和条件进行的实验。得到的结果称为“空白值”，包含了试剂、蒸馏水中杂质带来的干扰，从待测试样的测定值中扣除，可消除上述因素带来的系统误差。如果空白值过高，则要找出原因，采取其他措施（如提纯试剂、更换试剂、更换容器等）加以消除。一般当天同一批次（项目），应保证有一个空白样。

（六）准确度控制

利用回收率实验对部分项目测试结果进行准确度控制。在控制样中投加一定量含有分析成份的标准物质后再进行测试，测定值与原有值之差占投加值的百分率就是回收率，即：

$$回收率(\%)=\frac{测定值-原有值}{标准加入量}\times 100$$

对控制样进行 15～20 次回收率实验，求出回收率平均值 $\bar{a}$ 及标准差 S。在分析土样的每批时，都利用控制样进行回收率测定。如果回收率测试结果在区间($\bar{a}-2S,\bar{a}+2S$)之间，确认该批测试结果有效，否则该批样品测试结果报废，分析原因后进行重复测定。回收率实测值一般为 95%～105%。

(七)重复性控制

按不同类别随机抽取样品，制成双样同批抽查；随机抽取已检样，编成密码跨批抽查。同(跨)批抽查的样品数量应控制在样品总数的 5%左右。

(八)外部质量控制

外部控制也称“化验室间质量控制”，实际上就是化验室间测定数据的对比实验。通过这项实验可以发现一些化验室内部不易核对的误差来源，如试剂的纯度、蒸馏水的质量等问题。经常进行这一工作，可以增加化验室间测定结果的可比性，提高化验室的检测水平。

(九)外部控制的再现性

再现性是指在不同化验室(分析人员、分析设备甚至分析时间都不相同)用同一分析方法对同一样品进行多次测定结果之间的符合程度。通常用分析标准物质的方法来确定。当发现检测结果有可疑值、异常值、边缘值时，特别注意组织复现性控制工作。

第四章　土壤理化性状及评价

土壤的物理性状和化学性状是主要的土壤属性，由土壤的成土因素和成土过程形成，是决定土壤肥力高低的重要因素，直接影响作物的产量和品质。土壤的物理性状和化学性状主要包括土壤质地、容重、孔隙度、酸碱度、有机质、大量元素、中微量元素等。通过一系列检测分析，充分了解耕地养分状况、分布范围及面积和变化情况，可合理利用耕地，为指导生产提供依据。

本次耕地地力调查及质量评价，在平度市粮田、菜地、园地等选取 2081 个有代表性的样点，共采集土壤样品 2081 个，取得用于耕层土壤样品分析的有效数据 34381 个，其中有机质、速效钾各 2081 个，有效磷 2080 个，pH、交换性钙、交换性镁、有效铁各 2070 个，碱解氮、有效锌、有效锰各 2069 个，全氮 2068 个，缓效钾、有效硅各 1922 个，有效铜、有效硼各 2067 个，有效硫、有效钼各 1729 个，测定容重样品 104 个。

第一节　土壤主要物理性状

土壤物理性状是重要的肥力因素，它调节着土壤中的水、肥、气、热等状况，能反映农业生产的综合性能，主要包括土壤质地、土体构型、土壤容重、孔隙度和障碍层次等因素。

一、土壤质地

土壤质地指土壤中各粒级土粒的配合比例，是反映土壤物理性状的总指标之一，对土壤水、肥、气、热状况有重要的影响。平度市土壤的成土母质多为花岗岩、花岗片麻岩风化物的洪积冲积物，因此，表土土壤颗粒较粗，质地偏轻。砂土和沙壤面积为 59914.48hm^2，占耕地面积的 33.83%；轻壤和中壤面积为 112890.83hm^2，占耕地面积的 63.74%；重壤面积为 4283.41hm^2，占耕地面积的 2.42%（见表 4-1）。

表 4-1　　不同表层质地面积统计表

项　目	砂　土	沙　壤	轻　壤	中　壤	重　壤	合　计
面积(hm^2)	10384.2	49530.28	46439.85	66450.98	4283.41	177088.71
占耕地(%)	5.86	27.97	26.22	37.52	2.42	100

（一）砂　土

砂土面积为 10384.2hm^2，占耕地面积的 5.86%，主要分布于东北部、北部山丘地区的山坡上，西部的剥蚀残丘上也有零星分布。这类土质的土壤含有砾石，多在20%～40%，土层薄，养分贫瘠，易干旱。

（二）沙 壤

沙壤面积为49530.28hm²，占耕地面积的27.97%，主要分布于旧店、祝沟、云山、大田、崔召、大泽山、店子、李园、城关等的山区，以及南村西北部、兰底东南部。这类土质的土壤特征是，瘠薄，不保肥水，养分含量低，因土质沙性大，表层土壤昼夜温差大。

（三）轻 壤

轻壤面积为46439.85hm²，占耕地面积的26.22%，主要分布于古岘、仁兆、兰底、南村、张戈庄、麻兰、蓼兰、白埠、明村、马戈庄、门村、店子、灰埠、长乐、新河、祝沟、旧店等地。该质地砂黏适中，孔隙度适当，通透性好，保水、保肥，养分含量较高，供肥性好；易耕，耕作质量好，适耕期长，表现为“干好耕，湿好耕，不干不湿更好耕”。

（四）中 壤

中壤面积为66450.98hm²，占耕地面积的37.52%，主要分布于白埠、兰底、万家、崔家集、明村、田庄、门村、马戈庄、张舍、新河、同和、张戈庄、郭庄、南村、仁兆等地，古岘、香店也有小面积分布，为平度市平原地区主要土质。该土质偏黏，适耕性、通透性较差，保水、保肥力较强，供肥性较差，潜在肥力高，易发生渍涝。

（五）重 壤

重壤面积为4283.41hm²，占耕地面积的2.42%，主要分布于仁兆西部至张戈庄、郭庄东部一带，明村东南、西南及马戈庄西北部的低洼处。该土质地黏重，养分含量较高；雨季易涝，通透性差；水分散失快，易干旱，干旱时易收缩龟裂；湿黏、干硬，难耕，耕作质量差，适耕期短，表现为“早上软，晌午硬，到了下午锄不动”。

二、土体构型

土体构型是指土壤剖面中各层次排列组合的关系，反映土壤通透性和保肥、保水能力。平度市土壤剖面上下质地变化较大，土体构型复杂，主要有四大类型：一是均壤质类型；二是上松下紧的“蒙金型”类型；三是全剖面为砂土类型；四是1m土体内有漏砂、黏盘、砾石层、砂姜层等障碍层次的土壤。

平度市耕地土壤土体构型分为15种类型，如表4-2所示。

表4-2 不同土体构型类型与面积

土体构型	沙壤均质	中 层	薄 层	沙壤砂心	轻壤砂心	轻壤均质	轻壤砂姜腰	中壤均质
面积(hm²)	28119.11	7411.14	2973.06	21411.17	2396.98	23708.91	16011.72	4046.31
占耕地(%)	15.88	4.18	1.68	12.09	1.35	13.39	9.04	2.28

土体构型	轻壤黏腰	中壤黏心	轻壤砂腰	中壤砂姜腰	轻壤黏心	中壤砂姜心	轻壤砂姜心
面积(hm²)	1382.97	3901.35	423.74	45901.01	1151.77	16885.72	1363.76
占耕地(%)	0.78	2.20	0.24	25.92	0.65	9.54	0.77

较好的土体构型：中壤均质、轻壤均质、轻壤黏腰、中壤砂姜腰。这些构型耕层质地适

中，理化性状较好，下层保水、保肥，是农业生产上较理想的构型，面积为75039.20hm²，占耕地面积的42.37%。

不良的土体构型：沙壤均质。面积为28119.11hm²，占耕地面积的15.88%。

较差的土体构型：沙壤砂心、轻壤砂姜腰、中壤砂姜心、轻壤砂姜心、中壤黏心、轻壤黏心、轻壤砂心、轻壤砂腰、中层、薄层。这些构型土壤瘠薄，保水保肥能力弱，影响作物生长发育。面积为73930.41hm²，占耕地面积的41.74%。

三、土壤容重

土壤容重指自然状态下单位体积的干土重，通常以g/cm³表示。土壤容重数值的大小除与土壤结构、土壤质地、土粒排列方式、有机质含量和土壤松紧度有关外，还受到耕作、施肥、灌溉等农业管理措施的影响，尤其是耕层容重，变幅较大。一般耕层土壤容重以1.0～1.45g/cm³为宜。在土壤质地相似的情况下，容重小，表示土壤疏松多孔，结构性良好；容重大，表示土壤紧实板硬，结构性差。

本次评价共采集土壤容重样品104个，每个样品测定做3次重复。据测定，耕层土壤容重范围为1.24～1.79g/cm³，平均为1.49g/cm³，较第二次土壤普查时的1.32g/cm³增加了0.17g/cm³，属紧实。在较适宜范围1.1～1.35g/cm³的只占12.5%，大于1.35g/cm³的占87.5%。土壤容重与土壤质地关系密切。据测定，耕层土壤不同质地的平均容重由小到大依次为：砂土1.43g/cm³，沙壤1.49g/cm³，轻壤1.51g/cm³，中壤1.52g/cm³，重壤1.68g/cm³，表明质地偏砂、疏松的土壤容重偏小，质地偏黏、紧实的土壤容重偏大（见表4-3）。

表4-3　不同质地类型的土壤容重状况

土壤质地	平均(g/cm³)	变幅(g/cm³)	样本(个)
砂土	1.43	1.28～1.58	12
沙壤	1.49	1.25～1.79	25
轻壤	1.51	1.26～1.75	33
中壤	1.52	1.24～1.73	32
重壤	1.68	1.64～1.72	2
平均	1.49	1.24～1.79	104

不同土壤类型的土壤容重也有较大的差异，盐土、棕壤、褐土容重较小，潮土、砂姜黑土容重偏大。本次调查对不同土壤类型、土属的土壤容重进行了测定比较，由小到大依次为：盐土1.42 g/cm³，棕壤1.47 g/cm³，褐土1.48 g/cm³，潮土1.55 g/cm³，砂姜黑土1.56 g/cm³（见表4-4）。

表 4-4 不同土壤类型的土壤容重状况

土壤类型	土　属	容重(g/cm³)	平均值(g/cm³)
砂姜黑土	覆盖砂姜黑土	1.57	1.56
	裸露砂姜黑土	1.54	
潮土	石灰性河潮土	1.51	1.55
	无石灰性河潮土	1.52	
	冲积湿潮土	1.54	
	盐化潮土	1.61	
褐土	洪积褐土	1.57	1.48
	坡积洪积褐土性土	1.45	
	洪积冲积淋溶褐土	1.41	
棕壤	洪积棕壤	1.43	1.47
	洪积冲积潮棕壤	1.56	
	酸性岩类棕壤性土	1.43	
盐土	滨海潮盐土	1.42	1.42

分析结果表明，平度市土壤容重总体状况偏大，耕层较紧实，影响了土壤中水、气、热的协调、作物根系的生长和土壤肥力的发挥。因此，改良土壤、降低容重成为农业生产中急需解决的问题。土壤容重与耕作管理有密切关系，采取合理的耕作改良措施可降低土壤容重，主要措施有两个：一是增施有机肥，实行秸秆还田；二是加深耕层，合理深耕、深翻，耕层由不到 20cm 加深到 30cm 左右。

四、土壤孔隙度

土壤孔隙度是在自然状态下，土壤中的孔隙占土壤总体积的百分数。土壤孔隙度通常分毛管孔隙度和通气孔隙度，是土壤储存水分和空气的场所，其大小影响着土壤的松紧状况、通透性能。土壤孔隙度大小、数量和分布状况对土壤肥力因素的调节及土壤中的微生物、化学过程影响很大，因此，土壤孔隙度也是土壤的主要物理性状之一。孔隙度良好的土壤，能够同时满足作物对水分和空气的需求，有利于养分状况调节和作物根系伸展。对于耕种的土壤来说，耕层土壤总孔隙度在 50%左右较为适宜，变幅一般为 40%～60%，通气孔隙度为 10%～20%。

在秋季作物收获后、未耕地前采集 104 个样品检测分析。全市耕层土壤总空隙度变幅为 32.3%～53.1%，平均为 43.3%，较第二次土壤普查时的 48.51%减小了 5.21%，其中大于 50%的占 4.8%，在 45%～50%范围的占 34.6%。不同土壤类型的土壤孔隙度有较大的差异，盐土、棕壤、褐土孔隙度大，潮土、砂姜黑土孔隙度偏小，由大到小依次为：盐土 46.6%，棕壤 44.3%，褐土 44.3%，潮土 41.7%，砂姜黑土 41.3%(见表 4-5)。

表 4-5　　不同土壤类型、土属的总孔隙度

土壤类型	土　属	孔隙度(%)	平均(%)
砂姜黑土	覆盖砂姜黑土	40.6	41.3
	裸露砂姜黑土	41.9	
潮土	石灰性河潮土	43.0	41.7
	无石灰性河潮土	42.6	
	冲积湿潮土	41.9	
	盐化潮土	39.3	
褐土	洪积褐土	40.8	44.3
	坡积洪积褐土性土	45.4	
	洪积冲积淋溶褐土	46.8	
棕壤	洪积棕壤	46.0	44.3
	洪积冲积潮棕壤	41.1	
	酸性岩类棕壤性土	46.0	
盐土	滨海潮盐土	46.6	46.6

土壤松紧状况与土壤容重、土壤孔隙度关系密切。相同或相似的质地，疏松的土壤容重小而孔隙度大，紧实的土壤容重大而孔隙度小。因此，可根据容重来判断土壤孔隙度和土壤松紧状况，如表 4-6 所示。

表 4-6　　土壤松紧度与容重和孔隙度的关系

松紧程度	容重(g/cm^3)	孔隙度(%)
极松	<1.00	>60
松	1.00～1.14	60～56
适合	1.14～1.26	56～52
稍紧	1.26～1.30	52～50
紧	1.30～1.45	50～45
极紧实	>1.45	<45

五、障碍层次

平度市耕地土壤中，土体内存在的障碍层次有石渣土、夹砂层、砂姜层、浅黏等，面积为 120588.38hm^2，占耕地面积的 68.09%，其中砂姜层面积占耕地面积的 45.27%，如表 4-7 所示。大部分耕地耕层以下存在紧实的犁底层，多成片状结构，不仅影响作物的根系发育，且易造成作物倒伏或发生濉涝。这些障碍层次，或漏肥、漏水，或易旱、易涝，阻碍和

制约着土体中水、肥、气、热的上下运行，对农业生产产生不利影响。

表 4-7　土层障碍层次面积统计表

项　目	无障碍层次	石渣土	夹　砂	砂　姜	浅　黏	合　计
面积(hm^2)	56500.33	10384.2	24079.76	80162.21	5962.21	177088.71
占耕地(%)	31.91	5.86	13.60	45.27	3.37	100

第二节　土壤 pH 和有机质

一、土壤 pH

土壤 pH 即土壤酸碱度，它代表与土壤固相处于平衡的溶液中的 H^+ 离子浓度的负对数。土壤酸碱度对土壤肥力及作物生长影响较大，是评价土壤肥力状况的一个重要指标，对土壤微生物的活性、矿物质和有机质分解起着重要的作用，因而影响土壤养分元素的释放、固定、迁移等。大多数作物适宜生长在中性至微碱性土壤上，在低 pH 情况下，易降低土壤氮、磷、钾、钙、镁、硫、钼、硼养分的有效性，在高 pH 情况下，易降低土壤磷、钙、镁、铁、锰、锌、铜、硼养分的有效性，因此，适宜的土壤 pH 是作物正常生长的基础。

(一)土壤 pH 分级与分布

平度市为了调查分析土壤 pH 状况，按照不同土壤类型、不同种植作物进行了土样采集，共采集化验样品 2070 个，土壤 pH 为 4.5～9.3，众数为 6.9，标准差为 1.21，变异系数为 0.17。土壤 pH 总体状况呈中性。与 1981 年第二次土壤普查时(pH 为 5～8.5)相比，土壤偏碱性、偏酸性的面积有所扩大，碱性占 24.17%、强碱性占 9.46%；酸性占 39.24%、强酸性占 8.68%。土壤 pH 分级面积情况如表 4-8 所示。

表 4-8　土壤 pH 分级面积情况

级　别	1	2	3	4	5	6
分级标准	>8.5	7.5～8.5	6.5～7.5	5.5～6.5	4.5～5.5	<4.5
等级面积(hm^2)	29955.46	76535.26	58422.65	124255	27485.56	0
总面积比例(%)	9.46	24.17	18.45	39.24	8.68	0

按照山东省土壤 pH 分级标准，对样品在各级出现的百分率进行统计。土壤 pH 分布主要以弱酸性为主，其中弱酸性(5.5～6.5)的样本有 654 个，占总样本数的 31.59%，主要分布在张戈庄、仁兆、麻兰等地；中性(6.5～7.5)的样本有 441 个，占总样本数的 21.3%，主要分布在蓼兰、仁兆等地；弱碱性(7.5～8.5)的样本有 438 个，占总样本数的 21.16%，主要分布在万家、崔家集等地。平度市土壤 pH 分级分布情况如表 4-9 所示。

表 4-9 土壤 pH 分级分布情况

级别	1	2	3	4	5
分级标准	＞8.5	7.5～8.5	6.5～7.5	5.5～6.5	4.5～5.5
样本(个)	284	438	441	654	253
百分比(%)	13.72	21.16	21.3	31.59	12.22

1. 不同土壤类型的土壤 pH

平度市不同土壤类型土壤 pH 状况如表 4-10 所示。潮土 pH 为 4.5～9.1，众数为 6.7；褐土 pH 为 4.9～9.0，众数为 7.6；砂姜黑土 pH 为 5.0～9.3，众数为 7.7；盐土 pH 为 7.4～9.0，众数为 8.3，较高；棕壤 pH 为 4.5～9.1，众数为 6.2，最低。

表 4-10 不同土壤类型土壤 pH 状况

土壤类型	样本(个)	最小值	最大值	众数	标准差	变异系数
潮土	709	4.5	9.1	6.7	1.06	0.16
褐土	78	4.9	9.0	7.6	1.04	0.14
砂姜黑土	703	5.0	9.3	7.7	1.02	0.13
盐土	3	7.4	9.0	8.3	0.69	0.08
棕壤	577	4.5	9.1	6.2	0.99	0.16

平度市不同土壤类型土壤 pH 分级分布情况如表 4-11 所示。潮土 pH 以 5.5～6.5 为主，占总样本数的 40.76%，主要分布在仁兆、古岘等地；褐土 pH 以 7.5～8.5 为主，占总样本数的 39.74%，主要分布在马戈庄、明村等地；砂姜黑土 pH 以 7.5～8.5 为主，占总样本数的 34.00%，主要分布在万家、崔家集等地；棕壤 pH 以 5.5～6.5 为主，占总样本数的 42.81%，主要分布在店子等地。

表 4-11 不同土壤类型土壤 pH 分级分布情况

分级标准	潮土		褐土		砂姜黑土		棕壤		盐土	
	样本(个)	比例(%)	样本(个)	比例(%)	样本(个)	比例(%)	样本(个)	比例(%)	样本(个)	比例(%)
＞8.5	57	8.04	18	23.07	188	26.74	21	3.64	2	66.67
7.5～8.5	114	16.08	31	39.74	239	34.00	52	9.01	0	0
6.5～7.5	179	25.25	17	21.79	151	21.48	94	16.29	1	33.33
5.5～6.5	289	40.76	10	12.82	109	15.50	247	42.81	0	0
4.5～5.5	70	9.87	2	2.56	16	2.28	163	28.25	0	0

2. 不同利用方式的土壤 pH

平度市不同利用方式土壤 pH 状况如表 4-12 所示。粮田土壤 pH 为 4.6～9.1，众数为 7.4；菜地土壤 pH 为 4.8～9.3，众数为 6.7；园地土壤 pH 为 4.5～8.5，众数为 5.8。园地土壤 pH 最低，部分园地土壤酸化现象较重。

表 4-12　不同利用方式土壤 pH 状况

利用方式	样本(个)	最小值	最大值	众数	标准差	变异系数
粮田	1077	4.6	9.1	7.4	1.07	0.14
菜地	582	4.8	9.3	6.7	1.07	0.16
园地	411	4.5	8.5	5.8	0.74	0.13

平度市不同利用方式土壤 pH 分级分布情况如表 4-13 所示。粮田土壤 pH 以 7.5～8.5 为主，占样本总数的 32.22%，主要分布在万家、崔家集等地；菜地土壤 pH 以 5.5～6.5 为主，占样本总数的 42.27%，主要分布在张戈庄、仁兆、麻兰等地；园地土壤 pH 以 5.5～6.5 为主，占样本总数的 46.96%，主要分布在云山、店子等地。

表 4-13　不同利用方式土壤 pH 分级分布情况

分级标准	粮田		菜地		园地	
	样本(个)	比例(%)	样本(个)	比例(%)	样本(个)	比例(%)
>8.5	223	20.71	61	10.48	0	0
7.5～8.5	347	32.22	72	12.37	19	4.62
6.5～7.5	250	23.21	152	26.12	39	9.49
5.5～6.5	215	19.96	246	42.27	193	46.96
4.5～5.5	42	3.90	51	8.76	160	38.93

(二)影响土壤酸碱度的因素

土壤的酸碱性是土壤的基本特性，也是影响土壤肥力和作物生长的重要因素之一。土壤酸碱性主要取决于土壤中酸碱物质的多少。酸性物质来源于二氧化碳溶于水形成的碳酸和有机质分解产生的有机酸，以及氧化作用产生的无机酸，还有施肥加入的酸性物质；碱性物质主要来源于土壤中的碳酸钠、碳酸氢钠、碳酸钙等盐类。

(三)土壤酸碱度失调的危害

土壤偏(过)酸性或偏(过)碱性，都会不同程度地降低土壤养分的有效性，具体表现在五方面。

(1)使土壤养分的有效性降低。土壤中磷的有效性受酸碱性的影响明显，在 pH 超过 7.5 或低于 6 时，磷酸和钙或铁、铝形成迟效态，使有效性降低。钙、镁和钾在酸性土壤中易代换也易淋失。钙、镁在强碱性土壤中溶解度低，有效性降低。硼、锰、铜等微量元素在碱性土壤中有效性大大降低，而钼在强酸性土壤中与游离铁、铝生成沉淀，降低其有效性。

(2)不利于土壤的良性发育,破坏土壤结构。强酸性土壤和强碱性土壤中氢和钠较多,而钙缺少,难以形成良好的土壤结构,不利于作物生长。

(3)不利土壤微生物的活动。土壤微生物一般最适宜的 pH 为 6.5～7.5。过酸或过碱都严重地抑制土壤微生物的活动,从而影响氮素及其他养分的转化和供应。

(4)不利于作物的生长发育。作物一般在中性或近中性土壤中生长最适宜。

(5)易产生各种有毒害的物质。土壤过酸容易产生游离态的 Al^{3+} 和有机酸,直接危害作物。碱性土壤中可溶盐分达一定数量后,会直接影响作物的发芽和正常生长。含碳酸钠较多的碱化土壤,对作物更有毒害作用。

适合不同农作物生长的高产土壤,一般要求呈中性、微酸性或微碱性反应,pH 多为 6～8。因为在酸性土壤中,可溶性磷易与铁、铝化合,形成磷酸铁、铝而降低有效性。土壤中的交换性钾、钙、镁等易被氢离子置换出来,一旦遇到雨水,就会流失掉。酸性土壤也往往缺硫和钼。对酸性土壤应增施石灰,以中和土壤酸度,消除铝的毒害,提高养分的有效性。同时注意增施有机肥料,通过有机肥料的缓冲作用,减轻酸性对土壤和作物的影响。化学肥料宜选用碳铵、钙镁磷肥等碱性肥料。而在碱性土壤中,尤其是石灰性土壤,可溶性磷易与钙结合,生成难溶性磷钙盐类,会降低磷的有效性。在石灰性土壤中,许多微量元素如硼、锰、钼、锌、铁的有效性会大大降低,致作物中的这些营养元素不足,并产生各种生理性病害。因此,更要重视并有针对性地选用上述微肥作基肥或追肥。

基施时,可将微肥同有机肥料一起腐沤一定时间,以增加微肥的有效性。当出现因微肥不足而引起缺素症时,应及时用相应的有机螯合肥进行叶面喷施,以减轻生理病害的危害程度。还有,在石灰性土壤上施用过磷酸钙、硫酸铵、氯化铵等酸性和生理酸性肥料较好,以降低和减轻土壤碱性的危害,不要施用碱性肥料,如碳酸氢铵、草木灰等,特别忌施强碱性肥料——石灰。

另外,在盐碱土上不宜施用氯化铵肥料。并注意铵态氮肥要深施覆土,防止氨的挥发损失。磷肥可集中施用,或与厩肥、堆肥混合施用,以减少磷的固定,提高肥料利用率。

(四)调节土壤酸碱度的有效措施

1. 施用生石灰粉

施用生石灰粉($MgCO_3+CaCO_3$)是提高土壤 pH 的有效途径。它在提高土壤 pH 的同时,对提高作物产量和改善品质也有一定的作用。生石灰粉的施用量一般每公顷为 225kg,过 100 目筛,在秋季与基肥一起施用,也可根据实际情况分次施用。

2. 增施有机肥

施用有机肥是降低土壤酸化的有效途径。有机肥能改善土壤物理化学性状,增加孔隙度,提高土壤吸附力,防止和减缓盐基元素的淋失,有机肥分解后,又可提供氮、磷、钾、钙、镁等营养元素,从而增加土壤缓冲能力,缓解酸化速度。

3. 平衡施肥

平衡施肥是保持土壤 pH 的重要途径。长期大量偏施氮肥,可造成土壤 pH 持续下降。随着土壤的酸化,控制土壤酸度的钙、镁、钾等盐基离子淋溶加剧,而这些盐基离子与 pH 有着显著的正相关关系。它们的淋失,既影响作物对这些元素的吸收,又破坏了土壤的结构。因此,在肥料施用过程中,应以氮、磷、钾、镁及其他元素配合施用,以平衡土壤养分，调节土壤 pH。

4. 提倡施用生理中性和生理碱性肥

对一些强酸性地块，应施用生理中性和生理碱性肥料，如硝铵、磷矿粉和钙镁磷肥等，以防止土壤 pH 持续下降。

二、土壤有机质

有机质是土壤的重要组成部分。土壤有机质是指以各种形态存在于土壤中的含碳有机化合物的总称，包括土壤中各种动植物微生物残体、土壤生物的分泌物与排泄物，及这些有机物质分解和转化后的物质。土壤有机质可直接或间接地影响土壤的其他属性，而这些属性的优劣，通常与土壤肥力水平是一致的。因此，土壤有机质含量高低是评价土壤肥力高低的一个重要指标。

土壤有机质在微生物的作用下，向着两个方向转化：一是有机质腐殖化过程，是合成腐殖质、积累养分的过程；二是有机质矿质化过程，是分解有机质、为植物和微生物提供养分和能量的过程。土壤有机质矿化量主要受土壤温度、湿度、通气状况、有机质含量等因素影响。一般土壤温度低、湿度大、通气性差时，土壤有机质的矿化量较小；相反，土壤温度高、湿度适中、通气性好时，土壤有机质的矿化量较大。

（一）土壤有机质分级与分布

平度市为了调查分析土壤有机质含量状况，按照不同土壤类型、不同种植作物进行了土样采集，共采集化验样品 2081 个，土壤有机质含量为 6.0～32.1g/kg，平均为 13.7g/kg。标准差为 4.21，变异系数为 0.30。土壤有机质含量状况较为适中。与 1981 年第二次土壤普查的土壤有机质含量(9.4g/kg)相比，增加了 4.3g/kg。土壤有机质分级面积情况如表 4-14 所示。

表 4-14 土壤有机质分级面积情况

级　别	1	2	3	4	5	6
分级标准(g/kg)	＞20	15～20	12～15	10～12	8～10	6～8
等级面积(hm^2)	1266.62	86953.17	133437.97	72988.73	20329.18	1678.27
总面积比例(%)	0.4	27.46	42.14	23.05	6.42	0.53

按照山东省土壤有机质分级标准，对样品在各级出现的百分率进行统计。占比较大的是 2～4 级。其中，土壤有机质在 15～20g/kg 的样本有 600 个，占总样本数的 28.83%，主要分布在张戈庄、仁兆、白埠等地；12～15g/kg 的样本有 586 个，占总样本数的 28.16%，主要分布在仁兆、明村等地；10～12g/kg 的样本有 348 个，占总样本数的 16.72%，主要分布在万家、南村、崔家集等地。平度市土壤有机质分级分布情况如表 4-15 所示。

表 4-15 土壤有机质分级分布情况

级 别	1	2	3	4	5	6
分级标准(g/kg)	>20	15～20	12～15	10～12	8～10	6～8
样本(个)	152	600	586	348	224	171
百分比(%)	7.3	28.83	28.16	16.72	10.76	8.21

1. 不同土壤类型的有机质

平度市不同土壤类型有机质含量状况如表 4-16 所示。潮土有机质含量为 7.2～26.8g/kg,平均为 13.1g/kg;褐土有机质含量为 6.0～24.1g/kg,平均为 14.4g/kg;砂姜黑土有机质含量为 6.9～31.7g/kg,平均为 14.4g/kg;棕壤有机质含量为 6.0～32.1g/kg,平均为 13.4g/kg。盐土有机质含量为 12.0～24.7g/kg,平均为 18.1g/kg。盐土有机质含量最高,褐土、砂姜黑土、棕壤次之,潮土有机质含量最低。

表 4-16 不同土壤类型有机质含量状况

土壤类型	样本(个)	最小值(g/kg)	最大值(g/kg)	平均(g/kg)	标准差	变异系数
潮土	710	7.2	26.8	13.1	4.17	0.32
褐土	81	6.0	24.1	14.4	3.98	0.28
砂姜黑土	706	6.9	31.7	14.4	4.10	0.28
盐土	3	12.0	24.7	18.1	5.19	0.29
棕壤	581	6.0	32.1	13.4	4.23	0.32

平度市不同土壤类型有机质分级分布情况如表 4-17 所示。潮土有机质含量以 12～15g/kg 为主,占总样本数的 27.18%,主要分布在仁兆、古岘等地;褐土有机质含量以 15～20g/kg 为主,占总样本数的 32.1%,主要分布在马戈庄、灰埠等地;砂姜黑土有机质含量以 12～15g/kg 为主,占总样本数的 31.3%,主要分布在兰底、白埠等地;棕壤土有机质含量以 15～20g/kg 为主,占总样本数的 31.15%,主要分布在大泽山、张舍等地。

表 4-17 不同土壤类型有机质分级分布情况

分级标准(g/kg)	潮土		褐土		砂姜黑土		棕壤		盐土	
	样本(个)	比例(%)	样本(个)	比例(%)	样本(个)	比例(%)	样本(个)	比例(%)	样本(个)	比例(%)
>20	49	6.90	8	9.88	66	9.35	28	4.82	1	33.33
15～20	174	24.51	26	32.10	220	31.16	181	31.15	1	33.33
12～15	193	27.18	25	30.86	221	31.30	146	25.13	1	33.33
10～12	128	18.03	11	13.58	109	15.44	98	16.87	0	0
8～10	93	13.10	7	8.64	60	8.50	64	11.02	0	0
6～8	73	10.28	4	4.93	30	4.25	64	11.01	0	0

2. 不同利用方式的有机质

平度市不同利用方式土壤有机质含量状况如表4-18所示。粮田土壤有机质含量为6.9～32.1g/kg，平均为14.5g/kg；菜地土壤有机质含量为7.2～26.8g/kg，平均为13.2g/kg；园地土壤有机质含量为6.0～30.2g/kg，平均为12.3g/kg。总是，粮田最高，菜地次之，园地最低。

表4-18 不同利用方式土壤有机质含量状况

利用方式	样本(个)	最小值(g/kg)	最大值(g/kg)	平均(g/kg)	标准差	变异系数
粮田	1077	6.9	32.1	14.5	4.10	0.28
菜地	593	7.2	26.8	13.2	4.07	0.31
园地	411	6.0	30.2	12.3	4.12	0.34

平度市不同利用方式土壤有机质分级分布情况如表4-19所示。粮田土壤有机质含量以15～20g/kg为主，占样本总数的33.98%，主要分布在张舍、白埠等地；菜地土壤有机质含量以12～15g/kg为主，占样本总数的31.37%，主要分布在仁兆、明村等地；园地土壤有机质含量以15～20g/kg和10～12g/kg两级为主，各占样本总数的22.14%，15～20g/kg的主要分布在祝沟、云山等地，10～12g/kg的主要分布在云山、旧店、大田等地。

表4-19 不同利用方式土壤有机质分级分布情况

分级标准(g/kg)	粮田		菜地		园地	
	样本(个)	比例(%)	样本(个)	比例(%)	样本(个)	比例(%)
>20	102	9.47	36	6.07	14	3.41
15～20	366	33.98	143	24.11	91	22.14
12～15	312	28.97	186	31.37	88	21.41
10～12	157	14.58	100	16.86	91	22.14
8～10	90	8.36	69	11.64	65	15.82
6～8	50	4.64	59	9.95	62	15.08

(二)土壤有机质的作用

(1)提供作物生长需要的养分，为土壤微生物、土壤动物活动提供养分和能量：碳素营养，碳素循环是地球生态平衡的基础；氮素营养，土壤有机质中的氮素占全氮的90%～98%；磷素营养，土壤有机质中的磷素占全磷的20%～50%；其他营养，K、Na、Ca、Mg、S、Fe、Si等营养元素。

(2)增强土壤的保水、保肥能力和缓冲性：增强土壤保肥能力；提高土壤中磷和微量元素的有效性，减轻Al^{3+}毒害作用；提高土壤对酸碱缓冲能力；促进岩石矿物风化，释放养分。

(3)改善土壤物理性质：其黏结力比砂土强，比黏土弱，从而避免砂土松散结构状态，避免黏土形成坚韧大块;促进团粒结构形成,改善土壤透水性、蓄水性、通气性及根系生长环境;改善土壤有效持水量;改善土壤热量状况。

(4)促进微生物的生命活动:土壤有机质能为微生物生活提供能量和养分,同时又能调节土壤水、气热及酸碱状况。

(5)促进植物的生理活性:促进植物体内糖代谢,提高渗透压,抗旱性;提高过氧化氢的活性,加速种子发芽和养分吸收;加强作物呼吸作用,增加膜的透性,提高其对养分的吸收,增强根系的发育。

(6)减轻农药和重金属的污染:对改善生态环境有重要作用。

(三)增加土壤有机质含量的途径

1. 增施有机肥

有机肥包括商品有机肥、农家肥(饼肥、人畜粪肥、灰杂肥等)。

2. 秸秆还田

秸秆还田简单易行,省力省工,但在还田时,就应加施化学氮肥,避免微生物与作物争氮。秸秆还田有5种形式:直接还田、堆沤还田、过腹还田、根茬还田、沼渣沼液还田。

3. 合理轮作、间作,用地、养地相结合

随着农业生产的发展,复种指数越来越高,致使许多土地土壤有机质含量降低,肥力下降。实行轮作、间作制度,不仅可以保持和提高有机质含量,而且可以改善土壤有机质的品质,活化已经老化了的腐殖质。

4. 栽培绿肥

栽培绿肥可为土壤提供丰富的有机质和氮素,改善农业生态环境及土壤的理化性状。绿肥主要品种有苕子、苜蓿、绿豆等。

5. 合理施用化肥

氮、磷、钾三要素搭配科学,作物就会得到均衡营养,生长旺盛,根系发达,也会为土壤留下更多的有机物质。

第三节 土壤大量元素

一、土壤氮素

氮是植物所必需的大量元素之一。土壤碱解氮含量是反映土壤供氮水平的重要指标。植物吸收的氮素主要来源于土壤。土壤氮素含量高低可决定作物长势好坏和产量高低。土壤氮素包括有机氮和无机氮两种形态,其含量高低常用碱解氮和全氮来衡量。

(一)土壤碱解氮分级与分布

平度市为了调查分析土壤碱解氮含量状况,按照不同土壤类型、不同种植作物进行了土样采集,共采集化验样品2069个,土壤碱解氮含量为30～149mg/kg,平均为78mg/kg,标准差为26.95,变异系数为0.34。土壤碱解氮含量状况较为适中。与1981年第二次土壤普查的土壤碱解氮含量(65mg/kg)相比,增加了13mg/kg。土壤碱解氮分级面积情况如表4-20所示。

表 4-20 土壤碱解氮分级面积情况

级 别	1	2	3	4	5	6	7
分级标准(mg/kg)	>150	120～150	90～120	75～90	60～75	45～60	30～45
等级面积(hm^2)	0	949.96	52374.56	100252.64	121436.78	36320.21	5319.79
总面积比例(%)	0	0.3	16.54	31.66	38.35	11.47	1.68

按照山东省土壤碱解氮分级标准,对样品在各级出现的百分率进行统计。土壤碱解氮为120～150mg/kg的样本有157个,占总样本数的7.59%;90～120mg/kg的样本有430个,占总样本数的20.78%,主要分布在仁兆、店子等地;75～90mg/kg的样本有420个,占总样本数的20.3%,主要分布在张舍、仁兆、张戈庄等地;60～75mg/kg的样本有519个,占总样本数的25.01%,主要分布在白埠、张舍、万家等地;45～60mg/kg的样本有352个,占总样本数的17.01%;30～45mg/kg的样本有191个,占总样本数的9.23%。土壤碱解氮分级分布情况如表4-21所示。

表 4-21 土壤碱解氮分级分布情况

级 别	1	2	3	4	5	6	7
分级标准(mg/kg)	>150	120～150	90～120	75～90	60～75	45～60	30～45
样本(个)	0	157	430	420	519	352	191
百分比(%)	0	7.59	20.78	20.3	25.08	17.01	9.23

1. 不同土壤类型的碱解氮

平度市不同土壤类型碱解氮含量状况如表4-22所示。潮土碱解氮含量为32～143mg/kg,平均为77mg/kg;褐土碱解氮含量为38～133mg/kg,平均为72mg/kg;砂姜黑土碱解氮含量为36～140mg/kg,平均为80mg/kg;棕壤碱解氮含量为30～149mg/kg,平均为75mg/kg;盐土碱解氮含量为64～124mg/kg,平均为102mg/kg。碱解氮含量褐土最低,盐土最高。

表 4-22 不同土壤类型碱解氮含量状况

土壤类型	样本(个)	最小值(mg/kg)	最大值(mg/kg)	平均(mg/kg)	标准差	变异系数
潮土	709	32	143	77	26.55	0.34
褐土	78	38	133	72	23.23	0.32
砂姜黑土	703	36	140	80	26.74	0.33
盐土	3	64	124	102	26.89	0.26
棕壤	576	30	149	75	35.34	0.47

平度市不同土壤类型碱解氮分级分布情况如表4-23所示。潮土中碱解氮含量以60～75mg/kg为主，占总样本数的23.98%，主要分布在麻兰、蓼兰、长乐等地；褐土中碱解氮含量以60～75mg/kg为主，占总样本数的26.92%，主要分布在马戈庄、兰底等地；砂姜黑土中碱解氮含量以60～75mg/kg为主，占总样本数的29.3%，主要分布在白埠、兰底等地；棕壤土中碱解氮含量以60～75mg/kg、75～90mg/kg、90～120mg/kg三级为主，分别占总样本数的20.83%，20.49%、21.53%，主要分布在张舍、旧店、店子等地。

表4-23 不同土壤类型碱解氮分级分布情况

分级标准(mg/kg)	潮土		褐土		砂姜黑土		棕壤		盐土	
	样本(个)	比例(%)	样本(个)	比例(%)	样本(个)	比例(%)	样本(个)	比例(%)	样本(个)	比例(%)
>150	0	0	0	0	0	0	0	0	0	0
120～150	52	7.34	6	7.69	62	8.82	36	6.25	1	33.33
90～120	154	21.72	8	10.26	143	20.34	124	21.53	1	33.33
75～90	146	20.59	19	24.36	136	19.35	118	20.49	0	0
60～75	170	23.98	21	26.92	206	29.30	120	20.83	1	33.33
45～60	117	16.50	15	19.23	121	17.21	99	17.19	0	0
30～45	70	9.87	9	11.54	35	4.98	79	13.72	0	0

2. 不同利用方式的碱解氮

平度市不同利用方式土壤碱解氮含量状况如表4-24所示。粮田土壤碱解氮含量为32～140mg/kg，平均为75mg/kg；菜地土壤碱解氮含量为34～143mg/kg，平均为86mg/kg；园地土壤碱解氮含量为30～149mg/kg，平均为72mg/kg。菜地最高，粮田次之，园地最低。

表4-24 不同利用方式土壤碱解氮含量状况

利用方式	样本(个)	最小值(mg/kg)	最大值(mg/kg)	平均(mg/kg)	标准差	变异系数
粮田	1077	32	140	75	24.72	0.33
菜地	582	34	143	86	27.43	0.32
园地	410	30	149	72	30.43	0.42

平度市不同利用方式土壤碱解氮分级分布情况如表4-25所示。粮田碱解氮含量以60～75mg/kg为主，占总样本数的30.64%，主要分布在白埠、张舍、万家、兰底、古岘等地；菜地碱解氮含量以90～120mg/kg为主，占总样本数的26.98%，主要分布在仁兆等地；园地碱解氮含量以90～120mg/kg为主，占总样本数的23.66%，主要分布在店子、崔召等地。

表 4-25　不同利用方式土壤碱解氮分级分布情况

分级标准 (mg/kg)	粮田		菜地		园地	
	样本(个)	比例(%)	样本(个)	比例(%)	样本(个)	比例(%)
>150	0	0	0	0	0	0
120～150	64	5.94	73	12.54	20	4.88
90～120	176	16.34	157	26.98	97	23.66
75～90	226	20.98	135	23.20	59	14.39
60～75	330	30.64	114	19.59	75	18.29
45～60	197	18.29	74	12.71	81	19.76
30～45	84	7.80	29	4.98	78	19.02

(二)土壤全氮分级与分布

平度市为了调查分析土壤全氮含量状况，按照不同土壤类型、不同种植作物进行了土样采集，共采集化验样品 2068 个，土壤全氮含量为 0.31～1.48g/kg，平均为 0.80g/kg，标准差为 0.30，变异系数为 0.38。土壤全氮含量状况较为适中。与 1981 年第二次土壤普查的土壤全氮含量(0.60g/kg)相比，增加了 0.20g/kg。土壤全氮分级面积情况如表 4-26 所示。

表 4-26　土壤全氮分级面积情况

级　别	1	2	3	4	5	6	7
分级标准(g/kg)	>1.5	1.2～1.5	1.0～1.2	0.75～1.0	0.5～0.75	0.3～0.5	<0.3
等级面积(hm^2)	0	379.98	23590.72	172829.72	115040.37	4813.14	0
总面积比例(%)	0	0.12	7.45	54.58	36.33	1.52	0

按照山东省土壤全氮分级标准，对样品在各级出现的百分率进行统计。土壤全氮为 1.2～1.5g/kg 的样本有 141 个，占总样本数的 6.69%；1.0～1.2g/kg 的样本有 258 个，占总样本数的 12.24%；0.75～1.0g/kg 的样本有 876 个，占总样本数的 41.56%，主要分布在明村、仁兆等地；0.5～0.75g/kg 的样本有 662 个，占总样本数的 31.40%，主要分布在万家、马戈庄、兰底、灰埠等地；0.3～0.5g/kg 的样本有 171 个，占总样本数的 8.11%。土壤全氮分级分布情况如表 4-27 所示。

表 4-27　土壤全氮分级分布情况

级　别	1	2	3	4	5	6	7
分级标准(g/kg)	>1.5	1.2～1.5	1.0～1.2	0.75～1.0	0.5～0.75	0.3～0.5	<0.3
样本(个)	0	141	258	876	662	171	0
百分比(%)	0	6.69	12.24	41.56	31.40	8.11	0

1. 不同土壤类型的全氮

平度市不同土壤类型全氮含量状况如表4-28所示。潮土全氮含量为0.38～1.48g/kg，平均为0.77g/kg；褐土全氮含量为0.36～1.43g/kg，平均为0.84g/kg；砂姜黑土全氮含量为0.31～1.07g/kg，平均为0.86g/kg；棕壤全氮含量为0.32～1.39g/kg，平均为0.78g/kg；盐土全氮含量为0.55～1.28g/kg，平均为0.85g/kg。全氮含量潮土最低，砂姜黑土最高。

表4-28　　不同土壤类型全氮含量状况

土壤类型	样本(个)	最小值(g/kg)	最大值(g/kg)	平均(g/kg)	标准差	变异系数
潮土	708	0.38	1.48	0.77	0.21	0.27
褐土	78	0.36	1.43	0.84	0.23	0.27
砂姜黑土	702	0.31	1.07	0.86	0.24	0.28
盐土	3	0.55	1.28	0.85	0.32	0.37
棕壤	577	0.32	1.39	0.78	0.23	0.30

平度市不同土壤类型全氮分级分布情况如表4-29所示。潮土中全氮含量以0.75～1.0g/kg为主，占总样本数的40.4%，主要分布在仁兆等地；褐土中全氮含量以0.75～1.0g/kg为主，占总样本数的44.87%，主要分布在马戈庄、兰底等地；砂姜黑土中全氮含量以0.75～1.0g/kg为主，占总样本数的46.44%，主要分布在白埠、郭庄、崔家集、兰底等地；棕壤土中全氮含量以0.75～1.0g/kg为主，占总样本数的39.69%，主要分布在旧店、云山等地。

表4-29　　不同土壤类型全氮分级分布情况

分级标准(g/kg)	潮土		褐土		砂姜黑土		棕壤		盐土	
	样本(个)	比例(%)	样本(个)	比例(%)	样本(个)	比例(%)	样本(个)	比例(%)	样本(个)	比例(%)
1.2～1.5	19	2.68	6	7.69	47	6.69	29	5.03	1	33.33
1.0～1.2	75	10.59	9	11.54	126	17.95	47	8.15	0	0
0.75～1.0	286	40.40	35	44.87	326	46.44	229	39.69	0	0
0.5～0.75	263	37.15	24	30.77	153	21.79	220	38.13	2	66.67
0.3～0.5	65	9.18	4	5.13	50	7.12	52	9.01	0	0

2. 不同利用方式的全氮

平度市不同利用方式土壤全氮含量状况如表4-30所示。粮田土壤全氮含量为0.31～1.48g/kg，平均为0.83g/kg；菜地土壤全氮含量为0.38～1.46g/kg，平均为0.80g/kg；园地土壤全氮含量为0.36～1.39g/kg，平均为0.73g/kg。粮田最高，菜地次之，园地最低。

表 4-30 不同利用方式土壤全氮含量状况

利用方式	样本(个)	最小值(g/kg)	最大值(g/kg)	平均(g/kg)	标准差	变异系数
粮田	1076	0.31	1.48	0.83	0.24	0.29
菜地	581	0.38	1.46	0.80	0.20	0.25
园地	411	0.36	1.39	0.73	0.23	0.32

平度市不同利用方式土壤全氮分级分布情况如表 4-31 所示。粮田全氮含量以 0.75～1.0g/kg 为主,占总样本数的 43.22%,主要分布在白埠、张舍、崔家集等地;菜地全氮含量以 0.75～1.0g/kg 为主,占总样本数的 49.05%,主要分布在仁兆、明村等;园地全氮含量以 0.5～0.75g/kg 为主,占总样本数的 41.69%,主要分布在云山、崔召、店子等地。

表 4-31 不同利用方式土壤全氮分级分布情况

分级标准(g/kg)	粮田		菜地		园地	
	样本(个)	比例(%)	样本(个)	比例(%)	样本(个)	比例(%)
1.2～1.5	62	5.76	20	3.44	59	13.09
1.0～1.2	170	15.80	63	10.84	25	5.54
0.75～1.0	465	43.22	285	49.05	126	27.94
0.5～0.75	302	28.07	172	29.60	188	41.69
0.3～0.5	77	7.15	41	7.06	53	11.78

(三)缺氮症状与防治

当作物叶片出现淡绿色或黄色时,即表示有可能缺氮。作物缺氮时,植株生长慢,个体小,分枝、分蘖少,茎叶常呈现红色,根系细长且总根量减少,花和果实少且籽粒不饱满。因为氮素是可再利用元素,自身能把衰老叶片中的氮素运往新生叶片中供其利用,因此作物缺氮的显著特征是植株下部老叶片先褪绿黄化,然后逐渐向上部叶片扩展。

作物缺氮症的防治:培肥地力,提高土壤供氮能力。对于新开垦的、熟化程度低的、有机质贫乏的土壤及质地较轻的土壤,要增加有机肥料的投入,腐殖酸螯合有机、无机复混肥,以腐殖酸和氨基酸等高活性有机物为主要原料,含硝态氮和铵态氮两种氮形态,既可满足作物对氮的快速需要,又可长期供应,还能提高土壤的保氮和供氮能力,防止缺氮症的发生;在作物生长到中后期,根系吸收的氮素无法满足作物生长需求时,可进行叶面喷施叶面肥,直接供给需养部位,促进光合作用,增加干物质的积累,省去很多中间环节,时间短,见效快;在翻耕整地时,配施一定量速效氮肥作基肥,也可施用肥效持久的有机、无机复混肥,提高土壤的保氮和供氮能力。

二、土壤磷素

磷是作物必需的大量元素之一。土壤磷素的高低与作物产量密切相关。常用来衡量土壤磷素含量的指标是土壤有效磷含量，也是作物能够直接吸收利用的土壤磷素。它主要来源于土壤自身的矿化和外源磷肥的施入。

(一)土壤有效磷分级与分布

平度市为了调查分析土壤有效磷含量状况，按照不同土壤类型、不同种植作物进行了土样采集，共采集化验样品 2080 个，土壤有效磷含量为 5.0～320.0mg/kg，平均为 38.0mg/kg，标准差为 31.84，变异系数为 0.84。土壤有效磷含量状况为中等偏上。与 1981 年第二次土壤普查的土壤有效磷含量(4.1mg/kg)相比，增加了 33.9mg/kg，这与多年来注重施用磷素化肥有直接关系。土壤有效磷分级面积情况如表 4-32 所示。

表 4-32 土壤有效磷分级面积情况

级　别	1	2	3	4	5	6	7	8
分级标准 (mg/kg)	＞120	80～120	50～80	30～50	20～30	15～20	10～15	5～10
等级面积 (hm^2)	221.66	7473.03	46389.8	117826.93	81633.38	37016.84	21595.8	4496.49
总面积比例 (%)	0.07	2.36	14.65	37.21	25.78	11.69	6.82	1.42

按照山东省土壤有效磷分级标准，对样品在各级出现的百分率进行统计。土壤有效磷高于 120mg/kg 的样本有 52 个，占总样本数的 2.5%；80～120mg/kg 的样本有 120 个，占总样本数的 5.77%；50～80mg/kg 的样本有 329 个，占总样本数的 15.82%，主要分布在张舍、万家等地；30～50mg/kg 的样本有 548 个，占总样本数的 26.35%，主要分布在兰底、万家、张戈庄、蓼兰等地；20～30mg/kg 的样本有 375 个，占总样本数的 18.03%，主要分布在仁兆、云山等地；15～20mg/kg 的样本有 210 个，占总样本数的 10.1%；10～15mg/kg 的样本有 195 个，占样数的 9.18%；5～10mg/kg 的样本有 255 个，占样本数的 12.26%。土壤有效磷分级分布情况如表 4-33 所示。

表 4-33 土壤有效磷分级分布情况

级　别	1	2	3	4	5	6	7	8
分级标准 (mg/kg)	＞120	80～120	50～80	30～50	20～30	15～20	10～15	5～10
样本(个)	52	120	329	548	375	210	195	255
百分比(%)	2.5	5.77	15.82	26.35	18.03	10.1	9.18	12.26

1. 不同土壤类型的有效磷

平度市不同土壤类型有效磷含量状况如表 4-34 所示。潮土有效磷含量为 5.1～230.4mg/kg,平均为 42.5mg/kg;褐土有效磷含量为 5.0～98.5mg/kg,平均为 28.6mg/kg;砂姜黑土有效磷含量为 5.3～286.0mg/kg,平均为 34.0mg/kg;棕壤有效磷含量为 5.1～320.0mg/kg,平均为 37.5mg/kg;盐土有效磷含量为 12.6～74.4mg/kg,平均为 39.4mg/kg。有效磷含量潮土最高,褐土最低。

表 4-34　不同土壤类型有效磷含量状况

土壤类型	样本(个)	最小值(mg/kg)	最大值(mg/kg)	平均(mg/kg)	标准差	变异系数
潮土	710	5.1	230.4	42.5	29.81	0.70
褐土	81	5.0	98.5	28.6	21.19	0.74
砂姜黑土	706	5.3	286.0	34.0	29.86	0.88
盐土	3	12.6	74.4	39.4	25.87	0.66
棕壤	580	5.1	320.0	37.5	34.77	0.93

平度市不同土壤类型有效磷分级分布情况如表 4-35 所示。潮土中有效磷含量以 30～50mg/kg 为主,占总样本数的 28.31%,主要分布在仁兆、张戈庄等地;褐土中有效磷含量以 20～30mg/kg 为主,占总样本数的 27.16%,主要分布在兰底、马戈庄等地;砂姜黑土中有效磷含量以 30～50mg/kg 为主,占总样本数的 26.91%,主要分布在崔家集、兰底、郭庄等地;棕壤土中有效磷含量以 30～50mg/kg 为主,占总样本数的 25%,主要分布在云山、大泽山、旧店、店子等地。

表 4-35　不同土壤类型有效磷分级分布情况

分级标准(mg/kg)	潮土		褐土		砂姜黑土		棕壤		盐土	
	样本(个)	比例(%)	样本(个)	比例(%)	样本(个)	比例(%)	样本(个)	比例(%)	样本(个)	比例(%)
>120	15	2.11	0	0	14	1.98	23	3.97	0	0
80～120	63	8.87	4	4.94	33	4.67	22	3.79	0	0
50～80	137	19.30	11	13.58	86	12.18	93	16.03	1	33.33
30～50	201	28.31	12	14.81	190	26.91	145	25.00	1	33.33
20～30	130	18.31	22	27.16	125	17.71	98	16.90	0	0
15～20	60	8.45	10	12.35	76	10.76	63	10.86	0	0
10～15	51	7.18	8	9.88	78	11.05	53	9.14	1	33.33
5～10	53	7.46	14	17.28	104	14.73	83	14.31	0	0

2. 不同利用方式的有效磷

平度市不同利用方式土壤有效磷含量状况如表4-36所示。粮田土壤有效磷含量为5.1～286.0mg/kg,平均为32.0mg/kg;菜地土壤有效磷含量为8.0～230.4mg/kg,平均为46.4mg/kg;园地土壤有效磷含量为5.9～320.0mg/kg,平均为40.0mg/kg。菜地最高,园地次之,粮田最低。可以看出,菜地和园地多年来的磷肥施用量相对较多。

表4-36 不同利用方式土壤有效磷含量状况

利用方式	样本(个)	最小值(mg/kg)	最大值(mg/kg)	平均(mg/kg)	标准差	变异系数
粮田	1076	5.1	286.0	32.0	26.84	0.84
菜地	593	8.0	230.4	46.4	32.13	0.69
园地	411	5.9	320.0	40.0	37.00	0.93

平度市不同利用方式土壤有效磷分级分布情况如表4-37所示。粮田有效磷含量以30～50mg/kg为主,占总样本数的26.30%,主要分布在蓼兰、崔家集、门村、白埠等地;菜地有效磷含量以30～50mg/kg为主,占总样本数的27.66%,主要分布在张戈庄、仁兆等地;园地有效磷含量以30～50mg/kg为主,占总样本数的24.57%,主要分布在祝沟、店子等地。

表4-37 不同利用方式土壤有效磷分级分布情况

分级标准(mg/kg)	粮田		菜地		园地	
	样本(个)	比例(%)	样本(个)	比例(%)	样本(个)	比例(%)
>120	18	1.67	15	2.53	19	4.62
80～120	32	2.97	69	11.64	19	4.62
50～80	125	11.62	135	22.77	69	16.79
30～50	283	26.30	164	27.66	101	24.57
20～30	222	20.63	81	13.66	72	17.52
15～20	125	11.62	43	7.25	42	10.22
10～15	107	9.94	46	7.76	38	9.25
5～10	164	15.24	40	6.74	51	12.41

(二)缺磷症状与防治

缺磷植株一般表现为叶片小,叶色深绿,没有光泽,严重缺磷时,叶片枯死脱落,老叶先出现症状。禾谷类作物缺磷表现为分蘖延迟或不分蘖,株间叶片不散开,长相似"一炷香",抽穗、开花和成熟延迟,穗粒少而不饱满。大豆、甘薯和油菜等茎叶上出现紫红色斑点或条纹,玉米果穗秃顶,油菜脱荚,棉花和果树落蕾、落花,甘薯及马铃薯薯块变小,耐储性变差,这些都是缺磷的表现。

防治：在磷肥的合理施用方面，应根据土壤条件合理分配和施用，优先施用在最缺磷的地块，对严重缺磷的低产地，氮、磷施用比例以 1∶1 为宜；对中度缺磷地块，氮、磷施用比例可在 1∶0.5 左右；对有效磷含量丰富的地块，可以暂时不施磷肥。可采取如下措施：增施有机肥料，提高土壤有机质含量（国内外许多研究表明，施用有机肥料可以提高土壤有效磷含量）；采用秸秆还田技术，配合施以磷肥，能显著提高土壤有效磷水平与作物对磷的吸收；开展测土配方施肥，合理施肥，提高磷肥利用率。

三、土壤钾素

钾能够显著提高光合作用的强度，促进作物体内淀粉和糖的积累，增强作物的抗逆性和抗病能力，增强作物对氮的吸收能力。此外，钾在改善作物品质方面也起着重要的作用，是公认的“品质元素”。充足的土壤钾素是作物产量和质量的保证。

（一）土壤速效钾分级与分布

平度市为了调查分析土壤速效钾含量状况，按照不同土壤类型、不同种植作物进行了土样采集，共采集化验样品 2081 个，土壤速效钾含量为 23～687mg/kg，平均为 136mg/kg，标准差为 99.77，变异系数为 0.74。土壤速效钾含量状况为中等偏上。与 1981 年第二次土壤普查的土壤速效钾含量（89mg/kg）相比，增加了 47mg/kg，这与多年来注重施用钾肥有直接关系。土壤速效钾分级面积情况如表 4-38 所示。

表 4-38　　土壤速效钾分级面积情况

级　别	1	2	3	4	5	6	7	8
分级标准（mg/kg）	＞300	200～300	150～200	120～150	100～120	75～100	50～75	＜50
等级面积（hm^2）	1456.61	20107.52	63932.43	76060.27	66782.31	70677.16	16750.99	886.63
总面积比例（%）	0.46	6.35	20.19	24.02	21.09	22.32	5.29	0.28

按照山东省土壤速效钾分级标准，对样品在各级出现的百分率进行统计。土壤有效磷为 150～200mg/kg 的样本有 315 个，占总样本数的 15.14%，主要分布在仁兆、南村等地；120～150mg/kg 的样本有 340 个，占总样本数的 16.34%，主要分布在明村、张戈庄、仁兆等地；100～120mg/kg 的样本有 287 个，占总样本数的 13.79%，主要分布在仁兆、麻兰等地；75～100mg/kg 的样本有 464 个，占总样本数的 22.3%，主要分布在万家、灰埠、张舍等地；50～75mg/kg 的样本有 304 个，占总样本数的 14.61%，主要分布在万家、蓼兰等地。土壤速效钾分级分布情况如表 4-39 所示。

表 4-39　　土壤速效钾分级分布情况

级　别	1	2	3	4	5	6	7	8
分级标准（mg/kg）	＞300	200～300	150～200	120～150	100～120	75～100	50～75	＜50
样本（个）	104	185	315	340	287	464	304	82
百分比（%）	5	8.89	15.14	16.34	13.79	22.3	14.61	3.94

1. 不同土壤类型的速效钾

平度市不同土壤类型速效钾含量状况如表4-40所示。潮土速效钾含量为27～543mg/kg,平均为121mg/kg;褐土速效钾含量为38～463mg/kg,平均为134mg/kg;砂姜黑土速效钾含量为37～687mg/kg,平均为165mg/kg;棕壤速效钾含量为23～524mg/kg,平均为123mg/kg;盐土速效钾含量为122～230mg/kg,平均为185mg/kg。速效钾含量盐土最高,潮土最低。

表4-40 不同土壤类型速效钾含量状况

土壤类型	样本(个)	最小值(mg/kg)	最大值(mg/kg)	平均(mg/kg)	标准差	变异系数
潮土	710	27	543	121	71.90	0.60
褐土	81	38	463	134	81.22	0.60
砂姜黑土	706	37	687	165	124.23	0.75
盐土	3	122	230	185	45.61	0.25
棕壤	581	23	524	123	90.05	0.73

平度市不同土壤类型速效钾分级分布情况如表4-41所示。潮土中速效钾含量以75～100mg/kg为主,占总样本数的28.31%,主要分布在仁兆、麻兰、古岘等地;褐土中速效钾含量以75～120mg/kg为主,占总样本数的39.5%,主要分布在马戈庄、兰底等地;砂姜黑土中速效钾含量以150～200mg/kg为主,占总样本数的21.53%,主要分布在崔家集、郭庄等地;棕壤土中速效钾含量以75～100mg/kg为主,占总样本数的24.10%,主要分布在旧店、崔召、云山、祝沟等地。

表4-41 不同土壤类型速效钾分级分布情况

分级标准(mg/kg)	潮土		褐土		砂姜黑土		棕壤		盐土	
	样本(个)	比例(%)	样本(个)	比例(%)	样本(个)	比例(%)	样本(个)	比例(%)	样本(个)	比例(%)
>300	19	2.68	5	6.17	54	7.65	26	4.48	0	0
200～300	58	8.17	4	4.94	82	11.61	39	6.71	2	66.67
150～200	90	12.68	14	17.28	152	21.53	59	10.15	0	0
120～150	96	13.52	14	17.28	146	20.68	83	14.29	1	33.33
100～120	85	11.97	16	19.75	112	15.86	75	12.91	0	0
75～100	201	28.31	16	19.75	106	15.01	140	24.10	0	0
50～75	128	18.03	9	11.11	48	6.80	119	20.48	0	0
<50	33	4.65	3	3.70	6	0.85	40	6.88	0	0

2. 不同利用方式的速效钾

平度市不同利用方式土壤速效钾含量状况如表 4-42 所示。粮田土壤速效钾含量为 27～463mg/kg，平均为 144mg/kg；菜地土壤速效钾含量为 31～687mg/kg，平均为 133mg/kg；园地土壤速效钾含量为 23～449mg/kg，平均为 125mg/kg。粮田最高，菜地次之，园地最低。

表 4-42　　不同利用方式土壤速效钾含量状况

利用方式	样本(个)	最小值(mg/kg)	最大值(mg/kg)	平均(mg/kg)	标准差	变异系数
粮田	1077	27	463	144	110.50	0.77
菜地	593	31	687	133	75.78	0.57
园地	411	23	449	125	99.12	0.79

平度市不同利用方式土壤速效钾分级分布情况如表 4-43 所示。粮田速效钾含量以 75～100mg/kg 为主，占总样本数的 21.36%，主要分布在张舍、万家等地；菜地速效钾含量以 75～100mg/kg 为主，占总样本数的 24.79%，主要分布在仁兆、明村、麻兰等地；园地速效钾含量以 50～100mg/kg 为主，占总样本数的 42.58%，主要分布在祝沟、云山等地。

表 4-43　　不同利用方式土壤速效钾分级分布情况

分级标准(mg/kg)	粮田		菜地		园地	
	样本(个)	比例(%)	样本(个)	比例(%)	样本(个)	比例(%)
>300	58	5.39	25	4.22	21	5.11
200～300	95	8.82	58	9.78	32	7.79
150～200	180	16.71	96	16.19	39	9.49
120～150	198	18.38	89	15.01	53	12.90
100～120	152	14.11	79	13.32	56	13.63
75～100	230	21.36	147	24.79	87	21.17
50～75	132	12.26	84	14.17	88	21.41
<50	32	2.97	15	2.53	35	8.52

(二)土壤缓效钾分级与分布

平度市为了调查分析土壤缓效钾含量状况，按照不同土壤类型、不同种植作物进行了土样采集，共采集化验样品 1922 个，土壤缓效钾含量为 179～1200mg/kg，平均为 496mg/kg，标准差为 155.90，变异系数为 0.31。土壤缓效钾含量状况为中等偏下。土壤缓效钾分级面积情况如表 4-44 所示。

表 4-44 土壤缓效钾分级面积情况

级 别	1	2	3	4	5	6
分级标准(mg/kg)	>1200	900～1200	750～900	500～750	300～500	<300
等级面积(hm^2)	0	696.64	12349.50	133057.98	169694.84	854.97
总面积比例(%)	0	0.22	3.9	42.02	53.59	0.27

按照山东省土壤缓效钾分级标准，对样品在各级出现的百分率进行统计。土壤缓效钾为500～750mg/kg的样本有674个，占总样本数的35.07%，主要分布在仁兆、南村、明村等地；300～500mg/kg的样本有1043个，占总样本数的54.27%，主要分布在万家、白埠、蓼兰等地。土壤缓效钾分级分布情况如表4-45所示。

表 4-45 土壤缓效钾分级分布情况

级 别	1	2	3	4	5	6
分级标准(mg/kg)	>1200	900～1200	750～900	500～750	300～500	<300
样本(个)	0	32	88	674	1043	85
百分比(%)	0	1.66	4.58	35.07	54.27	4.42

1. 不同土壤类型的缓效钾

平度市不同土壤类型缓效钾含量状况如表4-46所示。潮土缓效钾含量为194～1200mg/kg，平均为487mg/kg；褐土缓效钾含量为192～998mg/kg，平均为477mg/kg；砂姜黑土缓效钾含量为179～1163mg/kg，平均为475mg/kg；棕壤缓效钾含量为217～1200mg/kg，平均为532mg/kg；盐土缓效钾含量为836～914mg/kg，平均为869mg/kg。缓效钾含量盐土最高，砂姜黑土最低。

表 4-46 不同土壤类型缓效钾含量状况

土壤类型	样本(个)	最小值(mg/kg)	最大值(mg/kg)	平均(mg/kg)	标准差	变异系数
潮土	660	194	1200	487	138.79	0.29
褐土	71	192	998	477	138.88	0.29
砂姜黑土	646	179	1163	475	133.83	0.28
盐土	3	836	914	869	32.55	0.04
棕壤	542	217	1200	532	190.27	0.36

平度市不同土壤类型缓效钾分级分布情况如表4-47所示。潮土中缓效钾含量以300～500mg/kg为主，占总样本数的53.18%，主要分布在仁兆、张戈庄、蓼兰等地；褐土中缓效钾含量以300～500mg/kg为主，占总样本数的46.48%，主要分布在兰底、马戈庄等地；砂姜黑土中缓效钾含量以300～500mg/kg为主，占总样本数的59.75%，主要分布在

万家、兰底等地；棕壤土中缓效钾含量以 300～500mg/kg 为主，占总样本数的 50.18%，主要分布在旧店、崔召、大田、大泽山等地。

表 4-47 不同土壤类型缓效钾分级分布情况

分级标准 (mg/kg)	潮土		褐土		砂姜黑土		棕壤		盐土	
	样本(个)	比例(%)	样本(个)	比例(%)	样本(个)	比例(%)	样本(个)	比例(%)	样本(个)	比例(%)
900～1200	8	1.21	2	2.82	5	0.77	17	3.14	1	33.33
750～900	25	3.79	1	1.41	17	2.63	43	7.93	2	66.67
500～750	244	36.97	28	39.44	212	32.82	190	35.06	0	0
300～500	351	53.18	33	46.48	386	59.75	272	50.18	0	0
<300	32	4.85	7	9.86	26	4.02	20	3.69	0	0

2. 不同利用方式的缓效钾

平度市不同利用方式土壤缓效钾含量状况如表 4-48 所示。粮田土壤缓效钾含量为 194～1163mg/kg，平均为 505mg/kg；菜地土壤缓效钾含量为 179～1200mg/kg，平均为 436mg/kg；园地土壤缓效钾含量为 217～1200mg/kg，平均为 556mg/kg。园地最高，粮田次之，菜地最低。

表 4-48 不同利用方式土壤缓效钾含量状况

利用方式	样本(个)	最小值 (mg/kg)	最大值 (mg/kg)	平均 (mg/kg)	标准差	变异系数
粮田	993	194	1163	505	137.25	0.27
菜地	541	179	1200	436	124.65	0.29
园地	388	217	1200	556	204.60	0.37

平度市不同利用方式土壤缓效钾分级分布情况如表 4-49 所示。粮田缓效钾含量以 300～500mg/kg 为主，占总样本数的 54.98%，主要分布在万家、兰底等地；菜地缓效钾含量以 300～500mg/kg 为主，占总样本数的 58.96%，主要分布在张戈庄、麻兰等地；园地缓效钾含量以 300～500mg/kg 为主，占总样本数的 45.88%，主要分布在旧店、崔召等地。

(三)缺钾症状与防治

作物缺钾时，细胞木质化程度低，抗倒伏和抗病害等能力差。因为钾在植株体中容易被再利用，所以症状首先从较老叶片上显现，一般表现为老叶叶尖及叶缘发黄，出现坏死斑点。

表 4-49 不同利用方式土壤缓效钾分级分布情况

分级标准(mg/kg)	粮田		菜地		园地	
	样本(个)	比例(%)	样本(个)	比例(%)	样本(个)	比例(%)
900～1200	12	1.21	5	0.92	15	3.86
750～900	46	4.63	2	0.37	40	10.31
500～750	375	37.76	158	29.21	141	36.34
300～500	546	54.98	319	58.96	178	45.88
<300	14	1.41	57	10.54	14	3.61

防治：一般腐殖质少的沙质田类和岗旁低肥田类，施用氧化钾 120kg/hm^{2}左右，土壤肥力较好的施用 90kg/hm^{2}左右，同时要注意肥水等管理措施的合理配合，钾肥一般宜作底肥施用。

第四节 土壤中量元素

随着农业生产的发展，钙、镁、硫营养，即所谓的中量元素，越来越被人们重视。中量元素同大量元素一样，对植物营养起着重要的作用，缺乏时同样会影响植物生长。硅是禾本科作物生长发育所必需的营养元素之一，是土壤中含量高但对植物生长有益的元素，按其需要量与钙、镁、硫统称为“中量元素”。因此，进行土壤中量元素研究，对调节土壤中的养分平衡，促进作物的高产、稳产和优质具有重要的意义。

一、土壤交换性钙

钙是植物生长必需的营养元素之一，是细胞壁中胶层的组成部分，对体内氮代谢有一定影响，参与酶活动，调解酸碱度，对某些离子的过多症状有解毒作用。作物以离子形态吸收钙，钙在植株体内不易移动。土壤中的钙以多种形态存在，主要以碳酸盐形式为主，其含量高低与土壤的酸碱性、盐基饱和度、土壤结构、土壤交换性能、各种养分的有效性有密切关系。通常用交换性钙作为土壤钙有效性的划分标准。

(一)土壤交换性钙分级与分布

平度市为了调查分析土壤交换性钙含量状况，按照不同土壤类型、不同种植作物进行了土样采集，共采集化验样品 2070 个，土壤交换性钙含量为 1500～6000mg/kg，平均为 3936mg/kg，标准差为 1340.18，变异系数为 0.34。土壤交换性钙含量状况为中等。土壤交换性钙分级面积情况如表 4-50 所示。

表 4-50　　土壤交换性钙分级面积情况

级　别	1	2	3	4	5	6
分级标准(mg/kg)	＞6000	4000～6000	3000～4000	2500～3000	2000～2500	1500～2000
等级面积(hm^2)	0	134166.26	139644.37	32425.36	10227.92	189.99
总面积比例(%)	0	42.37	44.10	10.24	3.23	0.06

按照山东省土壤交换性钙分级标准，对样品在各级出现的百分率进行统计。土壤交换性钙为 4000～6000mg/kg 的样本有 936 个，占总样本数的 48.11%，主要分布在白埠、兰底等地；3000～4000mg/kg 的样本有 535 个，占总样本数的 25.85%，主要分布在仁兆、万家等地；2000～2500mg/kg 的样本有 344 个，占总样本数的 16.62%，主要分布在蓼兰、张戈庄、仁兆等地。土壤交换性钙分级分布情况如表 4-51 所示。

表 4-51　　土壤交换性钙分级分布情况

级　别	1	2	3	4	5	6
分级标准(mg/kg)	＞6000	4000～6000	3000～4000	2500～3000	2000～2500	1500～2000
样本(个)	0	996	535	82	344	113
百分比(%)	0	48.11	25.85	3.96	16.62	5.45

1. 不同土壤类型的交换性钙

平度市不同土壤类型交换性钙含量状况如表 4-52 所示。潮土交换性钙含量为 1580～6000mg/kg，平均为 3981mg/kg；褐土交换性钙含量为 1550～6000mg/kg，平均为 4002mg/kg；砂姜黑土交换性钙含量为 1670～6000mg/kg，平均为 3929mg/kg；棕壤交换性钙含量为 1500～6000mg/kg，平均为 3887mg/kg；盐土交换性钙含量为 1510～4370mg/kg，平均为 2937mg/kg。交换性钙含量褐土最高，盐土最低。

表 4-52　　不同土壤类型交换性钙含量状况

土壤类型	样本(个)	最小值(mg/kg)	最大值(mg/kg)	平均(mg/kg)	标准差	变异系数
潮土	709	1580	6000	3981	1430	0.36
褐土	78	1550	6000	4002	1400	0.35
砂姜黑土	703	1670	6000	3929	1540	0.39
盐土	3	1510	4370	2937	1020	0.35
棕壤	577	1500	6000	3887	1440	0.37

平度市不同土壤类型交换性钙分级分布情况如表4-53所示。潮土中交换性钙含量以4000～6000mg/kg为主，占总样本数的51.48%，主要分布在仁兆、张戈庄、蓼兰等地；褐土中交换性钙含量以4000～6000mg/kg为主，占总样本数的52.56%，主要分布在马戈庄、兰底等地；砂姜黑土中交换性钙含量以2500～3000mg/kg为主，占总样本数的78.38%，主要分布在白埠、崔家集、万家等地；棕壤土中交换性钙含量以4000～6000mg/kg为主，占总样本数的46.45%，主要分布在云山、大田等地。

表4-53　不同土壤类型交换性钙分级分布情况

分级标准(mg/kg)	潮土		褐土		砂姜黑土		棕壤		盐土	
	样本(个)	比例(%)	样本(个)	比例(%)	样本(个)	比例(%)	样本(个)	比例(%)	样本(个)	比例(%)
4000～6000	365	51.48	41	52.56	0	0	268	46.45	1	33.33
3000～4000	160	22.57	17	21.79	0	0	160	27.73	0	0
2500～3000	24	3.39	4	5.13	551	78.38	22	3.81	0	0
2000～2500	121	17.07	12	15.38	118	16.79	91	15.77	2	66.67
1500～2000	39	5.50	4	5.13	34	4.83	36	6.24	0	0

2. 不同利用方式的交换性钙

平度市不同利用方式土壤交换性钙含量状况如表4-54所示。粮田土壤交换性钙含量为1670～6000mg/kg，平均为3968mg/kg；菜地土壤交换性钙含量为1580～5890mg/kg，平均为3930mg/kg；园地土壤交换性钙含量为1500～6000mg/kg，平均为3863mg/kg。

表4-54　不同利用方式土壤交换性钙含量状况

利用方式	样本(个)	最小值(mg/kg)	最大值(mg/kg)	平均(mg/kg)	标准差	变异系数
粮田	1077	1670	6000	3968	1469	0.37
菜地	582	1580	5890	3930	1488	0.38
园地	411	1500	6000	3863	1444	0.37

平度市不同利用方式土壤交换性钙分级分布情况如表4-55所示。粮田交换性钙含量以4000～6000mg/kg为主，占总样本数的48.65%，主要分布在张舍、蓼兰、白埠、万家、兰底等地；菜地交换性钙含量以4000～6000mg/kg为主，占总样本数的46.56%，主要分布在张戈庄、仁兆等地；园地交换性钙含量以4000～6000mg/kg为主，占总样本数的48.80%，主要分布在祝沟、云山等地。

表 4-55　　不同利用方式土壤交换性钙分级分布情况

分级标准(mg/kg)	粮田		菜地		园地	
	样本(个)	比例(%)	样本(个)	比例(%)	样本(个)	比例(%)
4000～6000	524	48.65	271	46.56	201	48.80
3000～4000	276	25.63	155	26.63	104	25.30
2500～3000	48	4.46	22	3.78	12	2.92
2000～2500	229	21.26	134	23.02	94	22.86

(二)缺钙症状与防治

作物缺钙的主要特征是幼叶、茎和根的生长点首先出现症状,幼叶变小歪曲,叶缘发黄或焦枯坏死,顶芽易枯死,茎变细,老化的根变成褐色死去,新根无法生长,黄化现象严重时会导致枯死。

防治:施用钙质肥料。对于供钙不足的酸性土壤,应施用石灰、碳酸钙和硝酸铵钙等含钙肥料,肥料用量应考虑土壤的 pH、质地,对因土壤溶液浓度过高而引起根系吸钙减少的,一般采用浓度为 0.3%～0.5%的含钙质元素的液体肥料进行叶面喷施,及时灌溉,防止土壤干燥。当土壤过度干燥时,应及时灌溉以保持土壤湿润,增加植株对钙的吸收,控制肥料用量。对盐碱土壤严格控制氮、钾肥用量,同时一次用肥不宜过量,以防耕层土壤的盐分浓度升高。蔬菜作物补充钙以不含铵态氮的硝酸铵钙为最佳,既满足了蔬菜作物对硝态氮的需求,又避免了施用铵态氮过多而抑制作物对钙的吸收,从而加重缺钙。

二、土壤交换性镁

土壤中的镁以有机形态和无机形态两种形式存在。无机形态为主要存在形式,包括矿物态镁、交换态镁和存在于土壤溶液中的镁。交换态镁是被吸附在胶体表面,并能被一般交换剂交换出来的镁。交换性镁是作物可利用的主要有效镁,是土壤镁肥力重要的衡量指标,其含量与土壤母质、土壤的形成过程、土壤有机质、风化程度和淋溶作用相关。

(一)土壤交换性镁分级与分布

平度市为了调查分析土壤交换性镁含量状况,按照不同土壤类型、不同种植作物进行了土样采集,共采集化验样品 2070 个,土壤交换性镁含量为 250～790mg/kg,平均为 492mg/kg,标准差为 158.49,变异系数为 0.32。土壤交换性镁含量状况为丰富。土壤交换性镁分级面积情况如表 4-56 所示。

表 4-56　　土壤交换性镁分级面积情况

级别	1	2	3	4	5	6
分级标准(mg/kg)	＞600	400～600	300～400	250～300	200～250	150～200
等级面积(hm^2)	29417.15	249491.62	37460.15	284.98	0	0
总面积比例(%)	9.29	78.79	11.83	0.09	0	0

按照山东省土壤交换性镁分级标准,对样品在各级出现的百分率进行统计。土壤交换性镁高于600mg/kg 的样本有537个,占总样本数的25.94%,主要分布在仁兆、万家等地;400～600mg/kg 的样本有758个,占总样本数的36.62%,主要分布在张戈庄、蓼兰等地;300～400mg/kg 的样本有490个,占总样本数的23.67%,主要分布在张舍、张戈庄等地;250～300mg/kg 的样本有285个,占总样本数的14.76%,主要分布在张戈庄、蓼兰等地。土壤交换性镁分级分布情况如表4-57所示。

表4-57 土壤交换性镁分级分布情况

级别	1	2	3	4	5	6
分级标准(mg/kg)	>600	400～600	300～400	250～300	200～250	150～200
样本(个)	537	758	490	285	0	0
百分比(%)	25.94	36.62	23.67	14.76	0	0

1. 不同土壤类型的交换性镁

平度市不同土壤类型交换性镁含量状况如表4-58所示。潮土交换性镁含量为251～659mg/kg,平均为481mg/kg;褐土交换性镁含量为253～790mg/kg,平均为489mg/kg;砂姜黑土交换性镁含量为250～790mg/kg,平均为508mg/kg;棕壤交换性镁含量为250～793mg/kg,平均为487mg/kg;盐土交换性镁含量为350～680mg/kg,平均为567mg/kg。交换性镁含量盐土最高,潮土、褐土、棕壤相对较低。

表4-58 不同土壤类型交换性镁含量状况

土壤类型	样本(个)	最小值(mg/kg)	最大值(mg/kg)	平均(mg/kg)	标准差	变异系数
潮土	709	251	659	481	152.5	0.32
褐土	78	253	790	489	139.8	0.29
砂姜黑土	703	250	790	508	163.8	0.32
盐土	3	350	680	567	153.3	0.27
棕壤	577	250	793	487	165.2	0.34

平度市不同土壤类型交换性镁分级分布情况如表4-59所示。潮土中交换性镁含量以400～600mg/kg 为主,占总样本数的37.52%,主要分布在仁兆、南村等地;褐土中交换性镁含量以400～600mg/kg 为主,占总样本数的48.72%,主要分布在兰底、明村、马戈庄等地;砂姜黑土中交换性镁含量以400～600mg/kg 为主,占总样本数的36.84%,主要分布在崔家集、万家、白埠等地;棕壤土中交换性镁含量以400～600mg/kg 为主,占总样本数的33.80%,主要分布在云山、旧店等地。

表 4-59 不同土壤类型交换性镁分级分布情况

分级标准(mg/kg)	潮土		褐土		砂姜黑土		棕壤		盐土	
	样本(个)	比例(%)	样本(个)	比例(%)	样本(个)	比例(%)	样本(个)	比例(%)	样本(个)	比例(%)
>600	163	22.99	18	23.08	204	29.02	153	26.52	2	66.67
400～600	266	37.52	38	48.72	259	36.84	195	33.80	0	0
300～400	188	26.52	14	17.95	147	20.91	140	24.26	1	33.33
250～300	73	10.30	6	7.69	73	10.38	59	10.23	0	0
200～250	19	2.68	2	2.56	20	2.84	30	5.20	0	0

2. 不同利用方式的交换性镁

平度市不同利用方式土壤交换性镁含量状况如表 4-60 所示。粮田土壤交换性镁含量为 356～790mg/kg,平均为 494mg/kg;菜地土壤交换性镁含量为 251～659mg/kg,平均为 497mg/kg;园地土壤交换性镁含量为 250～790mg/kg,平均为 481mg/kg。

表 4-60 不同利用方式土壤交换性镁含量状况

利用方式	样本(个)	最小值(mg/kg)	最大值(mg/kg)	平均(mg/kg)	标准差	变异系数
粮田	1077	356	790	494	159.2	0.32
菜地	582	251	659	497	160.0	0.32
园地	411	250	790	481	161.7	0.34

平度市不同利用方式土壤交换性镁分级分布情况如表 4-61 所示。粮田交换性镁含量以 400～600mg/kg 为主,占总样本数的 36.86%,主要分布在崔家集、张舍、万家、白埠等地;菜地交换性镁含量以 400～600mg/kg 为主,占总样本数的 36.94%,主要分布在张戈庄、仁兆、明村等地;园地交换性镁含量以 400～600mg/kg 为主,占总样本数的 35.52%,主要分布在云山、祝沟、旧店等地。

表 4-61 不同利用方式土壤交换性镁分级分布情况

分级标准(mg/kg)	粮田		菜地		园地	
	样本(个)	比例(%)	样本(个)	比例(%)	样本(个)	比例(%)
>600	281	26.09	155	26.63	101	24.57
400～600	397	36.86	215	36.94	146	35.52
300～400	257	23.86	135	23.20	98	23.84
250～300	109	10.12	77	13.22	66	16.06

(二)缺镁症状与防治

作物缺镁症状大多发生在生育期后期且老组织先出现症状,一般表现为老叶叶肉褪绿黄化,脉间失绿,出现清晰网状脉络,有多种色泽斑点或斑块。

防治:改善土壤环境,增加有机肥的施用。对于酸性较大的土壤,应增施含镁石灰,如使用白云粉,既可提高土壤供镁能力又可中和土壤酸性。大田一般以用硫酸镁为多,每公顷用150~225kg作基肥,应急矫正时可叶面喷施,浓度为1%~2%,连续2~3次。其他镁肥如钙镁磷肥、氯化镁、碳酸镁、硝酸镁都可施用,但钙镁磷肥、碳酸镁效果较慢,较适宜作基肥。

三、土壤有效硫

土壤硫主要来自母质、灌溉水、大气干湿沉降以及施肥等。土壤中的硫分为无机态硫和有机态硫两类。无机态硫包括难溶性硫、可溶性硫和吸附性硫。有效硫主要指可溶性硫和吸附性硫,其含量分布受温度、雨量和土壤有机质等因素的影响。硫是构成植物体蛋白质和酶不可缺少的成分,有利于维生素的合成,促进豆科植物根瘤的形成。

(一)土壤有效硫分布与分级

平度市为了调查分析土壤有效硫含量状况,按照不同土壤类型、不同种植作物进行了土样采集,共采集化验样品1729个,土壤有效硫含量为0.6~30.0mg/kg,平均为9.2mg/kg,标准差为5.28,变异系数为0.58。土壤有效硫含量状况为缺乏。土壤有效硫分级面积情况如表4-62所示。

表4-62　　土壤有效硫分级面积情况

级别	1	2	3	4	5	6	7
分级标准(mg/kg)	>100	75~100	60~75	45~60	30~45	15~30	<15
等级面积(hm^2)	0	0	0	0	0	28023.87	288630.06
总面积比例(%)	0	0	0	0	0	8.85	91.15

按照山东省土壤有效硫分级标准,对样品在各级出现的百分率进行统计。土壤有效硫为15~30mg/kg的样本有203个,占总样本数的11.74%,主要分布在兰底等地;低于15mg/kg的样本有1526个,占总样本数的88.26%,分布在平度市大多数镇(街道办事处)。土壤有效硫分级分布情况如表4-63所示。

表4-63　　土壤有效硫分级分布情况

级别	1	2	3	4	5	6	7
分级标准(mg/kg)	>100	75~100	60~75	45~60	30~45	15~30	<15
样本(个)	0	0	0	0	0	203	1526
百分比(%)	0	0	0	0	0	11.74	88.26

1. 不同土壤类型的有效硫

平度市不同土壤类型有效硫含量状况如表 4-64 所示。潮土有效硫含量为 0.6～27.8mg/kg,平均为 9.4mg/kg;褐土有效硫含量为 1.6～20.9mg/kg,平均为 6.7mg/kg;砂姜黑土有效硫含量为 0.8～29.6mg/kg,平均为 9.8mg/kg;棕壤有效硫含量为 0.7～30.0mg/kg,平均为 8.6mg/kg;盐土有效硫含量为 8.5～12.3mg/kg,平均为 9.7mg/kg。有效硫含量砂姜黑土最高,褐土最低。

表 4-64 不同土壤类型有效硫含量状况

土壤类型	样本(个)	最小值(mg/kg)	最大值(mg/kg)	平均(mg/kg)	标准差	变异系数
潮土	592	0.6	27.8	9.4	4.88	0.52
褐土	64	1.6	20.9	6.7	2.74	0.41
砂姜黑土	581	0.8	29.6	9.8	5.28	0.54
盐土	3	8.5	12.3	9.7	1.81	0.19
棕壤	489	0.7	30.0	8.6	5.84	0.68

平度市不同土壤类型有效硫分级分布情况如表 4-65 所示。各种土壤类型中,有效硫含量均以低于 15mg/kg 的样本为主,分布于大多数镇(街道办事处)。

表 4-65 不同土壤类型有效硫分级分布情况

分级标准(mg/kg)	潮土		褐土		砂姜黑土		棕壤		盐土	
	样本(个)	比例(%)	样本(个)	比例(%)	样本(个)	比例(%)	样本(个)	比例(%)	样本(个)	比例(%)
45～60	0	0	0	0	0	0	0	0	0	0
30～45	0	0	0	0	0	0	0	0	0	0
15～30	68	11.49	1	1.56	63	10.84	70	14.28	0	0
<15	524	88.51	63	98.44	518	89.16	420	85.71	3	100

2. 不同利用方式的有效硫

平度市不同利用方式土壤有效硫含量状况如表 4-66 所示。粮田土壤有效硫含量为 0.7～29.6mg/kg,平均为 9.0mg/kg;菜地土壤有效硫含量为 1.7～27.8mg/kg,平均为 10.9mg/kg;园地土壤有效硫含量为 0.6～30.0mg/kg,平均为 7.1mg/kg。

表 4-66　　不同利用方式土壤有效硫含量状况

利用方式	样本(个)	最小值(mg/kg)	最大值(mg/kg)	平均(mg/kg)	标准差	变异系数
粮田	892	0.7	29.6	9.0	4.70	0.52
菜地	487	1.7	27.8	10.9	5.77	0.53
园地	350	0.6	30.0	7.1	5.19	0.73

平度市不同利用方式土壤有效硫分级分布情况如表 4-67 所示。各种利用方式中，有效硫含量均以低于 15mg/kg 的样本为主，分布于大多数镇(街道办事处)。

表 4-67　　不同利用方式土壤有效硫分级分布情况

分级标准(mg/kg)	粮　田		菜　地		园　地	
	样本(个)	比例(%)	样本(个)	比例(%)	样本(个)	比例(%)
45～60	0	0	0	0	0	0
30～45	0	0	0	0	0	0
15～30	60	6.73	96	19.72	47	13.43
<15	832	93.27	391	80.29	303	86.57

(二)缺硫症状与防治

作物缺硫时，其外观症状与缺氮相似，叶片呈现淡绿或黄色，缺素最先发生在幼叶叶片上，一般是幼芽先变黄色，心叶失绿黄化，植株黄化均匀，茎细弱，根细长而不分枝，开花结果推迟，果实减少。所不同的是缺硫时叶褪绿黄化，首先在幼叶片出现，而缺氮是先从下部老叶表现出来。对硫敏感的作物是十字花科如油菜等，其次为豆科、烟草和棉花，需硫较少的为禾本科作物。

防治：作物在临近生殖生长时，为需硫高峰期。随作物衰老，吸硫能力下降。因此，硫肥应该在生殖生长之前施用，作基肥施用较好，可以和氮、磷、钾等肥料混合，结合耕地施入土壤。如在作物生长过程中发现缺硫，可用硫酸铵、过硫酸钙、硫酸钾等速效性硫肥作追肥或叶面喷施。

第五节　土壤微量元素

土壤微量元素是指土壤中含量较低，但作物正常生长发育所不可缺少和不可替代的营养元素，有硼、锌、锰、铁、铜、钼、氯、硅等。土壤微量元素含量过低或过高都会影响作物的正常生长。土壤中的微量元素有效态含量是评价土壤微量元素丰缺的指标，它受土壤酸碱反应、氧化还原电位、有机质含量等条件的制约。

本次耕地地力调查主要分析了土壤中铁、锰、铜、锌、硼、钼、硅等 7 种微量元素，共测定有效铁、有效锰、有效铜、有效锌、有效硼各 1929 个，有效钼 1736 个，有效硅 1922 个，分析微量元素的含量及丰缺状况，为合理指导农业生产提供科学依据。

一、土壤有效铁

（一）土壤有效铁分级与分布

平度市为了调查分析土壤有效铁含量状况，按照不同土壤类型、不同种植作物进行了土样采集，共采集化验样品 2070 个，土壤有效铁含量为 2.52～299.7mg/kg，平均为 34.65mg/kg，标准差为 32.08，变异系数为 0.93。土壤有效铁含量状况为丰富。土壤有效铁分级面积情况如表 4-68 所示。

表 4-68 土壤有效铁分级面积情况

级别	1	2	3	4	5
分级标准(mg/kg)	＞20	10～20	4.5～10	2.5～4.5	＜2.5
等级面积(hm^2)	192683.92	49778	73970.36	221.66	0
总面积比例(%)	60.85	15.72	23.36	0.07	0

按照山东省土壤有效铁分级标准，对样品在各级出现的百分率进行统计。土壤有效铁高于 20mg/kg 的样本有 1101 个，占总样本数的 53.19%，主要分布在万家、蓼兰、白埠、兰底、崔家集等地；10～20mg/kg 的样本有 309 个，占总样本数的 14.93%，主要分布在云山、旧店等地；4.5～10mg/kg 的样本有 621 个，占总样本数的 30%，主要分布在仁兆、张戈庄、明村等地。土壤有效铁分级分布情况如表 4-69 所示。

表 4-69 土壤有效铁分级分布情况

级别	1	2	3	4	5
分级标准(mg/kg)	＞20	10～20	4.5～10	2.5～4.5	＜2.5
样本(个)	1101	309	621	39	0
百分比(%)	53.19	14.93	30.00	1.88	0

1. 不同土壤类型的有效铁

平度市不同土壤类型有效铁含量状况如表 4-70 所示。潮土有效铁含量为 2.53～176.06mg/kg，平均为 41.59mg/kg；褐土有效铁含量为 4.24～132.10mg/kg，平均为 19.12mg/kg；砂姜黑土有效铁含量为 2.70～204.12mg/kg，平均为 18.69mg/kg；棕壤有效铁含量为 2.52～299.70mg/kg，平均为 47.74mg/kg；盐土有效铁含量为 6.13～38.64mg/kg，平均为 19.31mg/kg。有效铁含量棕壤最高，砂姜黑土、褐土相对较低。

表 4-70　不同土壤类型有效铁含量状况

土壤类型	样本(个)	最小值(mg/kg)	最大值(mg/kg)	平均(mg/kg)	标准差	变异系数
潮土	709	2.53	176.06	41.59	33.30	0.80
褐土	78	4.24	132.10	19.12	24.67	1.29
砂姜黑土	703	2.70	204.12	18.69	21.14	1.13
盐土	3	6.13	38.64	19.31	13.97	0.72
棕壤	577	2.52	299.70	47.74	33.57	0.70

平度市不同土壤类型有效铁分级分布情况如表 4-71 所示。潮土中有效铁含量以高于 20mg/kg 为主，占总样本数的 63.33%，主要分布在仁兆、古岘、张戈庄等地；褐土中有效铁含量以 4.5～10mg/kg 为主，占总样本数的 51.28%，主要分布在马戈庄、兰底、明村等地；砂姜黑土中有效铁含量以 4.5～10mg/kg 为主，占总样本数的 52.63%，主要分布在崔家集、万家等地；棕壤土中有效铁含量以高于 20mg/kg 为主，占总样本数的 75.22%，主要分布在云山、旧店等地。

表 4-71　不同土壤类型有效铁分级分布情况

分级标准(mg/kg)	潮土		褐土		砂姜黑土		棕壤		盐土	
	样本(个)	比例(%)	样本(个)	比例(%)	样本(个)	比例(%)	样本(个)	比例(%)	样本(个)	比例(%)
＞20	449	63.33	19	24.36	198	28.17	434	75.22	1	33.33
10～20	103	14.53	18	23.08	114	16.22	74	12.82	1	33.33
4.5～10	144	20.31	40	51.28	370	52.63	65	11.27	1	33.33
2.5～4.5	13	1.83	1	1.28	21	2.99	4	0.70	0	0

2. 不同利用方式的有效铁

平度市不同利用方式土壤有效铁含量状况如表 4-72 所示。粮田土壤有效铁含量为 2.52～220.60mg/kg，平均为 22.07mg/kg；菜地土壤有效铁含量为 3.72～204.12mg/kg，平均为 44.59mg/kg；园地土壤有效铁含量为 3.31～299.70mg/kg，平均为 53.53mg/kg。有效铁含量园地最高，菜地次之，粮田最低。

表 4-72　不同利用方式土壤有效铁含量状况

利用方式	样本(个)	最小值(mg/kg)	最大值(mg/kg)	平均(mg/kg)	标准差	变异系数
粮田	1077	2.52	220.60	22.07	26.10	1.18
菜地	582	3.72	204.12	44.59	33.57	0.75
园地	411	3.31	299.70	53.53	29.86	0.56

平度市不同利用方式土壤有效铁分级分布情况如表4-73所示。粮田有效铁含量以4.5～10mg/kg为主，占总样本数的46.89%，主要分布在崔家集、万家等地；菜地有效铁含量以高于20mg/kg为主，占总样本数的69.76%，主要分布在仁兆、张戈庄等地；园地有效铁含量以高于20mg/kg为主，占总样本数的88.56%，主要分布在云山、旧店等地。

表4-73　不同利用方式土壤有效铁分级分布情况

分级标准(mg/kg)	粮田		菜地		园地	
	样本(个)	比例(%)	样本(个)	比例(%)	样本(个)	比例(%)
>20	331	30.73	406	69.76	364	88.56
10～20	211	19.59	67	11.51	31	7.54
4.5～10	505	46.89	101	17.35	15	3.65
2.5～4.5	30	2.78	8	1.37	1	0.24

(二)缺铁症状与防治

作物缺铁一般发生在新叶，症状表现为脉间失绿，严重时变白。双子叶植物形成网纹花叶，单子叶植物形成黄绿相间条纹花叶。果树缺铁，新梢黄白化，越近顶端越重，俗称"黄化花叶病"；大豆缺铁时上叶黄白化，出现褐色斑点，新叶失绿呈清晰的羽状花纹；麦类、玉米等缺铁都呈清晰条纹花叶，严重时心叶不出。

防治：施用铁肥，可每公顷混合基施15～30kg硫酸亚铁与农家肥，也可用0.2%～1%硫酸亚铁溶液叶面喷施2～3次，每次间隔10天以上；砧木选择，嫁接果树时利用耐缺铁树种作砧木，可以减轻或防止缺铁失绿；客土改良，以富铁的土壤如红黄壤进行客土改良，但限于就近有这一资源的地区。

二、土壤有效锰

(一)土壤有效锰分级与分布

平度市为了调查分析土壤有效锰含量状况，按照不同土壤类型、不同种植作物进行了土样采集，共采集化验样品2069个，土壤有效锰含量为0.90～150.03mg/kg，平均为26.95mg/kg，标准差为23.30，变异系数为0.86。土壤有效锰含量状况为丰富。土壤有效锰分级面积情况如表4-74所示。

表4-74　土壤有效锰分级面积情况

级别	1	2	3	4	5
分级标准(mg/kg)	>30	15～30	5～15	1～5	<1
等级面积(hm^2)	138757.75	75743.62	93666.23	8486.33	0
总面积比例(%)	43.82	23.92	29.58	2.68	0

按照山东省土壤有效锰分级标准，对样品在各级出现的百分率进行统计。土壤有效锰高于30mg/kg的样本有764个，占总样本数的36.93%，主要分布在万家、张舍等地；15～30mg/kg的样本有469个，占总样本数的22.67%，主要分布在白埠、崔家集等地；5～15mg/kg的样本有615个，占总样本数的29.72%，主要分布在张戈庄、仁兆等地。土壤有效锰分级分布情况如表4-75所示。

表4-75 土壤有效锰分级分布情况

级 别	1	2	3	4	5
分级标准(mg/kg)	>30	15～30	5～15	1～5	<1
样本(个)	764	469	615	221	0
百分比(%)	36.93	22.67	29.72	10.68	0

1. 不同土壤类型的有效锰

平度市不同土壤类型有效锰含量状况如表4-76所示。潮土有效锰含量为1.00～150.03mg/kg，平均为29.06mg/kg；褐土有效锰含量为2.14～142.38mg/kg，平均为26.91mg/kg；砂姜黑土有效锰含量为1.32～123.33mg/kg，平均为17.74mg/kg；棕壤有效锰含量为1.00～133.26mg/kg，平均为37.64mg/kg；盐土有效锰含量为7.69～19.30mg/kg，平均为12.55mg/kg。有效锰含量棕壤最高，砂姜黑土、盐土相对较低。

表4-76 不同土壤类型有效锰含量状况

土壤类型	样本(个)	最小值(mg/kg)	最大值(mg/kg)	平均(mg/kg)	标准差	变异系数
潮土	709	1.00	150.03	29.06	21.25	0.73
褐土	78	2.14	142.38	26.91	37.13	1.38
砂姜黑土	702	1.32	123.33	17.74	17.98	1.01
盐土	3	7.69	19.30	12.55	4.93	0.39
棕壤	577	1.00	133.26	37.64	25.25	0.67

平度市不同土壤类型有效锰分级分布情况如表4-77所示。潮土中有效锰含量以高于30mg/kg为主，占总样本数的41.75%，主要分布仁兆、张戈庄等地；褐土中有效锰含量以5～15mg/kg为主，占总样本数的41.03%，主要分布在马戈庄、明村等地；砂姜黑土中有效锰含量以5～15mg/kg为主，占总样本数的47.01%，主要分布在白埠、万家等地；棕壤土中有效锰含量以高于30mg/kg为主，占总样本数的55.46%，主要分布在旧店、云山、崔召等地。

表 4-77　　不同土壤类型有效锰分级分布情况

分级标准(mg/kg)	潮土		褐土		砂姜黑土		棕壤		盐土	
	样本(个)	比例(%)	样本(个)	比例(%)	样本(个)	比例(%)	样本(个)	比例(%)	样本(个)	比例(%)
>30	296	41.75	19	24.36	128	18.23	320	55.46	0	0
15～30	194	27.36	8	10.26	134	19.09	132	22.88	1	33.33
5～15	154	21.72	32	41.03	330	47.01	98	16.98	2	66.67
1～5	65	9.17	19	24.36	110	15.67	27	4.68	0	0

2. 不同利用方式的有效锰

平度市不同利用方式土壤有效锰含量状况如表 4-78 所示。粮田土壤有效锰含量为 1.00～150.03mg/kg，平均为 19.40mg/kg；菜地土壤有效锰含量为 1.38～141.39mg/kg，平均为 32.06mg/kg；园地土壤有效锰含量为 1.00～133.26mg/kg，平均为 42.29mg/kg。有效锰含量园地最高，菜地次之，粮田最低。

表 4-78　　不同利用方式土壤有效锰含量状况

利用方式	样本(个)	最小值(mg/kg)	最大值(mg/kg)	平均(mg/kg)	标准差	变异系数
粮田	1077	1.00	150.03	19.40	20.08	1.03
菜地	581	1.38	141.39	32.06	22.44	0.70
园地	411	1.00	133.26	42.29	24.77	0.59

平度市不同利用方式土壤有效锰分级分布情况如表 4-79 所示。粮田有效锰含量以 5～15mg/kg 为主，占总样本数的 42.53%，主要分布在白埠、万家等地；菜地有效锰含量以高于 30mg/kg 为主，占总样本数的 47.16%，主要分布在张戈庄、仁兆、南村等地；园地有效锰含量以高于 30mg/kg 为主，占总样本数的 64.23%，主要分布在云山、旧店等地。

表 4-79　　不同利用方式土壤有效锰分级分布情况

分级标准(mg/kg)	粮田		菜地		园地	
	样本(个)	比例(%)	样本(个)	比例(%)	样本(个)	比例(%)
>30	226	20.98	274	47.16	264	64.23
15～30	215	19.96	153	26.33	101	24.57
5～15	458	42.53	117	20.14	40	9.73
1～5	178	16.52	37	6.37	6	1.46

(二)缺锰症状与防治

缺锰症状首先出现在新梢叶,叶肉失绿,叶脉间黄化呈淡绿色,严重时,失绿小片扩大并出现细小褐色斑点,呈烧灼状且生长停止。作物的成熟叶片锰含量若低于20mg/kg,即为锰缺乏。

防治:施用锰肥,含锰肥料有硫酸锰、氯化锰、碳酸锰、二氧化锰、锰矿渣等,其中硫酸锰、氯化锰见效较快。对于大田作物,一般选用硫酸锰较多,每公顷基施15kg,喷施溶液浓度为0.1%～0.2%,也可拌种,每公顷用750～1500g,基施效果一般优于追施,果树一般以喷施为主。施用硫黄和酸性肥料,硫黄和酸性肥料(如硫酸铵等)入土后产生酸,可酸化土壤,提高土壤锰的有效性,用量一般为22.5～30kg/hm^2。

三、土壤有效铜

(一)土壤有效铜分级与分布

平度市为了调查分析土壤有效铜含量状况,按照不同土壤类型、不同种植作物进行了土样采集,共采集化验样品2067个,土壤有效铜含量为0.46～22.44mg/kg,平均为2.08mg/kg,标准差为2.69,变异系数为1.25。土壤有效铜含量状况为丰富。土壤有效铜分级面积情况如表4-80所示。

表4-80　　土壤有效铜分级面积情况

级　别	1	2	3
分级标准(mg/kg)	>1.8	1.0～1.8	0.2～1.0
等级面积(hm^2)	137744.46	160575.21	18334.26
总面积比例(%)	43.5	50.71	5.79

按照山东省土壤有效铜分级标准,对样品在各级出现的百分率进行统计。土壤有效铜高于1.8mg/kg的样本有646个,占总样本数的31.25%,主要分布在张舍、万家等地;1.0～1.8mg/kg的样本有1119个,占总样本数的54.14%,主要分布在白埠、蓼兰、崔家集等地。土壤有效铜分级分布情况如表4-81所示。

表4-81　　土壤有效铜分级分布情况

级　别	1	2	3
分级标准(mg/kg)	>1.8	1.0～1.8	0.2～1.0
样本(个)	646	1119	302
百分比(%)	31.25	54.14	14.61

1. 不同土壤类型的有效铜

平度市不同土壤类型有效铜含量状况如表4-82所示。潮土有效铜含量为0.46～14.91mg/kg,平均为1.97mg/kg;褐土有效铜含量为0.58～8.63mg/kg,平均为1.47mg/kg;砂姜黑土有效铜含量为0.53～11.67mg/kg,平均为1.50mg/kg;棕壤有效铜含量为 0.47～22.44mg/kg,平均为 3.00mg/kg;盐土有效铜含量为 0.96～4.50mg/kg,平均为 2.25mg/kg。有效铜含量棕壤最高,砂姜黑土、褐土相对较低。

表 4-82　不同土壤类型有效铜含量状况

土壤类型	样本(个)	最小值(mg/kg)	最大值(mg/kg)	平均(mg/kg)	标准差	变异系数
潮土	708	0.46	14.91	1.97	1.60	0.81
褐土	78	0.58	8.63	1.47	1.06	0.72
砂姜黑土	703	0.53	11.67	1.50	1.10	0.74
盐土	3	0.96	4.50	2.25	1.59	0.71
棕壤	575	0.47	22.44	3.00	3.52	1.17

平度市不同土壤类型有效铜分级分布情况如表 4-83 所示。潮土中有效铜含量以 1.0～1.8mg/kg 为主,占总样本数的 53.53%,主要分布张戈庄、蓼兰、新河、麻兰等地;褐土中有效铜含量以 1.0～1.8mg/kg 为主,占总样本数的 51.28%,主要分布在马戈庄、明村等地;砂姜黑土中有效铜含量以 1.0～1.8mg/kg 为主,占总样本数的 61.18%,主要分布在万家、崔家集、郭庄等地;棕壤土中有效铜含量高于 1.8mg/kg 的样本占总样本数的 46.96%,主要分布在云山、旧店、大泽山等地,1.0～1.8mg/kg 的样本占总样本数的 46.78%,主要分布在旧店、祝沟等地。

表 4-83　不同土壤类型有效铜分级分布情况

分级标准(mg/kg)	潮土		褐土		砂姜黑土		棕壤		盐土	
	样本(个)	比例(%)	样本(个)	比例(%)	样本(个)	比例(%)	样本(个)	比例(%)	样本(个)	比例(%)
＞1.8	246	34.75	14	17.95	115	16.36	270	46.96	1	50.00
1.0～1.8	379	53.53	40	51.28	430	61.18	269	46.78	1	50.00
0.2～1.0	83	11.72	24	30.77	158	22.48	36	6.26	0	0

2. 不同利用方式的有效铜

平度市不同利用方式土壤有效铜含量状况如表 4-84 所示。粮田土壤有效铜含量为 0.53～18.69mg/kg,平均为 1.51mg/kg;菜地土壤有效铜含量为 0.46～11.67mg/kg,平均为 1.97mg/kg;园地土壤有效铜含量为 0.47～22.44mg/kg,平均为 3.73mg/kg。有效铜含量园地最高,菜地次之,粮田最低。

表 4-84　　不同利用方式土壤有效铜含量状况

利用方式	样本(个)	最小值(mg/kg)	最大值(mg/kg)	平均(mg/kg)	标准差	变异系数
粮田	1077	0.53	18.69	1.51	1.19	0.79
菜地	581	0.46	11.67	1.97	1.25	0.64
园地	409	0.47	22.44	3.73	4.07	1.09

平度市不同利用方式土壤有效铜分级分布情况如表 4-85 所示。粮田有效铜含量以 1.0～1.8mg/kg 为主，占总样本数的 62.39%，主要分布在万家、张舍、蓼兰等地；菜地有效铜含量以 1.0～1.8mg/kg 为主，占总样本数的 51.80%，主要分布在张戈庄、麻兰、仁兆等地；园地有效铜含量以高于 1.8mg/kg 为主，占总样本数的 58.92%，主要分布在店子、大泽山、云山等地。

表 4-85　　不同利用方式土壤有效铜分级分布情况

分级标准(mg/kg)	粮田		菜地		园地	
	样本(个)	比例(%)	样本(个)	比例(%)	样本(个)	比例(%)
>1.8	172	15.97	233	40.10	241	58.92
1.0～1.8	672	62.39	301	51.80	146	35.70
0.2～1.0	233	21.63	47	8.09	22	5.38

(二)缺铜症状与防治

作物缺铜时，一般表现为新叶片失绿发黄，结构畸形，呈凋萎干枯状，出现白色叶斑；果树常发生树皮开裂，有胶状物流出，称为“枝枯病”；后期果穗发育不正常，表现为花粉“不育症”，果实小，果肉僵硬有时开裂。

防治：土壤施用与叶面施肥均可提高土壤中铜元素含量，通常以农用硫酸铜作为铜肥的主要来源。大田作物如麦类用量为 15～30kg/hm^2，可基施，也可于拔节前后喷施两次(0.1%～0.2%)；果树一般采用喷施，也可配合波尔多液一并使用。由于作物每年吸收铜量很少，且铜淋失量甚微，故施用一次后，可多年发挥效果，因此不需要每年施用，以防止产生铜中毒。

四、土壤有效锌

(一)土壤有效锌分级与分布

平度市为了调查分析土壤有效锌含量状况，按照不同土壤类型、不同种植作物进行了土样采集，共采集化验样品 2069 个，土壤有效锌含量为 0.5～14.19mg/kg，平均为 1.92mg/kg，标准差为 1.33，变异系数为 0.69。土壤有效锌含量状况为丰富。土壤有效锌分级面积情况如表 4-86 所示。

表 4-86　　土壤有效锌分级面积情况

级　别	1	2	3
分级标准(mg/kg)	>3.0	1.0～3.0	0.5～1.0
等级面积(hm^2)	21184.15	285400.19	10069.6
总面积比例(%)	6.69	90.13	3.18

按照山东省土壤有效锌分级标准，对样品在各级出现的百分率进行统计。土壤有效锌高于 3.0mg/kg 的样本有 221 个，占总样本数的 10.68%，主要分布在万家、兰底等地；1.0～3.0mg/kg 的样本有 1606 个，占总样本数的 77.62%，主要分布在万家、仁兆、蓼兰等地；0.5～1.0mg/kg 的样本有 242 个，占总样本数的 11.69%，主要分布在南村、麻兰等地。土壤有效锌分级分布情况如表 4-87 所示。

表 4-87　　土壤有效锌分级分布情况

级　别	1	2	3
分级标准(mg/kg)	>3.0	1.0～3.0	0.5～1.0
样本(个)	221	1606	242
百分比(%)	10.68	77.62	11.69

1. 不同土壤类型的有效锌

平度市不同土壤类型有效锌含量状况如表 4-88 所示。潮土有效锌含量为 0.50～12.90mg/kg，平均为 1.95mg/kg；褐土有效锌含量为 0.63～3.74mg/kg，平均为 1.50mg/kg；砂姜黑土有效锌含量为 0.50～13.74mg/kg，平均为 1.90mg/kg，较第二次土壤普查时的 0.45mg/kg 增加了 1.45mg/kg；棕壤有效锌含量为 0.50～14.19mg/kg，平均为 1.96mg/kg，较第二次土壤普查时的 1.54 mg/kg 增加了 0.42mg/kg；盐土有效锌含量为 0.87～5.06mg/kg，平均为 2.80mg/kg。有效锌含量盐土最高，褐土相对较低。

表 4-88　　不同土壤类型有效锌含量状况

利用方式	样本(个)	最小值(mg/kg)	最大值(mg/kg)	平均(mg/kg)	标准差	变异系数
潮土	709	0.50	12.90	1.95	1.24	0.64
褐土	77	0.63	3.74	1.50	0.63	0.42
砂姜黑土	703	0.50	13.74	1.90	1.52	0.80
盐土	3	0.87	5.06	2.80	1.73	0.62
棕壤	577	0.50	14.19	1.96	1.26	0.64

平度市不同土壤类型有效锌分级分布情况如表 4-89 所示。潮土中有效锌含量以 1.0～3.0mg/kg 为主，占总样本数的 79.97%，主要分布仁兆、蓼兰等地；褐土中有效锌含量

以1.0～3.0mg/kg为主，占总样本数的74.03%，主要分布在马戈庄、明村等地；砂姜黑土中有效锌含量以1.0～3.0mg/kg为主，占总样本数的72.83%，主要分布在万家、崔家集等地；棕壤土中有效锌含量以1.0～3.0mg/kg为主，占总样本数的81.11%，主要分布在旧店、大泽山等地。

表4-89 不同土壤类型有效锌分级分布情况

分级标准(mg/kg)	潮土		褐土		砂姜黑土		棕壤		盐土	
	样本(个)	比例(%)	样本(个)	比例(%)	样本(个)	比例(%)	样本(个)	比例(%)	样本(个)	比例(%)
>3.0	76	10.72	4	5.19	76	10.81	65	11.27	2	66.67
1.0～3.0	567	79.97	57	74.03	512	72.83	468	81.11	1	33.33
0.5～1.0	66	9.31	16	20.78	115	16.36	44	7.62	0	0

2. 不同利用方式的有效锌

平度市不同利用方式土壤有效锌含量状况如表4-90所示。粮田土壤有效锌含量为0.50～11.52mg/kg，平均为1.71mg/kg；菜地土壤有效锌含量为0.68～13.74mg/kg，平均为2.21mg/kg；园地土壤有效锌含量为0.50～14.19mg/kg，平均为2.05mg/kg。有效锌含量菜地最高，园地次之，粮田最低。

表4-90 不同利用方式土壤有效锌含量状况

利用方式	样本(个)	最小值(mg/kg)	最大值(mg/kg)	平均(mg/kg)	标准差	变异系数
粮田	1076	0.50	11.52	1.71	1.19	0.69
菜地	582	0.68	13.74	2.21	1.47	0.66
园地	411	0.50	14.19	2.05	1.40	0.68

平度市不同利用方式土壤有效锌分级分布情况如表4-91所示。粮田有效锌含量以1.0～3.0mg/kg为主，占总样本数的75.84%，主要分布在张舍、万家、蓼兰等地；菜地有效锌含量以1.0～3.0mg/kg为主，占总样本数的78.52%，主要分布在仁兆、张戈庄等地；园地有效锌含量以1.0～3.0mg/kg为主，占总样本数的81.02%，主要分布在云山、祝沟、店子等地。

表4-91 不同利用方式土壤有效锌分级分布情况

分级标准(mg/kg)	粮田		菜地		园地	
	样本(个)	比例(%)	样本(个)	比例(%)	样本(个)	比例(%)
>3.0	70	6.51	101	17.35	50	12.17
1.0～3.0	816	75.84	457	78.52	333	81.02
0.5～1.0	190	17.65	24	4.12	28	6.81

(二)缺锌症状与防治

锌缺乏症状首先出现于新梢叶片,主要症状为叶片的脉间失绿或出现白化症状,叶小簇生,主脉两侧有叶斑,生育期缓慢,有顶枯现象。

防治:基肥,一般每公顷施用硫酸锌肥 15～30kg,可与复合肥或沙土混匀后施用;种肥,可选择拌种或浸种方式补充锌肥,将硫酸锌溶于少量水中搅匀后与种子拌在一起,晾干后播种,一般每千克种子用硫酸锌肥 4～10g 拌种,浸种时用 0.05%～0.1%的浓度浸 12h 即可;叶面喷肥,一般果树喷施浓度为 0.5%～1%的硫酸锌溶液,蔬菜喷施浓度为 0.1%～0.2%的硫酸锌溶液,早期出现缺锌症状后立即喷施,隔 7～10 天重喷一次,也可以喷施含锌液体微肥。

五、土壤有效硼

(一)土壤有效硼分级与分布

平度市为了调查分析土壤有效硼含量状况,按照不同土壤类型、不同种植作物进行了土样采集,共采集化验样品 2067 个,土壤有效硼含量为 0.06～1.99mg/kg,平均为 0.51mg/kg,标准差为 0.29,变异系数为 0.56。土壤有效硼含量状况为缺乏。土壤有效硼分级面积情况如表 4-92 所示。

表 4-92 土壤有效硼分级面积情况

级　别	1	2	3	4	5
分级标准(mg/kg)	>2.0	1.0～2.0	0.5～1.0	0.2～0.5	<0.2
等级面积(hm^2)	0	2723.22	126883.23	178561.15	8486.33
总面积比例(%)	0	0.86	40.07	56.39	2.68

按照山东省土壤有效硼分级标准,对样品在各级出现的百分率进行统计。土壤有效硼为 0.5～1.0mg/kg 的样本有 806 个,占总样本数的 38.99%,主要分布在白埠、张戈庄等地;0.2～0.5mg/kg 的样本有 940 个,占总样本数的 45.48%,主要分布在仁兆、明村等地。土壤有效硼分级分布情况如表 4-93 所示。

表 4-93 土壤有效硼分级分布情况

级　别	1	2	3	4	5
分级标准(mg/kg)	>2.0	1.0～2.0	0.5～1.0	0.2～0.5	<0.2
样本(个)	0	113	806	940	208
百分比(%)	0	5.46	38.99	45.48	10.06

1. 不同土壤类型的有效硼

平度市不同土壤类型有效硼含量状况如表 4-94 所示。潮土有效硼含量为 0.06～1.99mg/kg,平均为 0.56mg/kg;褐土有效硼含量为 0.08～1.17mg/kg,平均为 0.42mg/kg;

砂姜黑土有效硼含量为0.07～1.48mg/kg，平均为0.52mg/kg，较第二次土壤普查时的0.59mg/kg降低了0.07mg/kg；棕壤有效硼含量为0.06～1.99mg/kg，平均为0.44mg/kg，较第二次土壤普查时的0.35mg/kg增加了0.09mg/kg；盐土有效硼含量为0.43～0.74mg/kg，平均为0.56mg/kg。有效硼含量潮土、盐土最高，棕壤、褐土相对较低。

表4-94　不同土壤类型有效硼含量状况

利用方式	样本(个)	最小值(mg/kg)	最大值(mg/kg)	平均(mg/kg)	标准差	变异系数
潮土	706	0.06	1.99	0.56	0.30	0.54
褐土	78	0.08	1.17	0.42	0.23	0.54
砂姜黑土	703	0.07	1.48	0.52	0.23	0.44
盐土	3	0.43	0.74	0.56	0.14	0.24
棕壤	577	0.06	1.99	0.44	0.31	0.71

平度市不同土壤类型有效硼分级分布情况如表4-95所示。潮土中有效硼含量以0.5～1.0mg/kg为主，占总样本数的44.05%，主要分布蓼兰、张戈庄、南村等地；褐土中有效硼含量以0.2～0.5mg/kg为主，占总样本数的60.26%，主要分布在兰底、马戈庄等地；砂姜黑土中有效硼含量以0.5～1.0mg/kg为主，占总样本数的47.8%，主要分布在兰底、白埠、郭庄等地；棕壤土中有效硼含量以0.2～0.5mg/kg为主，占总样本数的51.13%，主要分布在旧店、云山、大泽山等地。

表4-95　不同土壤类型有效硼分级分布情况

分级标准(mg/kg)	潮土		褐土		砂姜黑土		棕壤		盐土	
	样本(个)	比例(%)	样本(个)	比例(%)	样本(个)	比例(%)	样本(个)	比例(%)	样本(个)	比例(%)
1.0～2.0	55	7.79	3	3.85	22	3.13	34	5.89	0	0
0.5～1.0	311	44.05	16	20.51	336	47.80	141	24.44	1	33.33
0.2～0.5	284	40.23	47	60.26	312	44.38	295	51.13	2	66.67
＜0.2	56	7.93	12	15.38	33	4.69	107	18.54	0	0

2. 不同利用方式的有效硼

平度市不同利用方式土壤有效硼含量状况如表4-96所示。粮田土壤有效硼含量为0.06～1.99mg/kg，平均为0.49mg/kg；菜地土壤有效硼含量为0.06～1.99mg/kg，平均为0.64mg/kg；园地土壤有效硼含量为0.06～1.52mg/kg，平均为0.36mg/kg。有效硼含量菜地最高，粮田次之，园地最低。

表 4-96　　不同利用方式土壤有效硼含量状况

利用方式	样本(个)	最小值(mg/kg)	最大值(mg/kg)	平均(mg/kg)	标准差	变异系数
粮田	1077	0.06	1.99	0.49	0.26	0.53
菜地	579	0.06	1.99	0.64	0.30	0.47
园地	411	0.06	1.52	0.36	0.23	0.64

平度市不同利用方式土壤有效硼分级分布情况如表 4-97 所示。粮田有效硼含量以 0.2～0.5mg/kg 为主，占总样本数的 49.12%，主要分布在白埠、张舍、兰底等地；菜地有效硼含量以 0.2～0.5mg/kg 为主，占总样本数的 57.17%，主要分布在张戈庄、南村等地；园地有效硼含量以 0.2～0.5mg/kg 为主，占总样本数的 56.93%，主要分布在云山、旧店、店子等地。

表 4-97　　不同利用方式土壤有效硼分级分布情况

分级标准(mg/kg)	粮田		菜地		园地	
	样本(个)	比例(%)	样本(个)	比例(%)	样本(个)	比例(%)
1.0～2.0	47	4.37	53	9.16	13	3.16
0.5～1.0	415	38.53	331	57.17	60	14.60
0.2～0.5	529	49.12	177	30.57	234	56.93
<0.2	86	7.99	18	3.11	104	25.30

(二)缺硼症状与防治

作物缺硼主要表现为生长点受到影响，如顶梢、根尖、茎尖的生长点停止生长，顶芽枯死，茎叶柄脆，繁殖器官发育不正常，生育期延长，果实畸形，发育缓慢，果皮或果肉局部呈水浸状，果皮增厚，出汁率低，种子发育不良。

防治：因土种植，选用耐性品种。因为不同作物品种对缺硼忍耐性差异较大，在缺硼地区应少种或不种敏感作物，选用耐性较大品种来减少损失。由于缺硼症状发生在后期，即使补充也很难恢复，所以应提前施用硼肥加以预防。生长期用硼砂 800～1000 倍叶面喷施(每公顷用量不能超过 1500g)，可有效地防治缺硼症状的发生。干旱季节注意灌溉，保持土壤湿润。碱度偏高的土壤多施用生理酸性的肥料，以降低根圈酸碱度，从而提高硼的有效性。

六、土壤有效钼

(一)土壤有效钼分级与分布

平度市为了调查分析土壤有效钼含量状况，按照不同土壤类型、不同种植作物进行了土样采集，共采集化验样品 1729 个，土壤有效钼含量为 0.30～6.10mg/kg，平均为 0.68mg/kg，标准差为 0.27，变异系数为 0.40。土壤有效钼含量状况为丰富。土壤有效钼分级面积情况如表 4-98 所示。

表 4-98 土壤有效钼分级面积情况

级　别	1	2	3	4	5
分级标准(mg/kg)	＞0.3	0.2～0.3	0.15～0.2	0.1～0.15	＜0.1
等级面积(hm^2)	316653.93	0	0	0	0
总面积比例(%)	100	0	0	0	0

按照山东省土壤有效钼分级标准，对样品在各级出现的百分率进行统计。土壤有效钼高于 0.3mg/kg 的样本有 1729 个，占总样本数的 100%。土壤有效钼分级分布情况如表 4-99 所示。

表 4-99 土壤有效钼分级分布情况

级　别	1	2	3	4	5
分级标准(mg/kg)	＞0.3	0.2～0.3	0.15～0.2	0.1～0.15	＜0.1
样本(个)	1729	0	0	0	0
百分比(%)	100	0	0	0	0

1. 不同土壤类型的有效钼

平度市不同土壤类型有效钼含量状况如表 4-100 所示。潮土有效钼含量为 0.38～1.71mg/kg，平均为 0.71mg/kg；褐土有效钼含量为 0.36～1.20mg/kg，平均为 0.65mg/kg；砂姜黑土有效钼含量为 0.33～1.97mg/kg，平均为 0.70mg/kg；棕壤有效钼含量为 0.30～6.10mg/kg，平均为 0.64mg/kg；盐土有效钼含量为 0.64～0.78mg/kg，平均为 0.73mg/kg。有效钼含量盐土最高，棕壤、褐土相对较低。

表 4-100 不同土壤类型有效钼含量状况

利用方式	样本(个)	最小值(mg/kg)	最大值(mg/kg)	平均(mg/kg)	标准差	变异系数
潮土	592	0.38	1.71	0.71	0.25	0.36
褐土	64	0.36	1.20	0.65	0.17	0.26
砂姜黑土	581	0.33	1.97	0.70	0.24	0.34
盐土	3	0.64	0.78	0.73	0.07	0.09
棕壤	489	0.30	6.10	0.64	0.33	0.52

平度市不同土壤类型有效钼分级分布情况如表 4-101 所示。各种土壤类型中，有效钼含量均为高于 0.3mg/kg 的样本，分布于各镇(街道办事处)。

表 4-101 不同土壤类型有效钼分级分布情况

分级标准(mg/kg)	潮土		褐土		砂姜黑土		棕壤		盐土	
	样本(个)	比例(%)	样本(个)	比例(%)	样本(个)	比例(%)	样本(个)	比例(%)	样本(个)	比例(%)
>0.3	593	100	65	100	581	100	490	100	3	100
0.2～0.3	0	0	0	0	0	0	0	0	0	0
0.15～0.2	0	0	0	0	0	0	0	0	0	0
0.1～0.15	0	0	0	0	0	0	0	0	0	0

2. 不同利用方式的有效钼

平度市不同利用方式土壤有效钼含量状况如表 4-102 所示。粮田土壤有效钼含量为 0.30～1.97mg/kg,平均为 0.64mg/kg;菜地土壤有效钼含量为 0.30～1.71mg/kg,平均为 0.84mg/kg;园地土壤有效钼含量为 0.30～6.10mg/kg,平均为 0.59mg/kg。有效钼含量菜地最高,粮田次之,园地最低。

表 4-102 不同利用方式土壤有效钼含量状况

利用方式	样本(个)	最小值(mg/kg)	最大值(mg/kg)	平均(mg/kg)	标准差	变异系数
粮田	892	0.30	1.97	0.64	0.20	0.32
菜地	487	0.30	1.71	0.84	0.27	0.32
园地	350	0.30	6.10	0.59	0.33	0.56

平度市不同利用方式土壤有效钼分级分布情况如表 4-103 所示。各种利用方式中,有效钼含量均为高于 0.3mg/kg 的样本,分布于各镇(街道办事处)。

表 4-103 不同利用方式土壤有效钼分级分布情况

分级标准(mg/kg)	粮田		菜地		园地	
	样本(个)	比例(%)	样本(个)	比例(%)	样本(个)	比例(%)
>0.3	892	100	487	100	350	100
0.2～0.3	0	0	0	0	0	0
0.15～0.2	0	0	0	0	0	0
0.1～0.15	0	0	0	0	0	0

(二)缺钼症状与防治

植物缺钼所呈现的症状有两种类型。一种是脉间叶色变淡、发黄,类似于缺氮和缺硫的症状,但缺钼时叶片易出现斑点,边缘发生焦枯并向内卷曲,并由于组织失水而呈萎蔫。

一般老叶先出现症状，新叶在相当长时间内仍表现正常。另一种是十字花科植物常见的症状，即表现为叶片瘦长畸形，螺旋状扭曲，老叶变厚、焦枯。

防治：土壤施用钼酸铵或钼酸钠等，每公顷150～300g；以0.05%～0.1%钼酸铵或钼酸钠溶液叶面喷施，每周一次至症状消失。

七、土壤有效硅

硅是对有些植物的生长发育有良好作用的“有益元素”。资料记载，硅对禾本科等植物的生长有益。土壤中的有效硅，易被作物吸收，以无机胶体形态存在，其含量与土壤及黏土矿物、土壤酸碱度、土壤温度、有机酸及水分含量有关。土壤有效硅是衡量土壤供硅能力的重要指标。

（一）土壤有效硅分级与分布

平度市为了调查分析土壤有效硅含量状况，按照不同土壤类型、不同种植作物进行了土样采集，共采集化验样品1922个，土壤有效硅含量为22.7～200.0mg/kg，平均为92.3mg/kg，标准差为31.98，变异系数为0.35。土壤有效硅含量状况为缺乏。土壤有效硅分级面积情况如表4-104所示。

表4-104　土壤有效硅分级面积情况

级　别	1	2	3	4	5	6
分级标准(mg/kg)	＞300	200～300	150～200	100～150	50～100	＜50
等级面积(hm^2)	0	0	538.31	112918.79	188060.77	15136.06
总面积比例(%)	0	0	0.17	35.66	59.39	4.78

按照山东省土壤有效硅分级标准，对样品在各级出现的百分率进行统计。土壤有效硼为100～150mg/kg的样本有732个，占总样本数的38.09%，主要分布在明村、仁兆、麻兰等地；50～100mg/kg的样本有952个，占总样本数的49.53%，主要分布在万家、张戈庄、蓼兰等地。土壤有效硅分级分布情况如表4-105所示。

表4-105　土壤有效硅分级分布情况

级　别	1	2	3	4	5	6
分级标准(mg/kg)	＞300	200～300	150～200	100～150	50～100	＜50
样本(个)	0	0	75	732	952	163
百分比(%)	0	0	3.90	38.09	49.53	8.48

1. 不同土壤类型的有效硅

平度市不同土壤类型有效硅含量状况如表4-106所示。潮土有效硅含量为29.8～200.0mg/kg，平均为92.2mg/kg；褐土有效硅含量为23.1～200.0mg/kg，平均为116.2mg/kg；砂姜黑土有效硅含量为34.6～200.0mg/kg，平均为106.1mg/kg；棕壤有效硅含量为22.7～200.0mg/kg，平均为72.8mg/kg；盐土有效硅含量为99.8～

102.8mg/kg,平均为100.8mg/kg。有效硅含量褐土最高,棕壤最低。

表 4-106 不同土壤类型有效硅含量状况

利用方式	样本(个)	最小值(mg/kg)	最大值(mg/kg)	平均(mg/kg)	标准差	变异系数
潮土	660	29.8	200.0	92.2	29.44	0.32
褐土	71	23.1	200.0	116.2	32.83	0.28
砂姜黑土	646	34.6	200.0	106.1	27.84	0.26
盐土	3	99.8	102.8	100.8	1.41	0.01
棕壤	542	22.7	200.0	72.8	28.74	0.39

平度市不同土壤类型有效硅分级分布情况如表4-107所示。潮土中有效硅含量以50～100mg/kg为主,占总样本数的54.85%,主要分布在仁兆、香店等;褐土中有效硅含量以100～150mg/kg为主,占总样本数的74.65%,主要分布在兰底、马戈庄等地;砂姜黑土中有效硅含量以100～150mg/kg为主,占总样本数的53.1%,主要分布在兰底、白埠等地;棕壤土中有效硅含量以50～100mg/kg为主,占总样本数的59.78%,主要分布在旧店、云山等地。

表 4-107 不同土壤类型有效硅分级分布情况

分级标准(mg/kg)	潮土		褐土		砂姜黑土		棕壤		盐土	
	样本(个)	比例(%)	样本(个)	比例(%)	样本(个)	比例(%)	样本(个)	比例(%)	样本(个)	比例(%)
150～200	18	2.73	6	8.46	41	6.35	11	2.03	0	0
100～150	238	36.06	53	74.65	343	53.10	98	18.08	1	33.33
50～100	362	54.85	10	14.08	254	39.32	324	59.78	2	66.67
<50	42	6.36	2	2.82	8	1.24	109	20.11	0	0

2. 不同利用方式的有效硅

平度市不同利用方式土壤有效硅含量状况如表4-108所示。粮田土壤有效硅含量为24.5～197.4mg/kg,平均为98.2mg/kg;菜地土壤有效硅含量为34.6～200.0mg/kg,平均为106.9mg/kg;园地土壤有效硅含量为22.7～165.7mg/kg,平均为56.8mg/kg。有效硅含量菜地最高,粮田次之,园地最低。

表 4-108 不同利用方式土壤有效硅含量状况

利用方式	样本(个)	最小值(mg/kg)	最大值(mg/kg)	平均(mg/kg)	标准差	变异系数
粮田	993	24.5	197.4	98.2	27.84	0.28
菜地	541	34.6	200.0	106.9	29.29	0.27
园地	388	22.7	165.7	56.8	15.58	0.27

平度市不同利用方式土壤有效硅分级分布情况如表 4-109 所示。粮田有效硅含量以 50～100mg/kg 为主，占总样本数的 53.47%，主要分布在张舍、崔家集、蓼兰等地；菜地有效硅含量以 100～150mg/kg 为主，占总样本数的 61%，主要分布在明村、南村、麻兰等地；园地有效硅含量以 50～100mg/kg 为主，占总样本数的 64.69%，主要分布在店子、祝沟、大泽山。

表 4-109 不同利用方式土壤有效硅分级分布情况

分级标准(mg/kg)	粮田		菜地		园地	
	样本(个)	比例(%)	样本(个)	比例(%)	样本(个)	比例(%)
150～200	38	3.82	35	6.47	2	0.52
100～150	399	40.18	330	61.00	3	0.77
50～100	531	53.47	170	31.42	251	64.69
＜50	25	2.52	6	1.11	132	34.02

(二)缺硅症状与防治

硅素对于禾谷类作物，特别是水稻的生长有良好的作用。当水稻硅素不足时，茎叶生长软弱，易倒伏，植株易感染稻瘟病和其他病害。麦类作物硅素不足时，抗寒能力差，遭遇严寒时下部叶片下垂甚至茎叶枯萎，叶片上有时出现黑褐色斑点，叶柔软易感病倒伏。硅素对甘蔗、甜菜等作物都有良好的作用。在田间条件下，当甘蔗叶片中 SiO_2 的含量低于 3%时，生长明显降低，进一步缺硅则表现出叶雀斑病的典型症状。黄瓜、番茄对硅的需求也很强烈，缺硅时，生长点停滞，新生叶畸形甚至凋落，植株枯萎，叶片黄化，开花少，授粉差，花药退化，出现"花而不孕"。

防治：增加硅肥的施用，一类是水溶性硅肥，如硅酸钙、硅酸钠、偏硅酸钠和硅酸钾等，主要用于叶面施肥，另一类是利用各种工业固体矿物加工而成的硅肥，是一种以含硅酸钙为主的枸溶性矿物肥料，主要用于土壤施肥。

第五章 耕地地力评价

耕地是土地的精华，是农业生产中不可替代的重要生产资料，是保持社会和国民经济可持续发展的重要资源。保护耕地是我国的基本国策之一。因此，及时掌握耕地资源的数量、质量及其变化，对于合理规划和利用耕地，切实保护耕地有十分重要的意义。在全面的野外调查和室内化验分析，获取大量耕地地力相关信息的基础上，对平度市耕地地力进行综合评价，评价结果可以摸清平度市耕地地力的现状及问题，为耕地资源的高效和可持续利用提供重要的科学依据。

第一节 评价的原则、依据及流程

一、评价的原则、依据

(一)评价的原则

耕地地力就是耕地的生产能力，是在一定区域内的一定的土壤类型上，耕地的土壤理化性状、所处自然环境条件、农田基础设施及耕作施肥管理水平等因素的总和。根据评价的目的要求，在平度市耕地地力评价中，遵循的基本原则有 4 条。

1. 综合因素研究与主导因素分析相结合原则

土地是一个自然经济综合体，是人们利用的对象，对土地质量的鉴定涉及自然和社会经济多个方面，耕地地力也是各类要素的综合体现。所谓综合因素研究，是指对地形地貌、土壤理化性状、相关社会经济因素的总体进行全面的研究、分析与评价，以全面了解耕地地力状况。主导因素是指对耕地地力起决定作用的、相对稳定的因子，在评价中要着重对其进行研究分析。因此，把综合因素与主导因素结合起来进行评价，则可以对耕地地力作出科学准确的评定。

2. 共性评价与专题研究相结合原则

平度市耕地利用有粮田、菜地和园地等多种方式，土壤理化性状、环境条件、管理水平等不一，因此，耕地地力水平存在较大差异。考虑县域内耕地地力的系统性、可比性，一方面宜选用统一、共同的评价指标和标准，即耕地地力的评价不针对某一特定的利用方式，另一方面为了了解不同利用方式的耕地地力状况及其内部的差异情况，选择有代表性的菜地进行专题、深入研究，使共性评价与专题研究相结合，整个评价和研究具有更大的应用价值。

3. 定量和定性相结合原则

土地系统是一个复杂的灰色系统，定量和定性要素共存，相互作用，相互影响。因此，为了保证评价结果的客观合理，宜采用定量和定性评价相结合的方法。在总体上，为了保证评价结果的客观合理，尽量采用定量评价方法，对可定量化的评价因子如有机质等养分含量、土层厚度等按其数值参与计算，对非可定量化的定性因子如土壤表层质地、土体构型等则进行量化处理，确定其相应的指数，并建立评价数据库，以计算机进行运算和处理，尽量避免人为随意性因素影响。在评价因素筛选、权重确定、评价标准、等级确定等评价过程中，尽量采用定量化的数学模型，在此基础上则充分运用人工智能和专家知识，对评价的中间过程和评价结果进行必要的定性调整，定量与定性相结合，从而保证评价结果的准确合理。

4. 采用卫星遥感和 GIS 支持的自动化评价方法原则

自动化、定量化的土地评价技术方法是当前土地评价的重要方向之一。近年来，随着计算机技术，特别是 GIS 技术在土地评价中的不断应用和发展，基于 GIS 技术进行自动定量化评价的方法已不断成熟，使土地评价的精度和效率大大提高。本次的耕地地力评价工作将采用最新 SPOT-5 卫星遥感数据提取和更新耕地资源现状信息，通过数据库建立、评价模型及其与 GIS 空间叠加等分析模型的结合，实现全数字化、自动化的评价流程，在一定程度上代表了当前土地评价的最新技术方法。

（二）评价的依据

耕地地力是耕地本身的生产能力，因此，耕地地力的评价则依据与此相关的各类自然和社会经济要素，具体包括三方面。

1. 耕地地力的自然环境要素

耕地地力的自然环境要素包括耕地所处的地形地貌条件、水文地质条件、成土母质条件以及土地利用状况等。

2. 耕地地力的土壤理化要素

耕地地力的土壤理化要素包括土壤剖面与土体构型、耕层厚度、质地、容重等物理性状，有机质、氮、磷、钾、微量元素、pH、交换量等化学性状。

3. 耕地地力的农田基础设施条件

耕地地力的农田基础设施条件包括耕地的灌排条件、水土保持工程建设、培肥管理条件等。

二、评价的流程

整个评价主要内容可分为三方面，按先后的次序分别为：

（一）资料工具准备及数据库建立

即根据评价的目的、任务、范围、方法，收集、准备与评价有关的各类自然及社会经济资料，进行资料的分析处理。选择适宜的计算机硬件和 GIS 等分析软件，建立耕地地力评价基础数据库。

（二）耕地地力评价

划分评价单元，提取影响地力的关键因素并确定权重，选择相应评价方法，制定评价标准，确定耕地地力等级。

（三）评价结果分析

依据评价结果，量算各等级耕地面积，编制耕地地力分布图，分析耕地地力问题，提出耕地资源可持续利用的措施建议。

评价的工作流程如图 5-1 所示。

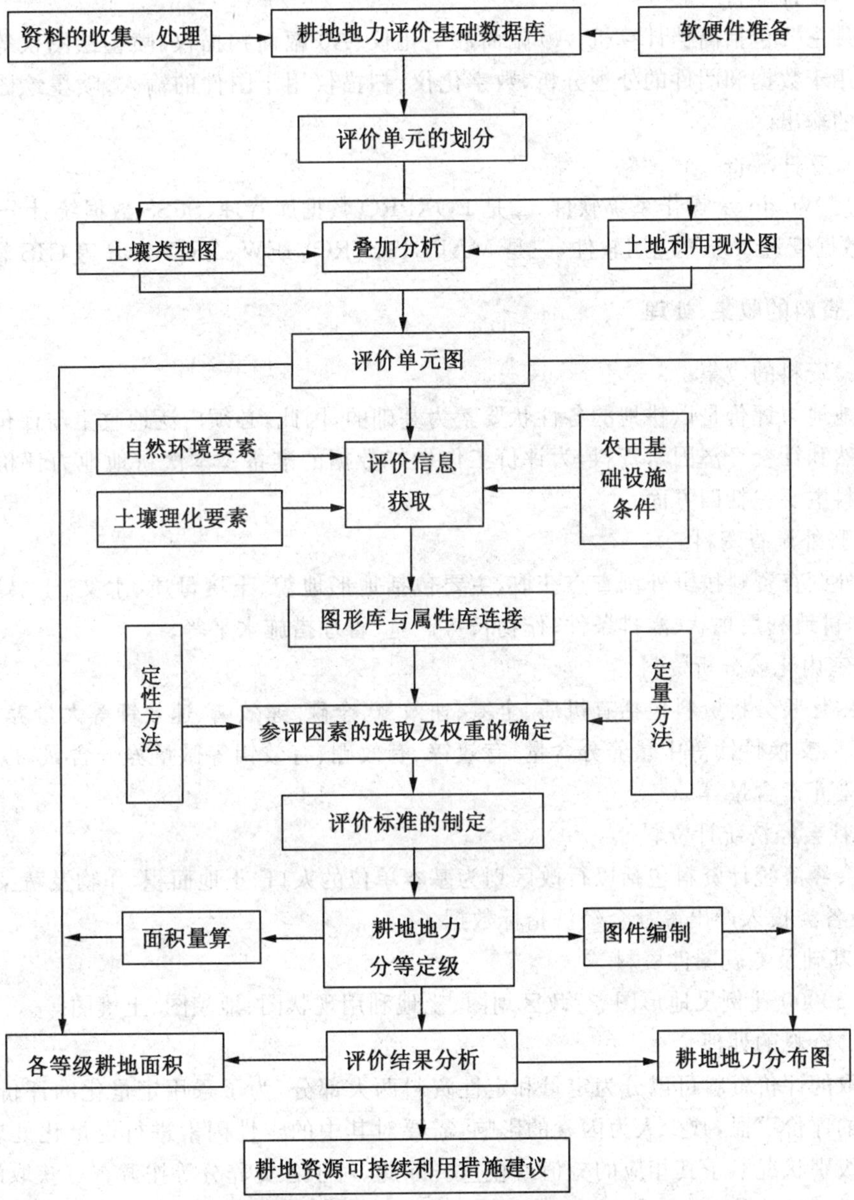

图 5-1　耕地地力评价工作流程图

第二节 软硬件准备、资料收集处理及基础数据库建立

一、软硬件准备

(一)硬件准备

硬件主要包括高档计算机、A0 幅面数字化仪、A0 幅面扫描仪、喷墨绘图仪等。计算机主要用于数据和图件的处理分析,数字化仪、扫描仪用于图件的输入,喷墨绘图仪用于成果图的输出。

(二)软件准备

一是 Windows 操作系统软件,二是 FOXPRO 数据库管理、SPSS 数据统计分析/ACCESS 数据管理系统等应用软件,三是 MAPGIS、ARCVIEW、ARCMAP 等 GIS 软件。

二、资料的收集、处理

(一)资料的收集

耕地地力评价是以耕地的各性状要素为基础的,因此,必须广泛地收集与评价有关的各类自然和社会经济因素资料,为评价工作做好数据的准备。本次耕地地力评价收集获取的资料主要包括四方面。

1. 野外调查资料

野外调查资料按野外调查点获取,主要包括地形地貌、土壤母质、水文、土层厚度、表层质地、耕地利用现状、灌排条件、作物长势产量、管理措施水平等。

2. 室内化验分析资料

室内化验分析资料包括有机质、全氮、速效氮、全磷、速效磷、速效钾等大量养分含量,交换性钙、交换性镁等中量养分含量,有效锌、有效硼、有效钼等微量养分含量,以及 pH、土壤污染元素含量等。

3. 社会经济统计资料

社会经济统计资料包括以行政区划为基本单位的人口、土地面积、作物及蔬菜瓜果面积,以及各类投入产出等社会经济指标数据。

4. 基础及专题图件资料

1∶50000 比例尺地形图、行政区划图、土地利用现状图、地貌图、土壤图等。

(二)资料的处理

获取的评价资料可以分为定量和定性资料两大部分,为了采用定量化的评价方法和自动化的评价手段,减少人为因素的影响,需要对其中的定性因素进行定量化处理,根据因素的级别状况赋予其相应的分值或权重。除此,对于各类养分等按调查点获取的数据,则需要进行插值处理,生成各类养分图。

1. 定性因素的量化处理

土壤表层质地:考虑不同质地类型的土壤肥力特征,以及与作物生长发育的关系,赋予不同质地类别以相应的分值,如表 5-1 所示。

表 5-1 土壤表层质地的量化处理

质地类别	中 壤	轻 壤	重 壤	沙 壤	砂 土
分值	100	95	80	70	55

土体构型：首先以土层质地类别和其在土体中的部位对各类土体构型进行归纳，根据不同的土体构型对作物生长发育的影响，赋予不同土体构型以相应的分值，如表 5-2 所示。

表 5-2 土体构型的量化处理

土体构型	中壤均质	中壤黏腰	轻壤黏腰	轻壤均质	中壤黏心	中壤砂姜腰	中壤砂腰	重壤均质	轻壤砂心	沙壤砂心	中 层	薄 层
分值	100	95	95	90	85	85	80	60	60	50	30	10

地貌类型：根据不同的地貌类型对耕地地力及作物生长的影响，赋予其相应的分值。如表 5-3 所示。

表 5-3 地貌类型的量化处理

地貌类型	缓平坡地	山前倾斜平地	山前缓平地	缓 岗	浅平洼地	槽状洼地	河谷高地	河漫滩	河谷梯田	近山阶地	坡麓梯田	荒坡岭
分值	100	97	95	93	90	87	84	80	60	40	20	10

障碍状况：考虑影响平度市耕地地力的主要障碍状况，将其障碍状况归纳为不同的类型，并根据其对耕地地力的影响程度进行量化处理，如表 5-4 所示。

表 5-4 障碍状况的量化处理

障碍状况	无障碍	浅 黏	夹砂或砂姜	砾 质	石渣土
分值	100	90	80	60	40

2. 各类养分专题图层的生成

对于土壤有机质、氮、磷、钾、锌、硼、钼等养分数据，首先按照野外实际调查点进行整理，建立以各养分为字段、以调查点为记录的数据库，其次进行土壤采样样点图与分析数据库的连接，在此基础上对各养分数据进行自动的插值处理。

对比了分别在 MAPGIS 和 ARCMAP 环境中的插值结果，发现 ARCMAP 环境中的插值结果线条更为自然圆滑，符合实际。因此，本研究中所有养分采样点数据均在 ARCMAP 环境下操作，利用其空间分析模块功能对各养分数据进行自动的插值处理，经编辑处理，自动生成各土壤养分专题栅格图。后续的耕地地力评价也以栅格形式进行，与矢量形式相比，它能够将各评价要素信息精确到栅格（像元）水平，可保证评价结果的准确性。图 5-2 和图 5-3 为在 ARCMAP 下插值生成的平度市土壤有机质、全氮含量分布栅格图。

图 5-2　平度市土壤有机质含量栅格图

图 5-3　平度市土壤全氮含量栅格图

3. 数字高程模型和坡度图的生成

利用平度市 1∶50000 地形图，扫描输入后进行矢量化，获得等高线及高程信息，自动插值生成数字高程模型(DEM)，在此基础上生成地形坡度，经编辑处理后形成坡度图和三维地势图，如图 5-4 所示。

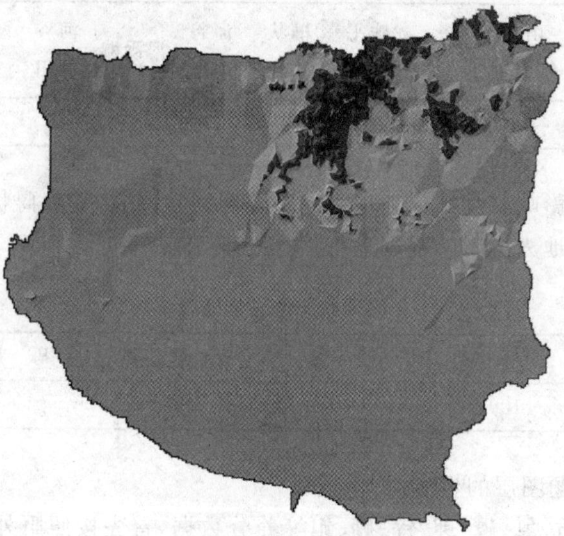

图 5-4　平度市三维地势图

三、基础数据库的建立

(一)基础属性数据库的建立

为更好地对数据进行管理和为后续工作提供方便，将采样点基本情况信息、农业生产情况信息、土壤理化性状化验分析数据、土壤污染元素化验分析数据等信息以调查点为基本数据库记录进行属性数据库的建立，作为后续耕地地力评价工作的基础。

（二）基础专题图图形库的建立

将扫描矢量化及插值等处理生成的各类专题图件，在 ARCMAP 和 MAPGIS 软件的支持下，分别以栅格形式和点、线、区文件的形式进行存储和管理，同时将所有图件统一转换到相同的地理坐标系统下，以进行图件的叠加等空间操作，各专题图图斑属性信息通过键盘交互式输入或通过与属性库挂接读取，构成基本专题图图形数据库。图形库与基础属性库之间通过调查点相互连接。

第三节 评价单元的划分及评价信息的提取

一、评价单元的划分

评价单元是由对土地质量具有关键影响的各土地要素组成的空间实体，是土地评价的最基本单位、对象和基础图斑。同一评价单元内的土地自然基本条件、个体属性和经济属性基本一致，不同土地评价单元之间，既有差异性，又有可比性。耕地地力评价就是要通过对每个评价单元的评价，确定其地力级别，把评价结果落实到实地和编绘的土地资源图上。因此，土地评价单元划分的合理与否，直接关系到土地评价的结果以及工作量的大小。

目前，对土地评价单元的划分尚无统一的方法，有以土壤类型、以土地利用类型、以行政区划单位、以方里网等多种方法。本次平度市耕地地力评价土地评价单元的划分采用土壤图——土地利用现状图的叠置划分法，相同土壤单元及土地利用现状类型的地块组成一个评价单元，即“土地利用现状类型—土壤类型”的格式。其中，土壤类型划分到土种，土地利用现状类型划分到二级利用类型，制图区界以基于遥感影像的平度市最新土地利用现状图为准。为了保证土地利用现状的现实性，基于野外的实地调查对耕地利用现状进行修正，其中菜地进行了进一步的细分，到三级类型。同一评价单元内的土壤类型相同，利用方式相同，交通、水利、经营管理方式等基本一致。用这种方法划分评价单元可以反映单元之间的空间差异性，既使土地利用类型有了土壤基本性质的均一性，又使土壤类型有了确定的地域边界线，使评价结果更具综合性、客观性，可以较容易地将评价结果落实到实地。

通过图件的叠置和检索，将平度市耕地地力划分为 11239 个评价单元。

二、评价信息的提取

影响耕地地力的因子非常多，并且它们在计算机中的存储方式也不相同，因此，如何准确地获取各评价单元评价信息是评价中的重要一环。鉴于此，舍弃直接从键盘输入参评因子值的传统方式，采取将评价单元与各专题图件叠加采集各参评因素的信息。具体的做法是：按唯一标识原则为评价单元编号；在 ARCMAP 环境下，生成评价信息空间库和属性数据库；在 ARCMAP 环境下，从图形库中调出各化学性状评价因子的专题图，与评价单元图进行叠加计算出各因子的均值；保持评价单元几何形状不变，在耕地资源管理信息系统中直接对叠加后形成的图形的属性库进行“属性提取”操作，以评价单元为基本统计单位，按面积加权平均汇总评价单元立地条件评价因子的分值。

由此，得到图形与属性相连的、以评价单元为基本单位的评价信息，为后续耕地地力的评价奠定了基础。

第四节　参评因素的选取及其权重确定

正确地进行参评因素的选取并确定其权重，是科学地评价耕地地力的前提，直接关系到评价结果的正确性、科学性和社会可接受性。

一、参评因素的选取

参评因素是指参与评定耕地地力等级的耕地诸属性。影响耕地地力的因素很多，在本次平度市耕地地力评价中，根据平度市的区域特点，遵循主导因素原则、差异性原则、稳定性原则、敏感性原则，采用定量和定性方法结合，进行参评因素的选取。

（一）系统聚类方法

系统聚类方法用于筛选影响耕地地力的理化性状等定量指标，通过聚类将类似的指标进行归并，辅助选取相对独立的主导因子。利用 SPSS 统计软件进行土壤养分等化学性状的系统聚类，结果如图 5-5 所示。

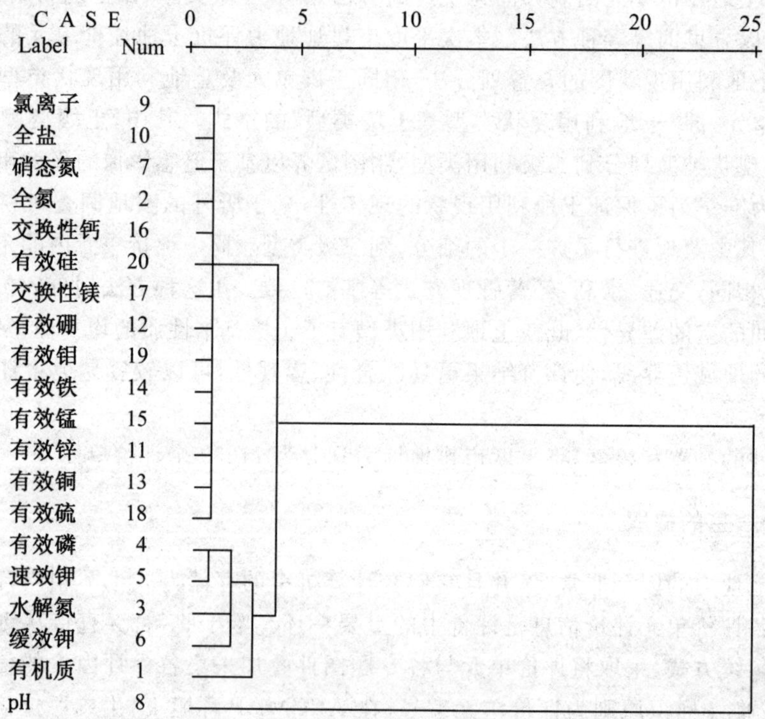

图 5-5　土壤养分等化学性状的聚类分析

可以看出，氯离子、全盐、硝态氮、全氮、交换性钙、有效硅、交换性镁、有效硼、有效钼、有效铁、有效锰、有效锌、有效铜、有效硫聚为一组，有效磷、速效钾、碱解氮、缓效钾聚为一组，有机质为一组，pH 为一组。

（二）DELPHI 法

用 DELPHI 法进行影响耕地地力的立地条件、物理性状等定性指标的筛选。确定了由土壤农业化学学者、专家及平度市土肥站业务人员组成的专家组，首先对指标进行分类，在此基础上进行指标的选取，并讨论确定最终的选择方案。

综合以上两种方法，在定量因素中根据各因素对耕地地力影响的稳定性，以及营养元素的全面性，在聚类分析第一组中选取有效锌、有效硼为参评因素，第二组中选取有效磷、速效钾为参评因素，第三组选取有机质为参评因素。结合专家组选择结果，最后确定灌溉保证率、坡度、地形地貌、耕层质地、剖面构型、障碍层状况、土层厚度、有机质、大量元素（速效钾、有效磷）、微量元素（有效锌、有效硼）等 12 项因素作为耕地地力评价的参评指标。

二、权重的确定

在耕地地力评价中，需要根据各参评因素对耕地地力的贡献确定权重。确定权重的方法很多，本评价中采用层次分析法（AHP）来确定各参评因素的权重。

层次分析法是在定性方法基础上发展起来的定量确定参评因素权重的一种系统分析方法。这种方法可将人们的经验思维数量化，用以检验决策者判断的一致性，有利于实现定量化评价。层次分析法确定参评因素的步骤如下：

（一）建立层次结构

耕地地力为目标层（G 层），影响耕地地力的立地条件、物理性状、化学性状为准则层（C 层），再把影响准则层中各元素的项目作为指标层（A 层），其结构关系如图 5-6 所示。

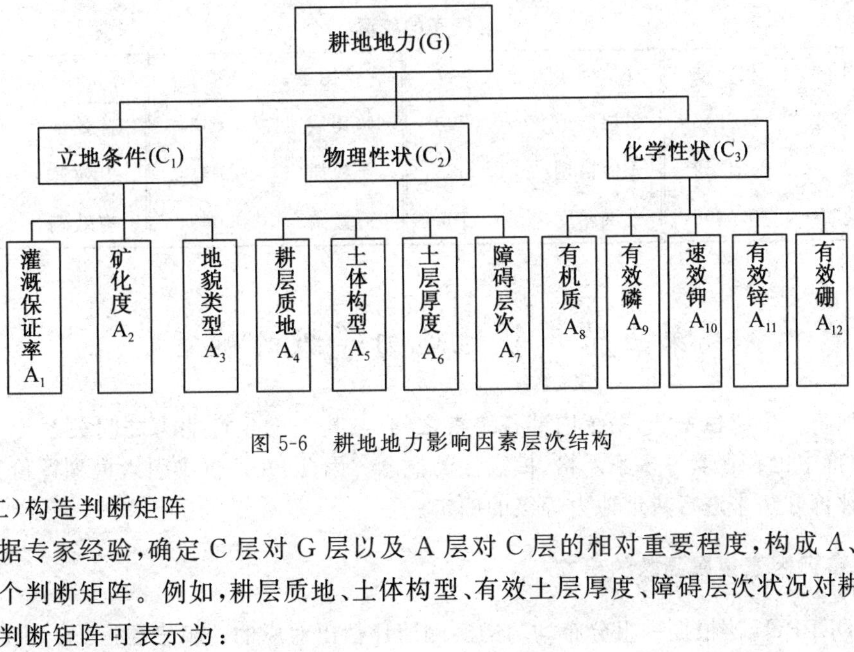

图 5-6　耕地地力影响因素层次结构

（二）构造判断矩阵

根据专家经验，确定 C 层对 G 层以及 A 层对 C 层的相对重要程度，构成 A、C_1、C_2、C_3 共 4 个判断矩阵。例如，耕层质地、土体构型、有效土层厚度、障碍层次状况对耕地物理性状的判断矩阵可表示为：

$$C_2=\begin{pmatrix} a_{11} & a_{12} & a_{13} & a_{14} \\ a_{21} & a_{22} & a_{23} & a_{24} \\ a_{31} & a_{32} & a_{33} & a_{34} \\ a_{41} & a_{42} & a_{43} & a_{44} \end{pmatrix}=\begin{pmatrix} 1 & 1.25 & 0.7143 & 1.6667 \\ 0.8 & 1 & 0.5714 & 1.3333 \\ 1.4 & 1.75 & 1 & 2.3333 \\ 0.6 & 0.75 & 0.4286 & 1 \end{pmatrix}$$

式中，a_{ij}（i 为矩阵的行号，j 为矩阵的列号）表示对 C_2 而言，a_i 对 a_j 的相对重要性的数值。

（三）层次单排序及一致性检验

层次单排序及一致性检验，即求取 A 层对 C 层的权数值，可归结为计算判断矩阵的最大特征根对应的特征向量。利用 SPSS 等统计软件，得到的各权数值及一致性检验的结果如表5-5所示。

表 5-5 权数值及一致性检验结果

矩 阵		特征向量				C_I	C_R
矩阵 A		0.4186	0.3488	0.2326		−0.00000537	0.00000926<0.1
矩阵 C_1		0.1980	0.3564	0.4455		−0.00000369	0.0000575<0.1
矩阵 C_2	0.2159	0.2699	0.1542	0.3599		0.00000621	0.000069<0.1
矩阵 C_3	0.0787	0.0945	0.1181	0.2362	0.4724	0.00000549	0.0000491<0.1

可以看出，$C_R<0.1$，具有很好的一致性。

（四）层次总排序及一致性检验

经层次总排序，并进行一致性检验，结果为 $C_I=0.00000369$，$C_R=0.00000402$，具有满意的一致性，最后计算 A 层对 G 层的组合权数值，得到各因子的权重，最终结果如表5-6所示。

表 5-6 各因子的权重

评价因子	权 重	评价因子	权 重	评价因子	权 重	评价因子	权 重
灌溉保证率	0.2248	耕层质地	0.0790	障碍层	0.0474	速效钾	0.0556
坡度	0.1252	土体构型	0.0632	有机质	0.0834	有效锌	0.0278
地形地貌	0.0996	土层厚度	0.1106	有效磷	0.0694	有效硼	0.0139

第五节 耕地地力等级的确定

土地是一个灰色系统，系统内部各要素之间、与耕地的生产能力之间关系十分复杂。此外，评价中也存在着许多不严格、模糊性的概念。因此，在评价中引入模糊评价方法，采用模糊评价方法来进行耕地地力等级的确定。

一、参评因素隶属函数的建立

用 DELPHI 法根据一组分布均匀的实测值评估出对应的一组隶属度，然后在计算机中绘制这两组数值的散点图，再根据散点图进行曲线模拟，寻求参评因素实际值与隶属度关系方程，从而建立起隶属函数。各参评因素的分级及其相应的专家赋值和隶属度如表5-7所示。

表 5-7 参评因素的分级及其分值

参评因素		分级及分值											
坡度	分级	0	0.2	0.5	1	3	5	7	10	15	25		
	分值	98	100	98	95	90	80	60	30	10	1		
	隶属度	0.98	1.00	0.98	0.95	0.90	0.80	0.60	0.30	0.10	0.01		
地形地貌	分级	缓平坡地	山前倾斜平地	山前缓平地	缓岗	浅平洼地	槽状洼地	河谷高地	河漫滩	河谷梯田	近山阶地	坡麓梯田	荒坡岭
	分值	100	97	95	93	90	87	84	80	60	40	20	10
	隶属度	1.00	0.97	0.95	0.93	0.90	0.87	0.84	0.80	0.60	0.40	0.20	
灌溉保证率	分级	80	70	60	50	30	10	0					
	分值	100	90	80	65	40	10	0					
	隶属度	1.00	0.90	0.80	0.65	0.40	0.10	0					
有机质	分级	2.0	1.8	1.6	1.4	1.2	1.0	0.8	0.6				
	分值	100	98	95	90	84	78	65	50				
	隶属度	1.00	0.98	0.95	0.90	0.84	0.78	0.65	0.50				
有效磷	分级	400	300	200	110	80	60	40	30	20	15	10	5
	分值	70	80	90	100	98	96	92	90	85	80	60	40
	隶属度	0.70	0.80	0.90	1.00	0.98	0.96	0.92	0.90	0.85	0.80	0.60	0.40
速效钾	分级	400	320	240	160	120	100	80	60				
	分值	100	98	93	85	82	78	70	50				
	隶属度	1.00	0.98	0.93	0.85	0.82	0.78	0.70	0.50				
有效锌	分级	2.0	1.5	1.2	1.0	0.8	0.5	0.3					
	分值	100	92	87	85	80	70	55					
	隶属度	1.00	0.92	0.87	0.85	0.80	0.70	0.55					
有效硼	分级	1.8	1.5	1.2	1.0	0.8	0.5	0.2					
	分值	100	95	87	85	80	70	55					
	隶属度	1.00	0.95	0.87	0.85	0.80	0.70	0.55					

续表

参评因素		分级及分值											
耕层质地	分级	中壤	轻壤	重壤	沙壤	砂土							
	分值	100	95	80	70	55							
	隶属度	1.00	0.95	0.80	0.70	0.55							
障碍层	分级	其他	浅黏	夹砂砂姜	砾质	石渣土							
	分值	100	90	80	60	40							
	隶属度	1.00	0.90	0.80	0.60	0.40							
剖面构型	分级	中壤均质	中壤黏腰	轻壤黏腰	轻壤均质	中壤黏心	中壤砂姜腰	中壤砂腰	重壤均质	轻壤砂心	沙壤砂心	中层	薄层
	分值	100	95	95	90	85	85	80	60	60	50	30	10
	隶属度	1.00	0.95	0.95	0.90	0.85	0.85	0.80	0.60	0.60	0.50	0.30	0.10
有效土层	分级	150	130	110	90	70	50	30					
	分值	100	95	88	70	55	35	10					
	隶属度	1.00	0.95	0.88	0.70	0.55	0.35	0.10					

通过模拟，共得到正直线型、戒上型、戒下型 3 种类型的隶属函数，其中有效磷属于以上两种或两种以上的复合型隶属函数，地貌类型、质地等描述性的因素属于正直线型隶属函数，然后根据隶属函数计算各参评因素的单因素评价评语。以有机质为例绘制的散点图和模拟曲线如图 5-7 和图 5-8 所示。

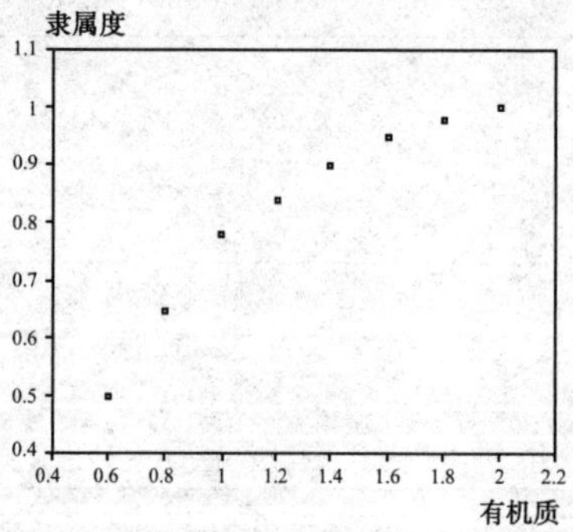

图 5-7　有机质与隶属度关系散点图

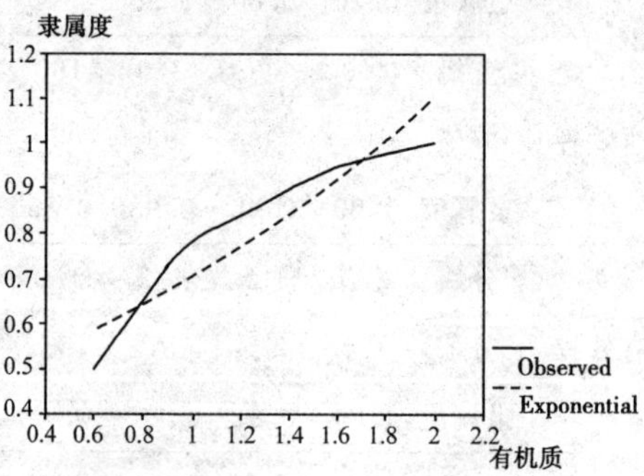

图 5-8　有机质与隶属度关系曲线

其隶属函数为戒上型，形式为：

$$
Y=\begin{cases} 0 & (x \leqslant x_t) \\ 1/[1+A\times(x-C)^2] & (x_t<x<C) \\ 1 & (C\leqslant x) \end{cases}
$$

各参评因素类型及其隶属函数如表 5-8 所示。

表 5-8 参评因素类型及其隶属函数

函数类型	参评因素	隶属函数	A	C	U_t
戒上型	有机质(g/kg)	$y=1/[1+A(x-C)^2]$	0.543	1.822	0.35
戒上型	速效钾(mg/kg)	$y=1/[1+A(x-C)^2]$	0.00000760	327.836	15
戒上型 <110	有效磷(mg/kg)	$y=1/[1+A(x-C)^2]$	0.0000992	80.159	3
戒下型 >110			0.00000742	111.967	450
戒上型	有效锌(mg/kg)	$y=1/[1+A(x-C)^2]$	0.245	1.924	0.1
戒上型	有效硼(mg/kg)	$y=1/[1+A(x-C)^2]$	0.251	1.879	0.1
正直线型	地貌类型(分值)	$y=Ax$	0.01	100	0
正直线型	剖面构型(分值)	$y=Ax$	0.01	100	0
正直线型	障碍层状况(分值)	$y=Ax$	0.01	100	0
正直线型	耕层质地(分值)	$y=Ax$	0.01	100	0
正直线型	坡度(分值)	$y=Ax$	0.01	100	0
正直线型	灌溉保证率(分值)	$y=Ax$	0.01	100	0
正直线型	有效土层(分值)	$y=Ax$	0.01	100	0

二、耕地地力等级的确定

(一)计算耕地地力综合指数

用指数和法来确定耕地的综合指数,公式为:

$$\mathrm{IFI}=\sum F_i \times C_i$$

式中,IFI(Integrated Fertility Index)代表耕地地力综合指数;F_i为第 i 个因素评语;C_i为第 i 个因素的组合权重。

具体操作过程:在县域耕地资源管理信息系统中,在“专题评价”模块中编辑立地条件、物理性状和化学性状的层次分析模型以及各评价因子的隶属函数模型,然后选择“耕地生产潜力评价”功能进行耕地地力综合指数的计算。

(二)确定最佳的耕地地力等级数目

计算耕地地力综合指数之后,在耕地资源管理信息系统中选择累积曲线分级法进行评价,根据曲线斜率的突变点(拐点)来确定等级的数目和划分综合指数的临界点,将平度市耕地地力划分为 6 个级别。各等级耕地地力综合指数如表 5-9 所示,综合指数分布如图 5-9 所示。

表 5-9 平度市耕地地力等级综合指数

IFI	>0.9008	0.8315~0.9008	0.7461~0.8315	0.6457~0.7461	0.5212~0.6457	<0.5212
耕地地力等级	一级地	二级地	三级地	四级地	五级地	六级地

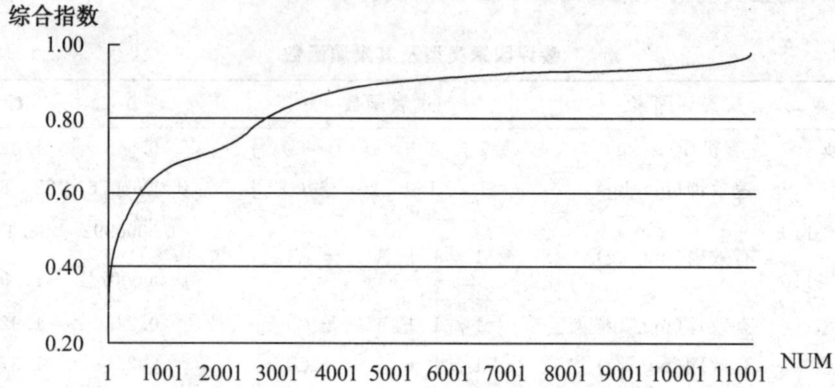

图 5-9 平度市综合指数分布图

第六节 成果图编制及面积量算

一、成果图编制

为了提高制图的效率和准确性，在地理信息系统软件 MAPGIS 的支持下，进行平度市耕地地力评价图及相关图件的自动编绘处理，其步骤大致分以下几步：扫描矢量化各基础图件→编辑点、线→点、线校正处理→统一坐标系→区编辑并对其赋属性→根据属性赋颜色→根据属性加注记→图幅整饰输出。另外，还充分发挥 MAPGIS 强大的空间分析功能，用评价图与其他图件进行叠加，从而生成其他专题图件。如评价图与行政区划图叠加，进而计算各行政区划单位内的耕地地力等级面积等。

（一）专题图地理要素底图的编制

专题地图的地理要素内容是专题图的重要组成部分，用于反映专题内容的地理分布，并作为图幅叠加处理等的分析依据。地理要素的选择应与专题内容相协调，考虑到图面的负载量和清晰度，应选择基本的、主要的地理要素。

以平度市最新的土地利用现状图为基础，进行制图综合处理，选取主要的居民点、交通道路、水系、境界线等及其相应的注记，进而编辑生成 1∶50000 各专题图地理要素底图。

（二）耕地地力评价图的编制

以耕地地力评价单元为基础，根据各单元的耕地地力评价等级结果，对相同等级的相邻评价单元进行归并处理，得到各耕地地力等级图斑。在此基础上，分两个层次进行图面耕地地力等级的表示：一是颜色表示，赋予不同耕地地力等级以相应的颜色。二是代号表示，用罗马数字Ⅰ、Ⅱ、Ⅲ、Ⅳ、Ⅴ、Ⅵ表示不同的耕地地力等级，并在评价图相应的耕地地力图斑上注明。将评价专题图与以上的地理要素图复合，整饰得出平度市 1∶50000 耕地地力评价图。

（三）其他专题图的编制

对于有机质、速效钾、有效磷、有效锌等其他专题要素地图，则按照各要素的分级分别赋予相应的颜色，标注相应的代号，生成专题图层。之后与地理要素图复合，编辑处理生成专题图件，并进行图幅的整饰处理，最终得出专题图。

二、面积量算

面积的量算可通过与专题图相对应的属性库的操作直接完成。对耕地地力等级面积的量算，则可在 FOXPRO 数据库的支持下，对图件属性库进行操作，检索相同等级的面积，然后汇总得出各类耕地地力等级的面积，根据平度市图幅理论面积进行平差，得到准确的面积数值。对于不同行政区划单位内部、不同的耕地利用类型等的耕地地力等级面积的统计，则通过耕地地力评价图与相应的专题图进行叠加分析，由其相应属性库统计获得。

第六章　耕地地力分析

本次耕地地力分析，按照农业部耕地质量调查和评价的规程及相关标准，结合平度市实际情况，选取了对耕地地力影响较大、区域内变异明显、在时间序列上具有相对稳定性、与农业生产有密切关系的12个因素，建立评价指标体系。以土壤图与土地利用现状图叠加形成评价单元，应用模糊综合评判方法，通过综合分析，将平度市耕地划分为6个级别，根据评价结果进行耕地地力的系统分析。

第一节　耕地地力等级及空间分布

一、耕地地力等级面积与产量指标

利用MAPGIS软件，对评价图属性库进行操作，检索统计耕地各等级的面积和图幅总面积。以2008年平度市耕地总面积（177088.71hm^2）为基准，按面积比例均差，计算出各耕地地力等级面积。

平度市是山东省地域面积最大的县级市，耕地总面积为177088.71hm^2，占土地总面积的55.76%。其中一级地和二级地占耕地总面积的73.58%；三级地和四级地占耕地总面积的19.94%；五级地和六级地占耕地总面积的6.48%。一级地分布面积最大，占耕地总面积的58.11%。六级地分布面积最小，仅占耕地总面积的2.42%。

农业部于1997年颁布了《全国耕地类型区、耕地地力等级划分》农业行业标准。该标准根据粮食单产水平将全国耕地地力划分为10个等级，以产量表达耕地生产能力。因此，为便于和农业部分级标准相衔接，将耕地地力综合指数转换为标准作物产量，给各级地赋予了产量指标。根据耕地地力评价等级图，在与之相对应的每一个地力等级内共随机选取了210个农户（在每个地力等级内选取35个），根据农户基本情况调查表，计算出每个农户近三年实际的年平均产量（按照两年三熟，花生—小麦—玉米；经济作物统一折算为谷类作物产量，换算系数：小麦1.07、玉米1.10、花生2.11），将数据进行相关分析，统计出各级地的产量指标，将用自然要素评价的耕地地力等级归入相应的标准作物产量表示的地力等级体系。平度市耕地地力等级面积、比例、标准作物产量状况如表6-1所示。

表 6-1　　耕地地力等级面积、比例、标准作物产量状况

国家地力等级	一级地	二级地	三级地	四级地	五级地	六级地	七级地	八级地	九级地	十级地
标准作物产量分级（kg/hm²）	>13500	12000～13500	10500～12000	9000～10500	7500～9000	6000～7500	4500～6000	3000～4500	1500～3000	<1500
面积（m²）	102902.68	27399.91	13640.62	21681.45	7182.74	4281.31	0	0	0	0
占耕地百分比（%）	58.11	15.47	7.70	12.24	4.06	2.42	0	0	0	0
产量（kg/hm²）	14343.7	13138.7	11583.6	10377.7	8989.2	7498.5	0	0	0	0

二、耕地地力空间分布分析

（一）耕地地力等级分布

一级地和二级地分布于平度市的大部分地区，主要集中在中南部地势平坦区，微地貌类型主要是槽状洼地、河滩高地、浅平洼地、山前缓平地。这一区域耕地地力情况较好，地势平坦，灌溉条件好，农业基础设施均配套成型，属于高产田类型。三级地、四级地多为南部平原区向北部丘陵区的过渡地带，从分布区域来看主要集中在平度市中西部、北部地区和南部的兰底镇，微地貌类型多为近山阶地、坡麓梯田、山前缓平地。这部分地区只要加大资金投入，完善基础设施，改善生产条件，产量就能大幅提高，属于中产田类型。五级地和六级地主要分布在北部丘陵区和山区。这些地区耕地坡度大，有效耕层薄，障碍层次明显，土壤肥力低，灌溉条件差或无灌溉条件，还有部分未利用土地，属于低产田类型。

从耕地地力等级的分布地域特征可以看出，等级的高低与灌溉条件、地貌类型、土壤类型、海拔高度之间存在着密切的关系，呈现明显的地域分布规律：随着耕地地力等级的降低，地貌类型沿着槽状洼地—山前缓平地—近山阶地—坡麓梯田—中低山岭坡方向变化；土壤类型由潮土、砂姜黑土、褐土向着棕壤土转化。

（二）耕地地力等级的行政区域划分

将平度市耕地地力等级分布图与平度市行政区划图进行叠置分析，从耕地地力等级行政区域分布数据库中，按权属字段检索出各等级的记录，统计出各级地在各地的分布状况，如表 6-2 所示。

可以看出，一级地、二级地在各地均有分布，所占比例较大的主要有明村、白埠、张戈庄、蓼兰、仁兆、崔家集、郭庄、万家、南村等；三级地、四级地所占比例较大的主要有兰底、云山、店子、门村等；五级地、六级地所占比例较大的有旧店、大田、云山等。

表 6-2 平度市耕地地力等级行政区域分布

镇(街道办事处)	项 目	一级地	二级地	三级地	四级地	五级地	六级地	合 计
旧店镇	面积(hm^2)	0	71.99	391.8	2236.73	1463.39	1635.49	5799.4
	百分比(%)	0	1.24	6.76	38.57	25.23	28.2	100
新河镇	面积(hm^2)	2153.12	1014.35	0	0	0	0	3167.48
	百分比(%)	67.98	32.02	0	0	0	0	100
长乐镇	面积(hm^2)	1561.77	823.06	3.12	0	0	0	2387.95
	百分比(%)	65.4	34.47	0.13	0	0	0	100
大田镇	面积(hm^2)	0	260.87	241.87	1016.4	1337.6	1535.25	4391.99
	百分比(%)	0	5.94	5.51	23.14	30.46	34.96	100
灰埠镇	面积(hm^2)	3305.07	3740.58	273.87	185.3	30.9	0	7535.72
	百分比(%)	43.86	49.64	3.63	2.46	0.41	0	100
大泽山镇	面积(hm^2)	17.63	242.49	294.28	253.41	157.39	27.5	992.71
	百分比(%)	1.78	24.43	29.64	25.53	15.85	2.77	100
祝沟镇	面积(hm^2)	547.34	2803.57	903.4	318.98	367.29	40.28	4980.85
	百分比(%)	10.99	56.29	18.14	6.4	7.37	0.81	100
店子镇	面积(hm^2)	647.42	321.79	833.65	4021.21	293.04	119.75	6236.86
	百分比(%)	10.38	5.16	13.37	64.47	4.7	1.92	100
崔召镇	面积(hm^2)	398.62	1779.7	1627.54	370.08	499.55	59.24	4734.73
	百分比(%)	8.42	37.59	34.37	7.82	10.55	1.25	100
张舍镇	面积(hm^2)	3583.24	2413.35	1393.95	595.11	7.8	0	7993.45
	百分比(%)	44.83	30.19	17.44	7.44	0.1	0	100
城关街道办事处	面积(hm^2)	5.83	135.06	431.76	736.71	548.59	122.48	1980.44
	百分比(%)	0.29	6.82	21.8	37.2	27.7	6.18	100
门村镇	面积(hm^2)	10.2	678.91	666.69	2991.11	413.33	98.94	4859.19
	百分比(%)	0.21	13.97	13.72	61.56	8.51	2.04	100
李园街道办事处	面积(hm^2)	250.12	673	601.65	986.2	861.32	374.99	3747.28
	百分比(%)	6.67	17.96	16.06	26.32	22.99	10.01	100
云山镇	面积(hm^2)	0	747.3	2283.85	2390.16	1150.99	267.38	6839.68
	百分比(%)	0	10.93	33.39	34.95	16.83	3.91	100
马戈庄镇	面积(hm^2)	3576.08	244.28	81.75	21.44	0	0	3923.56
	百分比(%)	91.14	6.23	2.08	0.55	0	0	100

续表

镇(街道办事处)	项 目	一级地	二级地	三级地	四级地	五级地	六级地	合 计
田庄镇	面积(hm^2)	5088.58	311.5	317.97	70.44	0	0	5788.5
	百分比(%)	87.91	5.38	5.49	1.22	0	0	100
明村镇	面积(hm^2)	9936.01	1041.3	287.21	220.6	0	0	11485.11
	百分比(%)	86.51	9.07	2.5	1.92	0	0	100
香店街道办事处	面积(hm^2)	869.92	1413.25	84.41	18.52	0	0	2386.11
	百分比(%)	36.46	59.23	3.54	0.78	0	0	100
麻兰镇	面积(hm^2)	1737.29	2243.57	645.49	30.33	7.29	0	4663.96
	百分比(%)	37.25	48.1	13.84	0.65	0.16	0	100
古岘镇	面积(hm^2)	3213.91	943.07	675.76	301.52	0	0	5134.26
	百分比(%)	62.6	18.37	13.16	5.87	0	0	100
同和街道办事处	面积(hm^2)	1921.92	424.4	4.4	0	0	0	2350.72
	百分比(%)	81.76	18.05	0.19	0	0	0	100
白埠镇	面积(hm^2)	10062.17	154.52	21.52	0	0	0	10238.2
	百分比(%)	98.28	1.51	0.21	0	0	0	100
张戈庄镇	面积(hm^2)	5237.71	1490.77	33.12	32.71	0	0	6794.32
	百分比(%)	77.09	21.94	0.49	0.48	0	0	100
蓼兰镇	面积(hm^2)	6164.84	325.45	0	0	0	0	6490.29
	百分比(%)	94.99	5.01	0	0	0	0	100
仁兆镇	面积(hm^2)	7800.39	992.84	0	0	0	0	8793.22
	百分比(%)	88.71	11.29	0	0	0	0	100
崔家集镇	面积(hm^2)	9637.25	55.3	0	0	0	0	9692.55
	百分比(%)	99.43	0.57	0	0	0	0	100
郭庄镇	面积(hm^2)	5443.99	51.23	0	0	0	0	5495.22
	百分比(%)	99.07	0.93	0	0	0	0	100
万家镇	面积(hm^2)	9635.39	904.63	0	0	0	0	10540.02
	百分比(%)	91.42	8.58	0	0	0	0	100
兰底镇	面积(hm^2)	3347.68	329.62	1522.91	4855	44.26	0	10099.47
	百分比(%)	33.15	3.26	15.08	48.07	0.44	0	100
南村镇	面积(hm^2)	6749.2	768.16	18.63	29.48	0	0	7565.48
	百分比(%)	89.21	10.15	0.25	0.39	0	0	100

第二节　耕地地力等级分述

一、一级地

(一)面积与分布

一级地综合评价指数高于0.9008,耕地面积为102902.68hm²,占平度市耕地总面积的58.11%,为全市耕地面积中最大的一个等级。其中水浇地面积为61551.22hm²,占一级地面积的59.81%;旱地面积为12430.38hm²,占一级地面积的12.08%;菜地面积为28921.07hm²,占一级地面积的28.11%(见表6-3)。

一级地主要分布于白埠、明村、崔家集、万家、南村、蓼兰、仁兆、郭庄、张戈庄、田庄、新河、长乐、灰埠、张舍、马戈庄、麻兰、古岘、兰底、同和等地,其中以白埠分布面积最大,为10062.17hm²,占一级地面积的9.78%。祝沟、店子、崔召、李园、香店等地有少量或零星分布,旧店和大田没有一级地分布。

表6-3　一级地各利用类型面积

利用类型	评价单元(个)	面积(hm²)	占耕地总面积(%)	占一级地面积(%)
水浇地	3696	61551.22	34.76	59.81
旱地	757	12430.38	7.02	12.08
菜地	1717	28921.07	16.33	28.11
合计	6170	102902.68	58.11	100

(二)主要属性分析

一级地土壤类型以砂姜黑土、潮土为主,兼有少量棕壤、褐土,如表6-4所示;土壤表层质地主要为轻壤和中壤,部分为沙壤、重壤,如表6-5所示;土体构型以轻壤均质、中壤砂姜腰、中壤砂姜心、轻壤砂姜腰为主,少数为沙壤均质、中壤均质、轻壤黏腰、中壤黏心等,如表6-6所示;部分土壤中存在砂姜、浅黏层障碍层次,如表6-7所示;微地貌类型以槽状洼地、浅平洼地、山前缓平地、河滩高地、微斜平地为主,如表6-8所示;坡度为0°～0.5°;土壤理化性状良好,易耕,耕作质量好,适耕期长;农田水利设施较为完善,灌排条件好,灌溉保证率均达到100%,如表6-9所示;土壤养分含量较高,如表6-10所示。

表6-4　一级地不同土壤类型分布状况

项　目	砂姜黑土	潮　土	棕　壤	褐　土	盐　土	合　计
面积(hm²)	68658.68	28216.96	4401.1	1625.93	0	102902.68
占一级地(%)	66.72	27.42	4.28	1.58	0	100

表 6-5 一级地不同表层质地分布状况

项目	砂土	沙壤	轻壤	中壤	重壤	合计
面积(hm^2)	0	2798.72	32279.3	63866.49	3958.17	102902.68
占一级地(%)	0	2.72	31.37	62.06	3.85	100

表 6-6 一级地不同土体构型分布状况

土体构型	沙壤均质	中层	薄层	沙壤砂心	轻壤砂心	轻壤均质	轻壤砂姜腰	中壤均质	轻壤黏腰
面积(hm^2)	2522.1	0	0	276.62	1699.59	19233.79	8228.38	4046.31	1287.7
占一级地(%)	2.45	0	0	0.27	1.65	18.69	8.00	3.93	1.25

土体构型	中壤黏心	轻壤砂腰	中壤砂姜腰	轻壤黏心	中壤砂姜心	轻壤砂姜心
面积(hm^2)	3850.05	283.22	43245.36	1044.61	16682.93	502.01
占一级地(%)	3.74	0.28	42.02	1.02	16.21	0.49

表 6-7 一级地不同障碍层次分布状况

项目	无	石渣土	夹砂	砂姜	浅黏	合计
面积(hm^2)	26287.68	0	2247.82	68658.68	5708.49	102902.68
占一级地(%)	25.55	0	2.18	66.72	5.55	100

表 6-8 一级地不同地貌类型分布状况

项目	低山丘陵合计	荒坡岭	近山阶地	石质山岭	近山高阶地	岭坡梯田	坡麓梯田	缓岗
面积(hm^2)	1554.13	0	15.98	0	4.4	0	0	1533.75
占一级地(%)	1.51	0	0.016	0	0.004	0	0	1.49

项目	平原合计	山前缓平地	河滩高地	微斜平地	洼地合计	槽状洼地	浅平洼地	河谷阶地合计	沿河阶地
面积(hm^2)	28646.53	10642.58	10922.19	7081.76	72701.02	14959.58	57742.44	0	0
占一级地(%)	27.84	10.34	10.61	6.88	70.65	14.54	56.11	0	0

表 6-9 一级地不同灌溉分区分布状况

项目	无灌溉区	一水区	二水区	三水区	四水区	合计
面积(hm^2)	0	0	0	0	102902.68	102902.68
百分比(%)	0	0	0	0	100	100

表 6-10 一级地主要养分含量状况

项 目	平均值	范围值	含量水平
有机质(g/kg)	14.2	5.7～24.3	中偏上
有效磷(mg/kg)	36.1	4.8～161.7	中偏上
速效钾(mg/kg)	143	47.97～513.95	中偏上
有效锌(mg/kg)	1.90	0.61～8.94	中偏上
有效硼(mg/kg)	0.54	0.13～1.26	中偏上
全氮(g/kg)	0.83	0.31～1.33	中偏上
碱解氮(mg/kg)	80	24～146	中偏上
缓效钾(mg/kg)	489	268～958	中偏下
交换性钙(mg/kg)	3948	1617～6031	中偏上
交换性镁(mg/kg)	532	266～784	中偏上
有效硫(mg/kg)	9.1	2.7～32	中偏上
有效锰(mg/kg)	20.05	1.80～99.12	中偏下
有效铜(mg/kg)	1.64	0.71－8.58	中偏下
有效铁(mg/kg)	24.05	4.18～130.65	中偏下
有效钼(mg/kg)	0.7	0.32～1.39	中偏上
有效硅(mg/kg)	103.09	44.20～177.01	中偏上

(三)存在问题

一是一级地为主要的粮油、蔬菜种植区,随着机械化程度的不断提高,粮油区劳动力投入相对减少,管理粗放,过量施用化肥现象明显,施用比例不合理,有机肥施用量偏少;二是因旋耕犁的多年使用,耕层较浅,一般在 15cm 左右;三是部分土壤存在砂姜、浅黏障碍层次;四是有些土壤养分尤其是有效锰、有效铜、有效铁微量元素含量相对较低;五是建设用地占用耕地较多。

(四)合理利用

一级地是平度市综合性能最好的耕地,各项评价指标均属良好型。土层厚,排灌性好,易于耕作,养分含量高,保肥、保水,适于各种作物生长,是平度市的粮、油、瓜、菜高产、丰产耕地,称为平度市的"粮袋子"和"菜篮子"。

该级地的利用方向是发展高产、优质、高效农业,如无公害蔬菜基地、日光温室、反季节瓜果栽培等。为此,应科学规划,严格控制建设用地违法占用等行为,加强保护和管理,做到用地、养地相结合,实现可持续利用。为此,应搞好以下工作:

(1)加大宣传力度,转变观念,提高认识,科学合理施肥。合理确定氮、磷、钾与微肥的比例和数量、施用时期和方法,最大限度地发挥各种肥料的增产潜力。

(2)实行秸秆还田,增施有机肥料,增加土壤有机质含量,培肥地力。

(3)每隔 1～2 年深耕一次,打破犁底层,增加耕层厚度,熟化土壤。

(4)蔬菜地适当减少化肥用量,合理调整养分投入比例,提高肥料利用率,防止土壤酸化、盐渍化。

(5)加大检测力度,确保农业灌溉、施肥、用药安全,搞好无公害生产。

二、二级地

(一)面积与分布

二级地综合评价指数为0.8315～0.9008,耕地面积为27399.91hm²,占平度市耕地总面积的15.47%。其中水浇地面积为16686.47hm²,占二级地面积的60.90%;旱地面积为7689.4hm²,占二级地面积的28.06%;菜地面积为3024.04hm²,占二级地面积的11.04%(见表6-11)。

二级耕地主要分布在灰埠、祝沟、崔召、张舍、香店、麻兰、张戈庄等地,其中以灰埠分布面积最大,为3740.58hm²,占二级地面积的13.65%。长乐、大田、大泽山、店子、门村、马戈庄、古岘、仁兆、万家、南村、同和等地有少量或零星分布。

表6-11 二级地各利用类型面积

利用类型	评价单元(个)	面积(hm²)	占耕地总面积(%)	占二级地面积(%)
水浇地	1079	16686.47	9.42	60.90
旱地	504	7689.4	4.34	28.06
菜地	230	3024.04	1.71	11.04
合计	1813	27399.91	15.47	100

(二)主要属性分析

二级地土壤类型以潮土、棕壤、砂姜黑土为主,兼有少量褐土,如表6-12所示;土壤表层质地主要是沙壤和轻壤,少量为中壤和重壤,如表6-13所示;土体构型以沙壤砂心、沙壤均质为主,有少量轻壤均质、轻壤砂心、轻壤砂姜腰、中壤砂姜腰等,如表6-14所示;障碍层次以夹砂层为主,如表6-15所示;微地貌类型以槽状洼地、河滩高地、近山阶地、浅平洼地、山前缓平地为主,如表6-16所示;坡度为0°～5°;土壤理化性状良好,易耕、耕作质量好、适耕期长;农田水利设施较为完善,灌排条件良好,灌溉保证率基本达到100%,如表6-17所示;土壤养分含量除碱解氮、速效钾、有效硫中偏下外,其他均比较高,如表6-18所示。

表6-12 二级地不同土壤类型分布状况

项 目	砂姜黑土	潮 土	棕 壤	褐 土	盐 土	合 计
面积(hm²)	2318.76	14141.46	9997.09	806.05	136.55	27399.91
占二级地(%)	8.46	51.61	36.49	2.94	0.50	100

表6-13 二级地不同表层质地分布状况

项 目	砂 土	沙 壤	轻 壤	中 壤	重 壤	合 计
面积(hm²)	0	22392.31	3388	1485.58	134.02	27399.91
占二级地(%)	0	81.72	12.37	5.42	0.49	100

表 6-14 二级地不同土体构型分布状况

土体构型	沙壤均质	中层	薄层	沙壤砂心	轻壤砂心	轻壤均质	轻壤砂姜腰	中壤均质
面积(hm^2)	7939.81	0	0	14452.49	603.16	1733.88	582.53	0
占二级地(%)	28.98	0	0	52.75	2.20	6.33	2.12	0

土体构型	轻壤黏腰	中壤黏心	轻壤砂腰	中壤砂姜腰	轻壤黏心	中壤砂姜心	轻壤砂姜心
面积(hm^2)	95.27	51.29	140.52	1484.97	64.71	83.34	167.93
占二级地(%)	0.35	0.19	0.51	5.42	0.24	0.30	0.61

表 6-15 二级地不同障碍层次分布状况

项目	无	石渣土	夹砂	砂姜	浅黏	合计
面积(hm^2)	9814.21	0	15055.66	2318.77	211.27	27399.91
占二级地(%)	35.82	0	54.95	8.46	0.77	100

表 6-16 二级地不同地貌类型分布状况

项目	低山丘陵合计	荒坡岭	近山阶地	石质山岭	近山高阶地	岭坡梯田	坡麓梯田	缓岗
面积(hm^2)	5316.11	8.13	4422.76	0	28.34	0	856.88	0
占二级地(%)	19.40	0.03	16.14	0	0.10	0	3.13	0

项目	平原合计	山前缓平地	河滩高地	微斜平地	洼地合计	槽状洼地	浅平洼地	河谷阶地合计	沿河阶地
面积(hm^2)	10112.84	6036.65	3882.53	193.66	11970.95	7201.88	4769.07	0	0
占二级地(%)	36.91	22.03	14.17	0.71	43.69	26.28	17.41	0	0

表 6-17 二级地不同灌溉分区分布状况

项目	无灌溉区	一水区	二水区	三水区	四水区	合计
面积(hm^2)	0	0	1035.38	394.66	25969.87	27399.91
百分比(%)	0	0	3.78	1.44	94.78	100

表 6-18 二级地主要养分含量状况

项目	平均值	范围值	含量水平
有机质(g/kg)	13.7	6.6～21.8	中等
有效磷(mg/kg)	34.4	3.8～159.2	中等
速效钾(mg/kg)	110	37～342	中偏下

续表

项　目	平均值	范围值	含量水平
有效锌(mg/kg)	1.74	0.72～7.45	中等
有效硼(mg/kg)	0.47	0.10～1.48	中等
全氮(g/kg)	0.75	0.30～1.22	中偏下
碱解氮(mg/kg)	74	27～151	中偏下
缓效钾(mg/kg)	499	273～977	中偏上
交换性钙(mg/kg)	3939	1582～6026	中偏上
交换性镁(mg/kg)	497	274～761	中偏上
有效硫(mg/kg)	8.8	1.5～28.5	中偏下
有效锰(mg/kg)	29.64	3.45～80.42	中偏上
有效铜(mg/kg)	1.91	0.65～11.23	中等
有效铁(mg/kg)	39.29	4.29～120.71	中偏上
有效钼(mg/kg)	0.66	0.32～1.29	中等
有效硅(mg/kg)	84.64	34.63～175.47	中偏下

(三)存在问题

二级地总体土壤地力较好，适宜种植粮、油、瓜、菜，但部分地区存在对农业生产的不利因素：一是部分土壤存在夹砂层和砂姜层等障碍性层次，土壤保水、保肥性差，不利于作物的生长；二是部分土壤养分比例不协调，尤其钾素和部分微量元素含量较低，对农业丰产、增收会产生一定的影响；三是极少数区域灌溉条件较差，干旱季节对作物生长不利。

(四)合理利用

增施有机肥料，不断培肥地力，建设高产、稳产农田；实行秸秆还田，提高土壤有机质，改善土壤结构，提高土壤保水、保肥能力；采取深耕、深松等措施，使耕层达到 30cm 左右，破除犁底层，改良土壤质地和构型，以利于作物根系伸展；同时与农田基础建设相结合，兴修水利，大力推广节水灌溉技术，扩大灌溉面积；平整土地，改良作物种植条件；在坚持因地制宜的基础上，着重补施微肥。

三、三级地

(一)面积与分布

三级地综合评价指数为 0.7461～0.8315，是平度市分布面积较小的一个等级，耕地面积为 13640.62hm^2，占平度市耕地总面积的 7.70%。其中水浇地面积为 6408.86hm^2，占三级地面积的 46.98%；旱地面积为 7066.42hm^2，占三级地面积的 51.80%；菜地面积较小，为 165.33hm^2，仅占三级地面积的 1.21%(见表 6-19)。

三级地主要分布在云山、崔召、张舍、兰底等地，其中以云山分布面积最大，为 2283.85hm^2，占该镇耕地面积的 33.39%，占三级地的 16.74%。店子、祝沟、门村、李园、麻兰、古岘等地有少量或零星分布。新河、蓼兰、仁兆、崔家集、郭庄、万家没有三级地分布。

表 6-19 三级地各利用类型面积

利用类型	评价单元(个)	面积(hm²)	占耕地总面积(%)	占三级地面积(%)
水浇地	441	6408.86	3.62	46.98
旱地	509	7066.42	3.99	51.80
菜地	19	165.33	0.09	1.21
合计	969	13640.62	7.70	100

(二)主要属性分析

三级地土壤类型以潮土、砂姜黑土、棕壤为主,兼有少量褐土,如表 6-20 所示;土壤表层质地适中,耕性良好,主要是沙壤和轻壤,有少量砂土和中壤,如表 6-21 所示;土体构型以沙壤均质、沙壤砂心、轻壤砂姜腰为主,有少量轻壤均质、中层、中壤砂姜腰、轻壤砂姜心,如表 6-22 所示;障碍层次主要是夹砂层、砂姜层,如表 6-23 所示;微地貌类型主要是近山阶地、坡麓梯田、山前缓平地、浅平洼地,有少量岭坡梯田、荒坡岭、河滩高地,如表 6-24 所示;坡度为 1°~7°;灌溉保证率均在 75%左右,少数在 50%以下,如表 6-25 所示;土壤养分含量多属于中等或中偏上水平,如表 6-26 所示。

表 6-20 三级地不同土壤类型分布状况

项目	砂姜黑土	潮土	棕壤	褐土	盐土	合计
面积(hm²)	2672.43	2441.98	8174.34	351.87	0	13640.62
占三级地(%)	19.59	17.90	59.93	2.58	0	100

表 6-21 三级地不同表层质地分布状况

项目	砂土	沙壤	轻壤	中壤	重壤	合计
面积(hm²)	1122.81	9111.27	2679.24	621.43	105.87	13640.62
占三级地(%)	8.23	66.80	19.64	4.56	0.78	100

表 6-22 三级地不同土体构型分布状况

土体构型	沙壤均质	中层	薄层	沙壤砂心	轻壤砂心	轻壤均质	轻壤砂姜腰	中壤均质
面积(hm²)	6025.48	1122.81	0	3085.79	17.39	674.27	1448.44	0
占三级地(%)	44.17	8.23	0	22.62	0.13	4.94	10.63	0

土体构型	轻壤黏腰	中壤黏心	轻壤砂腰	中壤砂姜腰	轻壤黏心	中壤砂姜心	轻壤砂姜心
面积(hm²)	0	0	0	613.03	42.45	114.28	496.69
占三级地(%)	0	0	0	4.49	0.31	0.84	3.64

表 6-23　　三级地不同障碍层次分布状况

项　目	无	石渣土	夹　砂	砂　姜	浅　黏	合　计
面积(hm^2)	6699.75	1122.81	3103.18	2672.43	42.45	13640.62
占三级地(%)	48.12	8.23	22.75	19.59	0.31	100

表 6-24　　三级地不同地貌类型分布状况

项　目	低山丘陵合计	荒坡岭	近山阶地	石质山岭	近山高阶地	岭坡梯田	坡麓梯田	缓　岗
面积(hm^2)	6564.5	572.82	2488.17	0	51.26	820.68	2631.57	0
占三级地(%)	48.12	4.20	18.24	0	0.38	6.02	19.29	0

项　目	平原合计	山前缓平地	河滩高地	微斜平地	洼地合计	槽状洼地	浅平洼地	河谷阶地合计	沿河阶地
面积(hm^2)	3446.68	2770.29	676.39	0	3629.43	151.19	3478.24	0	0
占三级地(%)	25.27	20.31	4.96	0	26.61	1.11	25.50	0	0

表 6-25　　三级地不同灌溉分区分布状况

项　目	无灌溉区	一水区	二水区	三水区	四水区	合　计
面积(hm^2)	0	967.08	4295.89	2206.44	6171.2	13640.62
百分比(%)	0	7.09	31.49	16.18	45.24	100

表 6-26　　三级地主要养分含量状况

项　目	平均值	范围值	含量水平
有机质(g/kg)	13.2	7.0～21.5	中等
有效磷(mg/kg)	32.1	6.7～120.4	中等
速效钾(mg/kg)	109	47～323	中偏下
有效锌(mg/kg)	1.78	0.82～6.27	中等
有效硼(mg/kg)	0.43	0.10～1.37	中等
全氮(g/kg)	0.75	0.37～1.23	中偏下
碱解氮(mg/kg)	71	27～115	中偏下
缓效钾(mg/kg)	507	273～1002	中偏上
交换性钙(mg/kg)	3905	1623～5984	中偏上
交换性镁(mg/kg)	493	243～757	中偏上
有效硫(mg/kg)	8.9	1.6～37.2	中等
有效锰(mg/kg)	33.96	2.16～96.75	中偏上

续表

项　目	平均值	范围值	含量水平
有效铜(mg/kg)	2.25	0.66～11.67	中偏上
有效铁(mg/kg)	41.58	5.40～135.19	中偏上
有效钼(mg/kg)	0.62	0.24～1.16	中偏下
有效硅(mg/kg)	79.11	35.06～169.53	中偏下

(三)存在问题

三级地是山区向平原过渡的等级类型，各种属性介于两者之间，主要问题是部分土壤砂性偏大；部分耕地存在夹砂层和砂姜层等障碍性层次；有些地区灌溉保证率偏低，灌溉条件受一定限制；耕地大平小不平，有一定的坡度，土层易受侵蚀，耕层相对较薄；部分土壤养分含量存在偏低和不平衡现象。

(四)合理利用

一是大力搞好农田基本建设，维护和建设水利设施，大力推广节水灌溉，提高灌溉保证率；二是平田整地，深翻改土，使耕层达到 20～30cm，破除犁底层，逐步加深耕作层，改善土壤物理性状，提高土壤蓄水、保肥能力；三是增施有机肥料，实行秸秆还田，改善土壤偏砂的特性，培肥地力；四是协调氮、磷、钾比例，注意施用钾肥和中微肥。较适宜种植粮、油、瓜、菜。

四、四级地

(一)面积与分布

四级地综合评价指数为 0.6457～0.7461，耕地面积为 21681.45hm²，占平度市耕地总面积的 12.24%。其中旱地面积为 12791.86hm²，占四级地面积的 59.00%；水浇地面积为 8844.25hm²，占四级地面积的 40.79%；菜地分布较小，仅占四级地面积的 0.21%(见表 6-27)。

四级地主要分布兰底、店子、旧店、大田、门村、云山等地，其中以兰底分布面积最大，为 4855hm²，占该镇耕地面积的 48.07%，占四级地面积的 22.39%。大泽山、祝沟、崔召、张舍、城关、李园、古岘等地有少量或零星分布；新河、长乐、同和、白埠、蓼兰、仁兆、崔家集、郭庄、万家没有四级地分布。

表 6-27　　四级地各利用类型面积

利用类型	评价单元(个)	面积(hm²)	占耕地总面积(%)	占四级地面积(%)
水浇地	593	8844.25	4.99	40.79
旱地	844	12791.86	7.22	59.00
菜地	8	45.34	0.03	0.21
合计	1445	21681.45	12.24	100

（二）主要属性分析

四级地所属土壤类型较多，主要以棕壤、砂姜黑土为主，兼有少量褐土、潮土，如表6-28所示；土壤表层质地主要是沙壤和轻壤，少量为砂土和中壤，如表6-29所示；土体构型以轻壤均质、沙壤均质、轻壤砂姜腰、沙壤砂心为主，少量为薄层、中层、中壤砂姜腰，如表6-30所示；部分耕层中含有石渣土、夹砂、砂姜等明显障碍层次，如表6-31所示；微地貌类型以近山阶地、山前缓平地、浅平洼地、缓岗、微斜平地为主，有少量岭坡梯田、坡麓梯田和荒坡岭等，如表6-32所示；地形坡度为0.5°～7°；少部分地区灌溉保证率能达到75%以上，大部分地区在50%以下，有些甚至无灌溉条件，如表6-33所示；土壤养分含量中等或中偏下水平，如表6-34所示。

表6-28　四级地不同土壤类型分布状况

项　目	砂姜黑土	潮　土	棕　壤	褐　土	盐　土	合　计
面积(hm^2)	6512.32	1814.22	10812.70	2542.21	0	21681.45
占四级地(%)	30.04	8.37	49.87	11.73	0	100

表6-29　四级地不同表层质地分布状况

项　目	砂　土	沙　壤	轻　壤	中　壤	重　壤	合　计
面积(hm^2)	1947.57	11159.64	8011.42	477.47	85.35	21681.45
占四级地(%)	8.98	51.47	36.95	2.20	0.39	100

表6-30　四级地不同土体构型分布状况

土体构型	沙壤均质	中　层	薄　层	沙壤砂心	轻壤砂心	轻壤均质	轻壤砂姜腰	中壤均质
面积(hm^2)	8855.2	1616.65	330.91	2304.44	76.84	1985.08	5752.37	0
占四级地(%)	40.84	7.46	1.53	10.63	0.35	9.16	26.53	0
土体构型	轻壤黏腰	中壤黏心	轻壤砂腰	中壤砂姜腰	轻壤黏心	中壤砂姜心	轻壤砂姜心	
面积(hm^2)	0	0	0	557.65	0	5.18	197.13	
占四级地(%)	0	0	0	2.57	0	0.02	0.91	

表6-31　四级地不同障碍层次分布状况

项　目	无	石渣土	夹　砂	砂　姜	浅　黏	合　计
面积(hm^2)	10840.28	1947.57	2381.28	6512.33	0	21681.45
占四级地(%)	50.00	8.98	10.98	30.04	0	100

表 6-32　　四级地不同地貌类型分布状况

项 目	低山丘陵合计	荒坡岭	近山阶地	石质山岭	近山高阶地	岭坡梯田	坡麓梯田	缓 岗
面积(hm^2)	11407.15	354.23	6595.88	0	271.16	792.92	1090.13	2302.83
占四级地(%)	52.61	1.63	30.42	0	1.25	3.66	5.03	10.62
项 目	平原合计	山前缓平地	河滩高地	微斜平地	洼地合计	槽状洼地	浅平洼地	河谷阶地合计	沿河阶地
面积(hm^2)	6521.89	5031.39	354.17	1136.33	3750.22	84.36	3665.86	2.21	2.21
占四级地(%)	30.08	23.21	1.63	5.24	17.30	0.39	16.91	0.01	

表 6-33　　四级地不同灌溉分区分布状况

项 目	无灌溉区	一水区	二水区	三水区	四水区	合 计
面积(hm^2)	10718.67	5673.15	2842.11	509.82	1937.71	21681.45
百分比(%)	49.44	26.16	13.11	2.35	8.94	100

表 6-34　　四级地主要养分含量状况

项 目	平均值	范围值	含量水平
有机质(g/kg)	13	7.1～22.1	中等
有效磷(mg/kg)	35.3	6.5～128.5	中等
速效钾(mg/kg)	128	41～396	中等
有效锌(mg/kg)	1.78	0.65～9.02	中等
有效硼(mg/kg)	0.39	0.11～1.45	中偏下
全氮(g/kg)	0.81	0.25～1.35	中等
碱解氮(mg/kg)	72	29～129	中偏下
缓效钾(mg/kg)	514	254～854	中偏上
交换性钙(mg/kg)	3765	1469～5952	中偏下
交换性镁(mg/kg)	492	236～748	中偏上
有效硫(mg/kg)	9.6	1.3～28.1	中偏上
有效锰(mg/kg)	33.61	5.12～99.84	中偏上
有效铜(mg/kg)	2.44	0.64～11.17	中偏上
有效铁(mg/kg)	39.72	5.04～148.05	中偏上
有效钼(mg/kg)	0.62	0.27～1.28	中偏下
有效硅(mg/kg)	81.47	29.77～184.85	中偏下

(三)存在问题

该级地耕层中存在明显的砂姜、夹砂、石渣土等障碍性层次，砾石较多，影响作物的正常生长；有些耕层质地偏砂，不利于土壤的保水、保肥；地形坡度较大，容易造成水土流失，对机械化耕作具有一定的限制；农田水利设施不完善，灌溉条件较差，绝大部分地区灌溉保证率低于50%，干旱年份灌溉无保证，易遭受旱涝灾害威胁，产量低而不稳；养分总体含量水平较低，尤其是大量和中量元素较缺乏，对作物生长不利。

(四)改良利用

加强农田基本建设，平整土地，因地制宜，兴修水利，完善灌排设施，发展节水灌溉；采取深耕，破除犁底层；推广秸秆还田、增施有机肥等技术，改善土壤理化性状，提高土地产出水平；合理调整种植业结构，适当种植耐旱作物，大力发展旱作农业；利用山区环境好、无污染的特点，引导鼓励农民发展果品生产；部分耕地土壤养分缺乏，且比例不协调，根据种植作物，科学配比，平衡施肥，注重大量和中量元素合理施用，保证作物养分需求。

五、五级地

(一)面积与分布

五级地综合评价指数为0.5212～0.6457，为平度市耕地面积较小的一个等级，面积为7182.74hm^2，占平度市耕地总面积的4.06%。其中旱地面积为5372.71hm^2，占五级地面积的74.80%；水浇地面积为1795.23hm^2，占五级地面积的24.99%；菜地零星分布，仅占0.21%(见表6-35)。

五级地主要分布在旧店、大田、云山等地，其中以旧店分布面积最大，为1463.39hm^2，占该镇耕地面积的25.23%，占五级地面积的20.37%。大泽山、祝沟、店子、崔召、城关、门村、李园等地有少量或零星分布；新河、长乐、马戈庄、田庄、明村、香店、古岘、同和、白埠、张戈庄、蓼兰等地没有五级地分布。

表6-35　五级地各利用类型面积

利用类型	评价单元(个)	面积(hm^2)	占耕地总面积(%)	占五级地面积(%)
水浇地	145	1795.23	1.01	24.99
旱地	386	5372.71	3.03	74.80
菜地	2	14.80	0.01	0.21
合计	533	7182.74	4.05	100

(二)主要属性分析

五级地土壤类型主要以棕壤为主，少量为潮土、褐土，如表6-36所示；土壤表层质地以沙壤、砂土为主，少量为轻壤，如表6-37所示；土体构型以沙壤均质、中层、薄层、沙壤砂心为主，有少量轻壤均质，如表6-38所示；耕层中含有石渣土、夹砂障碍层次，如表6-39所示；微地貌类型以近山阶地、坡麓梯田、岭坡梯田为主，有少量近山高阶地、荒坡岭和山前缓平地，如表6-40所示；地形坡度为3°～15°；少部分地区灌溉保证率能达到50%以上，有大量的无灌溉区，如表6-41所示；土壤养分总体水平偏低，部分耕地缺氮、缺磷、缺钾，并存在养分不协调问题，如表6-42所示。

表 6-36 五级地不同土壤类型分布状况

项 目	砂姜黑土	潮 土	棕 壤	褐 土	盐 土	合 计
面积(hm²)	0	74.82	7079.16	28.76	0	7182.74
占五级地(%)	0	1.04	98.56	0.40	0	100

表 6-37 五级地不同表层质地分布状况

项 目	砂 土	沙 壤	轻 壤	中 壤	重 壤	合 计
面积(hm²)	3728.89	3371.96	81.89	0	0	7182.74
占五级地(%)	51.91	46.95	1.14	0	0	100

表 6-38 五级地不同土体构型分布状况

土体构型	沙壤均质	中 层	薄 层	沙壤砂心	轻壤砂心	轻壤均质	轻壤砂姜腰	中壤均质
面积(hm²)	2541.02	2654.98	1073.91	830.94	0	81.89	0	0
占五级地(%)	35.38	36.96	14.95	11.57	0	1.14	0	0
面积(hm²)	0	0	0	0	0	0	0	
占五级地(%)	0	0	0	0	0	0	0	

表 6-39 五级地不同障碍层次分布状况

项 目	无	石渣土	夹 砂	砂 姜	浅 黏	合 计
面积(hm²)	2622.91	3728.89	830.94	0	0	7182.74
占五级地(%)	36.52	51.91	11.57	0	0	100

表 6-40 五级地不同地貌类型分布状况

项 目	低山丘陵合计	荒坡岭	近山阶地	石质山岭	近山高阶地	岭坡梯田	坡麓梯田	缓 岗
面积(hm²)	6836.67	381.41	3206.74	0	566.35	1380.81	1278.12	23.24
占五级地(%)	95.18	5.31	44.65	0	7.88	19.22	17.79	0.32

项 目	平原合计	山前缓平地	河滩高地	微斜平地	洼地合计	槽状洼地	浅平洼地	河谷阶地合计	沿河阶地
面积(hm²)	324.89	319.65	5.24	0	21.01	0	21.01	0	0
占五级地(%)	4.52	4.45	0.07	0	0.29	0	0.29	0	0

表 6-41　　五级地不同灌溉分区分布状况

项　目	无灌溉区	一水区	二水区	三水区	四水区	合　计
面积(hm^2)	2015.89	2506.06	1506.91	472.19	681.69	7182.74
百分比(%)	28.07	34.89	20.98	6.57	9.49	100

表 6-42　　五级地主要养分含量状况

项　目	平均值	范围值	含量水平
有机质(g/kg)	12	6.5～19.9	中偏下
有效磷(mg/kg)	30.1	4.8～120.5	中偏下
速效钾(mg/kg)	113	43～337	中偏下
有效锌(mg/kg)	1.87	0.82～4.64	中偏上
有效硼(mg/kg)	0.39	0.13～1.31	中偏下
全氮(g/kg)	0.7	0.34～1.38	中偏下
碱解氮(mg/kg)	68	23～119	中偏下
缓效钾(mg/kg)	492	244～835	中偏下
交换性钙(mg/kg)	3880	1451～5894	中偏下
交换性镁(mg/kg)	481	282～743	中偏上
有效硫(mg/kg)	8.0	1.6～27.3	中偏下
有效锰(mg/kg)	43.71	5.53～95.06	中偏上
有效铜(mg/kg)	2.5	0.62～11.75	中偏上
有效铁(mg/kg)	52.34	6.22～133.48	中偏上
有效钼(mg/kg)	0.59	0.33～0.99	中偏下
有效硅(mg/kg)	61.92	35.00～137.05	中偏下

(三)存在问题

五级地耕地生产能力较低，近年来一直是平度市中低产田改造的重点。该级地主要分布在山丘地区的近山阶地、岭坡梯田、坡麓梯田上；耕层中存在障碍性层次；地形坡度较大，土体较薄，土壤砂性大，砾石含量较多；水土流失较为严重；灌溉条件较差。

(四)改良利用

该级地不宜大面积开发整理成耕地，应根据实际情况发展林果业，种植葡萄、苹果、板栗等果品。同时加大荒山治理力度，综合整治山水林田路。

改良利用方向是整修梯田，增加土层厚度，提高土壤保水、保肥能力；增施有机肥，秸秆还田，提高耕地地力；园地应推广种草、覆草技术，防止水土流失，提高综合控制水土的能力；因土制宜地调整农业种植结构，发展耐旱耐土壤贫瘠作物；发展经济林，实行多种经营，增加收入。

六、六级地

(一)面积与分布

六级地综合评价指数低于0.5212,耕地面积为4281.32hm²,是平度市耕地面积比例最小的一个等级,仅占全市耕地总面积的2.42%。其中旱地面积为3659.79hm²,占六级地面积的85.48%;水浇地面积为616.02hm²,占六级地面积的14.39%;菜地面积为5.5hm²,仅占六级地面积的0.13%(见表6-43)。

六级地主要分布在旧店、大田,其中以旧店分布面积最大,为1635.49hm²,占该镇耕地面积的28.20%,占六级地的38.20%。店子、城关、李园、云山、门村等地有少量或零星分布,新河、长乐、马戈庄、田庄、明村、香店、古岘、同和、白埠、张戈庄、蓼兰等地没有六级地分布。

表6-43　六级地各利用类型面积

利用类型	评价单元(个)	面积(hm²)	占耕地总面积(%)	占六级地面积(%)
水浇地	52	616.02	0.35	14.39
旱地	255	3659.79	2.07	85.48
菜地	2	5.5	0	0.13
合计	309	4281.31	2.42	100

(二)主要属性分析

六级地土壤类型主要是棕壤,少量为褐土,如表6-44所示;土壤表层质地以砂土、沙壤为主,如表6-45所示;土体构型为薄层或中层,如表6-46所示;耕层中含有石渣土、夹砂等明显障碍性层次,如表6-47所示;微地貌类型以近山阶地、荒坡岭为主,有少量近山高阶地、岭坡梯田、坡麓梯田等,如表6-48所示;地形坡度为5°～25°;灌溉保证水平低,大部分是无灌溉区,如表6-49所示;土壤养分总体水平普遍偏低,大部分耕地缺氮、磷、钾及中微量元素,如表6-50所示。

表6-44　六级地不同土壤类型分布状况

项　目	砂姜黑土	潮　土	棕　壤	褐　土	盐　土	合　计
面积(hm²)	0	0	4238.36	42.94	0	4281.31
占六级地(%)	0	0	99.00	1.00	0	100

表6-45　六级地不同表层质地分布状况

项　目	砂　土	沙　壤	轻　壤	中　壤	重　壤	合　计
面积(hm²)	3584.93	696.38	0	0	0	4281.31
占六级地(%)	83.73	16.27	0	0	0	100

表 6-46　六级地不同土体构型分布状况

土体构型	沙壤均质	中　层	薄　层	沙壤砂心	轻壤砂心	轻壤均质	轻壤砂姜腰	中壤均质
面积(hm²)	235.51	2016.7	1568.24	460.88	0	0	0	0
占六级地(%)	5.50	47.11	36.63	10.76	0	0	0	0

土体构型	轻壤黏腰	中壤黏心	轻壤砂腰	中壤砂姜腰	轻壤黏心	中壤砂姜心	轻壤砂姜心
面积(hm²)	0	0	0	0	0	0	0
占六级地(%)	0	0	0	0	0	0	0

表 6-47　六级地不同障碍层次分布状况

项　目	无	石渣土	夹　砂	砂　姜	浅　黏	合　计
面积(hm²)	235.51	3584.93	460.88	0	0	4281.31
占六级地(%)	5.50	83.73	10.76	0	0	100

表 6-48　六级地不同地貌类型分布状况

项　目	低山丘陵合计	荒坡岭	近山阶地	石质山岭	近山高阶地	岭坡梯田	坡麓梯田	缓　岗
面积(hm²)	4230.66	1263.34	1487.69	24.36	403.86	508.27	543.14	0
占六级地(%)	98.82	29.51	34.75	0.57	9.43	11.87	12.69	0

项　目	平原合计	山前缓平地	河滩高地	微斜平地	洼地合计	槽状洼地	浅平洼地	河谷阶地合计	沿河阶地
面积(hm²)	30.77	30.77	0	0	0	0	0	19.87	19.87
占六级地(%)	0.72	0.72	0	0	0	0	0	0.46	0.46

表 6-49　六级地不同灌溉分区分布状况

项　目	无灌溉区	一水区	二水区	三水区	四水区	合　计
面积(hm²)	2228.5	1790.92	241.03	20.87	0	4281.31
百分比(%)	52.05	41.83	5.63	0.49	0	100

表 6-50　六级地主要养分含量状况

项　目	平均值	范围值	含量水平
有机质(g/kg)	11.9	6.5～18.1	中偏下
有效磷(mg/kg)	27.5	5.4～86.5	中偏下
速效钾(mg/kg)	113	4～332	中偏下
有效锌(mg/kg)	1.82	1.02～3.83	中等

续表

项　目	平均值	范围值	含量水平
有效硼(mg/kg)	0.37	0.16～1.42	中偏下
全氮(g/kg)	0.71	0.35～1.19	中偏下
碱解氮(mg/kg)	68	25～107	中偏下
缓效钾(mg/kg)	497	256～778	中偏上
交换性钙(mg/kg)	3866	1794～5912	中偏下
交换性镁(mg/kg)	480	305～736	中偏下
有效硫(mg/kg)	6.9	1.5～22	中偏下
有效锰(mg/kg)	39.62	8.65～79.91	中偏上
有效铜(mg/kg)	2.68	1.01～12.08	中偏上
有效铁(mg/kg)	51.12	7.42～119.35	中偏上
有效钼(mg/kg)	0.59	0.40～0.85	中偏下
有效硅(mg/kg)	59.16	35.53～92.93	中偏下

(三)存在问题

六级地土壤物化性状较差,大部分存在粗骨土、石渣土等障碍性层次,地形坡度大,土体浅薄,砂性大,砾石含量高;水土流失严重,无灌溉条件,土壤养分含量较低,不利于作物生长。

(四)改良利用

改良利用上应重点因地制宜地充分利用山沟自然条件,修筑塘坝和集雨池,大力开辟水源,克服干旱威胁;调整种植业结构,适当发展经济林、用材林,实行多种经营;改善土壤环境条件,防止水土流失,保护自然植被。

第三节　耕地地力等级的符合性检验

耕地地力评价工作完成以后,依据《全国耕地类型区、耕地地力等级划分》,归纳整理各级耕地地力要素主要指标,形成与粮食生产能力相对应的地力等级,并将各等级耕地归入全国耕地地力等级体系。为验证评价结果的科学性、准确性以及评价结果与实际情况的符合程度,平度市进行了耕地地力等级的符合性检验和产量水平调查验证。

一、符合性检验方法

本次耕地地力评价中,平度市耕地地力共划分为 6 个等级、11239 个评价单元,其中一级地 6170 个、二级地 1831 个、三级地 969 个、四级地 1445 个、五级地 533 个、六级地 309 个。根据平度市实际情况和符合性检验的要求,本次符合性检验共选取了 162 个评价单元进行验证,其中一级地 60 个、二级地 37 个、三级地 20 个、四级地 29 个、五级地 10 个、六级地 6 个。按照随机原则,将评价单元在本级地中选取,根据地理位置和经纬度进行调查验证。

将耕地地力评价选取的参评因素作为主要检验指标，2010 年 6～12 月，平度市农业局成立了室内工作小组和野外调查小组，由室内工作小组对地貌类型、耕层质地、土体构型、障碍层等图件与第二次土壤普查成果图件进行认真核对；野外调查小组通过对自然环境条件、管理水平等实地调查，核对理化属性，同时调查农户的产量水平，每个评价单元调查 5 户，调查统计近三年实际的产量范围和年平均产量。符合性检验指标与验证方法如表 6-51 所示。

表 6-51　符合性检验指标与验证方法

检验指标	调查和验证方法
灌溉保证率	实地调查
坡度	核对第二次土壤普查成果图件
土层厚度	核对第二次土壤普查成果图件
地貌类型	核对第二次土壤普查成果图件
耕层质地	核对第二次土壤普查成果图件
土体构型	核对第二次土壤普查成果图件
障碍层	核对第二次土壤普查成果图件
有机质 有效磷 速效钾 有效锌 有效硼	与 2008～2010 年测土配方施肥项目在评价单元内采样分析结果平均值比较验证，考虑到土壤养分含量不稳定性，变化范围在 5%以内为符合，5%～10%为基本符合，高于 10%为不符合
产量调查	农户调查

二、符合性检验结果

通过核对图件和实地调查，耕地地力等级评价结果基本符合平度市实际情况，粮食产量符合验证结果，如表 6-52 所示。

表 6-52　各级地产量调查统计表

地力等级	调查单元(个)	产量(kg/hm²)	
		产量范围	平均产量
一级地	60	13590～15150	14140
二级地	37	12040～14270	12900
三级地	20	10980～12310	11160
四级地	29	9350～11140	10130
五级地	10	8130～9610	9020
六级地	6	7080～8320	7690

（一）一级地符合性验证结果

通过实地调查和农户调查表核实，一级地土壤类型以砂姜黑土、潮土为主；土壤表层质地主要为轻壤和中壤；土体构型以轻壤均质、中壤砂姜腰、中壤砂姜心、轻壤砂姜腰为主；微地貌类型以槽状洼地、浅平洼地、山前缓平地、河滩高地、微斜平地为主；坡度为0°～0.5°；土壤理化性状良好，易耕、耕作质量好、适耕期长；农田水利设施较为完善，灌排条件好，灌溉保证率多达到100%；土壤养分含量较高。一级地产量水平为13590～15150kg/hm²，平均产量为14140kg/hm²，处于平度市最高水平。总体来看，一级地的耕地地力处于平度市最高水平，评价结果符合实际情况。

（二）二级地符合性验证结果

通过实地调查和农户调查表核实，二级地土壤类型以潮土、棕壤、砂姜黑土为主；土壤表层质地主要是沙壤和轻壤；土体构型以沙壤砂心、沙壤均质为主；障碍层次以夹砂层为主；微地貌类型以槽状洼地、河滩高地、近山阶地、浅平洼地、山前缓平地为主；坡度为0°～5°；土壤理化性状良好，易耕，耕作质量好，适耕期长；农田水利设施较为完善，灌排条件良好，灌溉保证率基本达到100%；土壤养分含量除碱解氮、速效钾、有效硫中偏下外，其他均比较高。二级地产量水平为12040～14270kg/hm²，平均产量为12900kg/hm²，处于平度市较高水平。总体来看，二级地的耕地地力处于平度市较高水平，评价结果符合实际情况。

（三）三级地符合性验证结果

通过实地调查和农户调查表核实，三级地土壤类型以潮土、砂姜黑土、棕壤为主；土壤表层质地适中，耕性良好，主要是沙壤和轻壤；土体构型以沙壤均质、沙壤砂心、轻壤砂姜腰为主；障碍层次主要是夹砂层、砂姜层；微地貌类型主要是近山阶地、坡麓梯田、山前缓平地、浅平洼地；坡度为1°～7°；灌溉保证率多在75%左右，少数在50%以下；土壤养分含量多属于中等或中偏上水平。三级地产量水平为10980～12310kg/hm²，平均产量为11160kg/hm²，处于平度市平均水平。总体来看，三级地的耕地地力处于平度市中等水平，评价结果符合实际情况。

（四）四级地符合性验证结果

通过实地调查和农户调查表核实，四级地所属土壤类型较多，主要以棕壤、砂姜黑土为主；土壤表层质地主要是沙壤和轻壤；土体构型以轻壤均质、沙壤均质、轻壤砂姜腰、沙壤砂心为主；部分耕层中含有石渣土、夹砂、砂姜等明显障碍层次；微地貌类型以近山阶地、山前缓平地、浅平洼地、缓岗、微斜平地为主；地形坡度为0.5°～7°；少部分地区灌溉保证率能达到75%以上，大部分地区在50%以下，有些甚至无灌溉条件；土壤养分含量中等或中偏下水平。四级地产量水平为9350～11140kg/hm²，平均产量为10130kg/hm²，处于平度市平均偏下水平。总体来看，四级地的耕地地力处于平度市中等水平，评价结果符合实际情况。

（五）五级地符合性验证结果

通过实地调查和农户调查表核实，五级地土壤类型主要以棕壤为主；土壤表层质地以沙壤、砂土为主；土体构型以沙壤均质、中层、薄层、沙壤砂心为主；耕层中含有石渣土、夹砂障碍层次；微地貌类型以近山阶地、坡麓梯田、岭坡梯田为主；地形坡度为3°～15°；少部分地区灌溉保证率能达到50%以上，有大量的无灌溉区；土壤养分总体水平偏低，部分耕地缺氮、缺磷、缺钾，并存在养分不协调问题。五级地产量水为平 8130～9610kg/hm²，平均产量为 9020kg/hm²，处于平度市较低水平。总体来看，五级地的耕地地力处于平度市较低水平，评价结果符合实际情况。

（六）六级地符合性验证结果

通过实地调查和农户调查表核实，六级地土壤类型主要是棕壤；土壤表层质地以砂土、沙壤为主；土体构型为薄层或中层；耕层中含有石渣土、夹砂等明显障碍性层次；微地貌类型以近山阶地、荒坡岭为主；地形坡度为 5°～25°；灌溉保证水平低，大部分是无灌溉区；土壤养分总体水平普遍偏低，大部分耕地缺氮、缺磷、缺钾及中微量元素。六级地产量水平为 7080～8320kg/hm²，平均产量为 7690kg/hm²，处于平度市最低水平。总体来看，六级地的耕地地力处于平度市最低水平，评价结果符合实际情况。

综上所述，平度市一级地和二级地分布范围最大，主要集中在中南部地势平坦区，微地貌类型主要是槽状洼地、河滩高地、浅平洼地、山前缓平地。这一区域耕地地力情况较好，地势平坦，灌溉条件好，农业基础设施均配套成型，属于高产田类型。三级地、四级地多为南部平原区向北部丘陵区的过渡地带，主要分布在中西部、北部地区和南部的兰底镇，微地貌类型多为近山阶地、坡麓梯田、山前缓平地。这部分地区只要加大资金投入，完善基础设施，改善生产条件，产量就能大幅提高，属于中产田类型。五级地和六级地主要分布在北部丘陵区和山区。这些地区耕地坡度大，有效耕层薄，障碍层次明显，土壤肥力低，灌溉条件差或无灌溉条件，还有部分未利用土地，属于低产田类型。总之，评价结果符合平度市实际情况。

第七章　耕地资源合理利用与改良

第一节　耕地资源的现状及存在问题

一、耕地资源的现状

平度市土地总面积为 317563.1hm²，2009 年年末实有耕地面积为 186422.4hm²，占土地总面积的 58.7%，其中水浇地面积为 173938.1hm²，占耕地面积的 93.3%；旱地面积为 12484.4hm²，占耕地面积的 6.7%。人均耕地面积为 0.135hm²。未利用土地面积为 9690.2hm²，占土地总面积的 3.05%。除裸岩石砾地、盐碱地、部分低洼滩涂地不能开发为耕地利用，低山丘陵、平原地区的耕地资源都已基本被开发利用。从当前土地利用现状看，由于城市化和工业化发展、道路、水利建设等占用部分土地，与 1981 年全国第二次土壤普查时的耕地面积（204009.7hm²）相比，减少了 17587.3hm²，减少 8.62%。

二、耕地地力状况

按照平度市 2008 年耕地地力评价时的耕地面积（177088.71hm²）为基准统计计算，高产田类型面积为 130302.59hm²，占耕地面积的 73.58%；中产田类型面积为 35322.07hm²，占耕地面积的 19.94%；低产田类型面积为 11464.05hm²，占耕地面积的 6.48%。平度市的耕地在立地条件、土壤理化性状、农田基础设施及耕作管理水平等方面相对较好，高产田类型面积所占耕地面积的比例比较大，耕地地力状况总体较高。

三、耕地土壤养分状况

平度市耕地土壤养分含量状况总体处于中等水平，但含量变幅较大，耕地养分的丰缺程度存在着较大的不平衡性，单一养分缺乏较为普遍，主要是有效硼的大面积缺乏，几乎覆盖了除菜地以外的所有耕地。另外，有机质、有效磷、速效钾、有效锌等在不同区域也有不同程度的缺乏。耕层土壤的 pH 众数为 6.9，适中；有机质含量平均为 13.7g/kg，较适宜；全氮含量平均为 0.80g/kg、碱解氮含量平均为 78mg/kg，含量较低；有效磷含量平均为 38.0mg/kg，较丰富；速效钾含量平均为 136mg/kg、缓效钾含量平均为 496mg/kg，含量中等；微量元素中除有效铁、有效锰、有效铜、有效锌、有效钼含量适中外，有效硼含量较低，为 0.51mg/kg。

四、耕地存在的主要问题及原因分析

(一)部分耕地地力较差,影响农作物产量

受自然条件的影响,平度市北部区域多为低山丘陵,海拔较高,耕地坡度相对较大,耕层较浅,质地偏砂,保肥、保水能力较差,土壤受水蚀较重,灌溉条件较差或无灌溉条件,农作物产量相对较低。

(二)施肥不科学,土壤养分比例失调

农民由于受传统施肥习惯、施肥技术水平、农产品价格等因素的影响,存在着一些不科学、不合理施肥现象:注重施用化肥,轻视施用有机肥料;重氮肥,轻磷、钾肥;施用化肥的氮、磷、钾比例不合理;过量施用化肥等等。多年不科学、不合理施肥,导致不同区域地块中各种土壤养分含量相差较大,比例失调,土壤有机质提升缓慢,不但降低了化肥利用率,而且影响了生态环境。

(三)对耕地重利用、轻保养,地力退化

在耕地利用上,农民往往重用轻养。一是有机肥料投入不足,土壤有机质含量较低,土壤结构、缓冲性较差,肥力低。二是耕作层变浅。由于耕地经营规模较小,多年不使用大型深翻、深松机械,有些耕地耕作层只有 15cm 左右,犁底层厚,土壤蓄水功能减弱,降水地面径流量大,土壤水蚀重。三是种植制度、轮作方式不合理。由于耕地由农户分散经营,面积较小,尤其在一些蔬菜产区,种植的蔬菜种类较多,轮作换茬存在一定困难,在轮作方式上菜菜轮作,在种植制度上一年两作,而且连年种植蔬菜,复种指数较高,导致土壤酸化、次生盐渍化、板结、连作障碍等,耕地地力退化。

(四)灌溉方式不合理

平度市灌溉农业发展水平总体较高,农民在灌溉方式上习惯采用漫灌或沟灌,灌溉用水量大,灌溉时间长。土壤水分过多,土壤较长时间处于缺氧的还原状态,既浪费了水资源,降低了灌溉水利用率,又造成了土壤中氮、磷、硫等养分的分解、转化、损失,降低了肥料利用率,影响了耕地地力的提高。

第二节　耕地改良的实践与效果

耕地是不可再生的自然资源,是人类赖以生存的主要生产资料,是农业持续发展的重要物质基础。耕地质量的优劣不仅关系到农产品的产量,而且对农产品的品质有着极其重要的影响。加强耕地保养和土壤改良,不断提高耕地的综合生产能力,对于现代农业的发展具有十分重要的意义。

一、增施有机肥料,提高耕地地力

开发利用有机肥料资源,增加耕地有机肥料投入,提高土壤有机质含量,改善土壤结构,增强土壤保水、保肥性能,培肥地力。一是充分利用农作物秸秆资源,搞好小麦、玉米秸秆机械化还田;二是发展畜牧业,直接施用腐熟的畜禽粪便;三是施用商品有机肥;四是建设沼气工程,利用沼液、沼渣,搞好有机物料的有效循环利用。

二、科学施肥，提高肥料利用率

一是搞好测土配方施肥技术应用。在合理施用有机肥料的基础上，根据土壤养分含量状况、土壤供肥能力、作物种类、作物养分需求规律、目标产量等因素，确定氮、磷、钾及中微量元素的施用种类、施用数量、施用时期、施用方法。二是推广施用新型肥料。新型肥料是指采用新材料、新方法，或通过新工艺制备的具有新功能的肥料，除了给作物提供养分外，还具有保水、促根、抗逆、提高养分利用率、改善土壤理化性状、降解土壤有机无机污染物等作用。新型肥料主要有缓控释肥料、微生物肥料、新型有机肥料、水溶性肥料等。

三、合理耕作，保持和提高土壤肥力

土壤耕作是土壤管理的主要措施之一，有利于增强土壤水、肥、气、热的协调能力，有利于作物根系的生长。平度市具有半湿润、半干旱等气候特点，结合作物种植模式，采取保护性耕作和蓄水耕作相结合的耕作技术。一是小麦收获后种植玉米，采用免耕的保护性耕作技术。搞好秸秆还田和秸秆覆盖，减少土壤水分蒸发，减轻地表径流，提高水肥利用率，利于保持土壤肥力。二是玉米收获后种植小麦，采用蓄水耕作技术。结合玉米秸秆还田、增施有机肥，因地制宜，合理深耕，深耕要注意逐年加深耕层，不打乱土层，一般以每次加深 3cm 为宜，使耕层逐渐达到 25～30cm，从而打破犁底层，降低土壤容重，增加孔隙度，增加土壤有机质，增强土壤蓄水保墒能力，提高土壤肥力。据研究，耕层深度每增加 1cm，每亩耕地可多蓄水 $6m^3$；秸秆还田的效果是，一般小麦秸秆和玉米秸秆全部粉碎还田每年可以使土壤有机质提高 0.2～0.3g/kg。

四、合理轮作换茬，用地、养地结合

粮油产区实行耗地作物与自养作物轮作(如小麦—大豆、玉米—花生等)、茄科与非茄科作物轮作(马铃薯—玉米等)。蔬菜产区实行菜粮轮作或菜油轮作(蔬菜—玉米、蔬菜—小麦、蔬菜—花生)；深根性的茄、豆类蔬菜同浅根性的白菜、葱蒜类蔬菜轮作等。

五、合理灌溉，搞好农田节水技术应用

平度市降雨不足、季节分配不均，且降雨量有着较大的年变率与年际变率，使农业生产经常面对冬春干旱和伏秋干旱的威胁。因此，除了应用耕作保墒、地膜覆盖、秸秆覆盖等耕作节水技术措施外，还应大力推广应用工程节水技术措施，提高天然降水与灌灌水的利用率和生产率。一是应用低压管道输水灌溉，以低压管道输水代替明渠输水；二是应用喷灌，喷灌能够很好地控制灌水量、灌水均匀度，适合粮田及露天菜地大面积推广应用，尤其适合地形有一定坡度、沙壤质地的耕地；三是应用微灌，微灌可分为滴灌、微喷灌等，主要应用于露天菜地、设施菜地和园地；四是推广应用微灌施肥技术，实现水和肥一体化利用与管理。实践证明，微灌施肥技术具有节水、节肥、节药、省工、增产、改善品质等优点，节水 30%～40%，节肥 30%～50%，氮、磷、钾肥利用率平均提高 18.4%、8%、21.5%，用药次数减少 1/4～1/3，省工 15～20 个/$667m^2$，平均增产 10%～25%。

六、加强中低产田改造,提高耕地综合生产能力

平度市约有26.4%的耕地属于中低产田,有着耕层薄、肥力低、坡度较大、障碍层次明显、灌溉保证率低或无灌溉条件等不利因素。加强中低产田改造,应以水利工程建设为重点,配套建设机电井、铺设地下低压管道,着重改善灌溉条件,采取水利、农业、林业、科技等方面综合措施,实行水、电、路、林等综合治理,提高耕地综合生产能力。

第三节 耕地资源合理利用的对策

耕地作为自然资源,是人类生存和发展的基础,也是国民经济和社会发展的基础。随着人口不断增长,人们对粮食、蔬菜、果品等农产品的需求量也不断增加,这些农产品的生产依赖于耕地,而农产品的生产状况依赖于耕地的状况。因此,保证一定数量、质量的耕地,加强耕地保护和耕地资源合理利用,发挥耕地资源优势,对于提高耕地利用效率和生产能力,确保耕地资源可持续利用,具有现实和长远的意义。

一、加强耕地保护,提高耕地质量

一是切实加强耕地保护。目前,随着人口增长和城镇化、工业化的发展,人口增多与耕地相对减少的矛盾日益突出,完善、落实土地、基本农田保护等相关法律法规,严禁非法侵占、破坏耕地,保护耕地,是基本国策,也是一项长期而艰巨的任务。二是提高耕地质量。制定、完善、落实耕地保养法规制度,提高耕地质量。科学制定耕地质量提升规划,提高对耕地的利用管理水平,科学使用化肥、农药、地膜等农业投入品,有效循环利用农作物秸秆及畜禽粪便,有效预防和治理耕地质量退化等。

二、合理优化种植和产业结构,提高耕地生产效益

(一)南部、西部粮油生产区

这些地区耕地地力相对较高,农业基础设施条件较好,要结合农机、农艺等措施,改革栽培管理模式,培肥地力,建设高产、稳产田。

(二)东部、西部蔬菜瓜果生产区

这些地区有露天栽培、设施栽培两种方式。一方面,要采取科学施肥、合理灌溉、合理耕作、合理轮间作、科学防治病虫害等措施,提高耕地质量。另一方面,要发展高端特色品牌农业,搞好名优农产品“三品一标”认证,发挥农产品品牌效益,推进现代农业建设,促进农业增效、农民增收。

(三)北部果品生产区

本地区主要发展葡萄、苹果、大樱桃等果品产业。一方面,要搞好栽培及肥水管理,防止土壤酸化;搞好园地覆盖保墒,推广应用秸秆覆盖或种植绿肥植物(如鼠茅草等)技术,提高土壤肥力,减轻土壤水蚀,防止水土流失;对于地势较高、土层薄、坡度大的耕地,应因地制宜,退耕还果,合理发挥耕地资源优势。另一方面,在注重发展特色品牌农业的同时,充分挖掘文化旅游资源,发展休闲观光农业和乡村旅游业,提高耕地资源利用效益。

三、预防和治理土壤污染

土壤污染物包括重金属污染物、有机污染物、固体废物等。土壤污染不仅直接引起水体、大气的环境污染，而且直接危害农作物，影响其产量、品质，对自然界动植物和人类可产生较大危害。一是严格执行国家有关污染物排放标准的法律、法规；二是建立土壤污染监测、预测与评价系统，定期对土壤环境质量进行监测，建立系统的档案材料，分析影响土壤中污染物的积累和污染趋势，预测控制土壤污染或减缓土壤污染的对策和措施；三是发展清洁生产，采用清洁生产工艺，加强“三废”治理，有效控制、治理重金属污染源；四是运用农业、物理、化学、生物等措施，综合防治农药、肥料等有机物对土壤的污染。

四、加强水利建设，提高有效灌溉面积

水利是农业的命脉。平度市是干旱灾害频繁、农业对灌溉依赖程度较大的地区，因此，要采取各项措施，不断加强农田水利基础设施建设，提高耕地灌溉保证率和有效灌溉面积。一是搞好科学合理规划，指导农田水利建设，充分发挥水利建设工程效益；二是建设水利水保工程，科学打井，开挖平塘，修建拦河坝，抓好水库灌区节水改造工程建设，同时大力推广农田节水灌溉技术，合理用水，节约用水；三是搞好农田沟渠整修、疏挖、清淤，排灌通畅；四是搞好现有水利设施的维护、保养和管理。

五、加强农业科技培训

针对农民群众在耕地保养与改良、植物营养与合理施肥、耕作管理、节水灌溉、病虫害防治等方面存在的问题，加大农业科技培训力度，进一步促进农业科技的推广普及，不断增强农民科技意识，提高农民科技素质，完善培训机制，创新培训方式，丰富培训内容，广泛开展多种层次、各类形式的实用技术培训，管好、用好耕地资源。

第八章 耕地资源管理信息系统数据库

第一节 耕地资源管理信息系统数据库

平度市耕地资源管理信息系统数据库建设工作，是农业部“沃土工程，科学施用化肥”即测土配方施肥工作的重要组成部分，是国家实现农业科学种田，促进粮食稳定生产，实现农业科学施肥经常化、普及化的重要工作，是实现农业耕地地力评价成果资料统一化、标准化的重要计划，是实现综合农业信息资料共享的技术手段。平度市耕地资源管理信息系统数据库建设工作是对最新的土地利用现状调查成果，第二次土壤普查的土壤、地貌等，以及本次耕地地力评价工作中采集的土壤化学分析成果进行汇总，建立一个集空间数据库和属性数据库的存储、管理、查询、分析、显示为一体的数据库，为科学种田及施肥、农业的可持续发展、深化农业科学管理工作服务。

一、建库单位组成

为加快平度市耕地地力评价及耕地资源管理信息系统数据库建设，依据农业部县域耕地资源管理信息系统数据库建设要求，由多年来一直从事农业测土施肥管理、研究和对耕地地力评价、数据库建设等有一定经验的单位组成联合工作组。

山东省土壤肥料总站：负责耕地地力评价及建库工作组织、协调、标准制定、土壤图成果资料的归属核查处理等。

山东农业大学资源与环境学院：负责耕地地力评价图、土壤化学微量元素系列图及研究报告编制等。

山东天地亚太国土遥感有限公司：负责土地、土壤、坡度、地貌、灌溉分区等图件扫描矢量化及几何校正处理等编图工作，耕地地力评价所有建库资料统一化、标准化处理，空间数据库和属性数据库建设，耕地地力评价成果图件修改编辑及图件输出、数据库建设报告编制等工作。

二、建库工作的软硬件环境

(一)主要硬件

计算机 10 台，HP5000 和 HP3500 绘图仪各 1 台。

(二)软　件

MAPGIS 6.7 软件 10 套、ARCGIS 9.2 软件 2 套、县域耕地资源管理信息系统软件 2 套、ENVI 4.5 遥感图像处理与分析软件 1 套。

第二节　建库内容及建库工作中主要问题的处理

一、建库内容

依据农业部耕地地力评价数据库建设的要求，平度市耕地资源管理信息系统数据库,包括空间数据库和属性数据库两部分内容。空间数据库包括土地利用现状图、土壤图、坡度图、灌溉分区图、地貌图、耕地地力调查点点位图、耕地地力评价等级图、土壤化学微量元素系列图等。属性数据库依据县域耕地资源管理信息系统数据字典、建库县提供的有关资料、山东省第二次土壤普查土种归属表及土壤分类代码编制。

二、建库工作中的主要问题

平度市耕地资源管理信息系统数据库建设工作由于涉及的内容多,加之部分资料为第二次土壤普查的资料,与县域耕地资源管理信息系统数据字典的要求对比存在以下问题:

(1)第二次土壤普查的土壤、地貌等成果均为纸介质图,因图纸折叠和自然伸缩的影响,图件变形大,形成较大的误差。

(2)土地利用现状图为 2008 年以前的现状,近年来交通用地和蔬菜地出现较大的变化等。

(3)平度市土壤图中的土种名称与山东省土种归属要求不一致。

(4)平度市的地貌图为微地貌图,与县域耕地资源管理信息系统数据字典中地貌划分的名称不能一一对应。

(5)已有资料坐标系不统一问题,如第二次土壤普查图件为 1954 年北京坐标系,土地利用现状图或行政区划图为 1980 年西安坐标系等。

(6)已有成果资料专业内容和地名注释错漏等。

(7)没有统一的土壤分类与代码。

三、建库工作中有关问题的处理

(1)依据 1∶50000 标准分幅地形图,对所有建库的纸介质成果图全部进行几何校正处理,以消除纸介质成果图的误差。

(2)依据较新的航空卫星资料对近年来变化的公路、铁路等进行修改补充。

(3)为使平度市土种的名称与省归属要求相对应,在耕地资源管理信息系统数据库建设前,首先对土壤图中所有图斑内容进行检查统计,错漏注释及边界问题交项目市进行修改补充及编制土种归属表,最后由省土肥站进行土种归属复查处理。为方便县域土壤图的利用和对比，建库后的图中仍保留了原县域土壤图的土种代码，编制了省标、县土壤名称及代码对比表，属性挂接为县域土种代码。

(4)由于县域耕地资源管理信息系统数据字典中划分的地貌名称少，其地貌名称不能一一对应，在建库时尽量选择与数据字典中相近的地貌名称进行编码。为方便地貌图的利用和对比，在地貌图中保留了原地貌图的名称和代码。图例中增加了建库数据字典中规定的地貌名称、代码与县原地貌名称、代码的对比表，属性挂接为数据字典中规定的地貌名称和代码。

(5)对已有资料坐标系不统一问题，依据数据库建设要求，所有成果全部统一到高斯—克吕格投影、6 度分带、1954 年北京坐标系中。

(6)对已有成果资料专业内容和地名注释错漏问题，全部打印成图件和文字交项目市进行全面检查和补充，依据项目市的检查结果逐条进行修改。

(7)对没有统一的土壤分类与代码问题，编制了全省统一的土类、亚类、土属代码及县域土种代码。

由于 20 世纪 80 年代山东省第二次土壤普查汇总时没有制定全省统一的县域土壤代码，无法满足目前全国开展的耕地地力评价及县域耕地资源管理信息系统建库工作统一化、标准化和科学实施测土施肥的需要，为了满足其建库和科学施肥工作的需要，依据县域耕地资源管理信息系统数据字典中土壤类型代码要求及山东省第二次土壤普查土种归属的要求，以满足本次建库工作的需要为基础，编制了山东省第二次土壤普查分类的土类、亚类、土属、土种的代码。其中土类、亚类、土属的代码以山东省第二次土壤普查土种归属表为准，土种代码以每个县级为单元，按土种的顺序编制。

分类原则与方法：本次编码工作，以山东省第二次土壤普查土种归属的要求为基础，以科学性、完整性、统一化、标准化、可扩展性等为原则，在山东省第二次土壤普查土种归属分类单元中仅对土类、亚类、土属的 3 个层级进行编码。针对第 4 层级的土种编码，每个县域为独立的单元编码。

代码结构与编码方法：代码结构，采用 4 个层次的编码方法对山东省第二次土壤普查县域成果进行编码，其代码结构为土类、亚类、土属、土种。编码方法，土类代码用第一层两位阿拉伯数字表示（每一个土类用两位阿拉伯数字表示，从“01”开始）。亚类代码用第二层两位阿拉伯数字表示，从“01”开始。土属代码用第三层两位阿拉伯数字表示，从“01”开始。土种代码用第四层两位阿拉伯数字表示，按每个县域的土种顺序从“01”开始。

山东省第二次土壤普查土种归属表中未列内容处理：裸岩是山东省第二次土壤普查土种归属表中未列其内容，但是山丘区的部分县土壤图中出现了裸岩图斑，由于中国土壤分类与代码国标中也没有裸岩内容，本次编码不分裸岩岩石类型，相当于增加一个土壤类型处理（土类、亚类、土属、土种）。

第三节 数据库标准化

一、标准引用

县域耕地资源管理信息系统数据字典中规定的国标及行业有关技术标准：

1. GB/T 2260—2002 《中华人民共和国行政区划代码》
2. NY/T 309—1996 《全国耕地类型区、耕地地力等级划分》
3. NY/T 310—1996 《全国中低产田类型划分与改良技术规范》
4. GB/T 17296—2000 《中国土壤分类与代码》
5. 全国农业区划委员会 《土地利用现状调查技术规程》
6. 国土资源部 《土地利用现状变更调查技术规程》
7. GB/T 13989—1992 《国家基本比例尺地形图分幅与编号》
8. GB/T 13923—1992 《国土基础信息数据分类与代码》
9. GB/T 17798—1999 《地球空间数据交换格式》
10. GB 3100—1993 《国际单位制及其应用》
11. GB/T 16831—1997 《地理点位置的纬度、经度和高程的标准表示方法》
12. GB/T 10113—2003 《分类编码通用术语》
13. GB/T 10114—2003 《县级以下行政区划代码编制规则》
14. GB/T 9648—1988 《国际单位制代码》
15. 农业部 《全国耕地地力调查与评价技术规程》
16. 农业部 《测土配方施肥技术规范(试行)》(2009 年)
17. 农业部 《测土配方施肥专家咨询系统编制规范(试行)》
18. 山东省县域土种归属标准
19. 山东省县域耕地地力评价标准
20. 山东省第二次土壤普查土种归属及代码等

二、空间坐标系及建库平台

(一)空间数据坐标系

投影:高斯—克吕格，6 度分带。1954 年北京坐标系，1956 年黄海高程系。比例尺:1∶50000。

(二)数据库采集模板和数据库文件格式

为使所有建库资料达到统一化和标准化，以及满足所有成果图件的输出和耕地资源地力评价工作的需要，对建库资料的扫描矢量化和几何校正处理工作均采用 MAPGIS 平台，数据库的文件格式为 MAPGIS 的点、线、面文件。待数据库成果评审验收和修改后，将 MAPGIS 的点、线、面格式转换为 Shape 格式，由 ARCGIS 平台进行数据库规范化处理，最后将数据库资料导入县域耕地资源管理信息管理系统。

第四节　数据库结构

一、空间数据库图层划分

空间数据库图层划分是严格按照县域耕地资源管理信息系统数据字典要求分层的，每层只反映属性相同的内容。平度市耕地资源管理信息系统数据库建设包括土地利用现状图、第二次土壤普查成果和耕地地力评价等三部分内容，山东省空间数据库图层划分情况如表 8-1 所示。

表 8-1　耕地资源管理信息系统空间数据库分层表

序号	图层代码	图层名称	序号	图层代码	图层名称
1	AD101	行政区划图	18	SP103	耕层土壤有效磷等值线图
2	AD102	县乡村位置图	19	SP104	耕层土壤速效钾等值线图
3	AD103	行政界线图	20	SP105	耕层土壤缓效钾等值线图
4	AD201	辖区边界图	21	SP106	耕层土壤有效锌等值线图
5	AD202	装饰边界图	22	SP108	耕层土壤有效钼等值线图
6	GE103	面状水系图	23	SP109	耕层土壤有效铜等值线图
7	GE104	线状水系图	24	SP110	耕层土壤有效硅等值线图
8	GE105	道路图	25	SP111	耕层土壤有效锰等值线图
9	GE201	坡度图	26	SP112	耕层土壤有效铁等值线图
10	GE203	地貌类型分区图	27	SP201	耕层土壤 pH 等值线图
11	LM102	灌溉分区图	28	SP113	耕层土壤交换性钙等值线图
12	LU101	土地利用现状图	29	SP114	耕层土壤交换性镁等值线图
13	SB101	土壤图	30		耕层土壤有效硫等值线图
14	SB203	地下水矿化度等值线图	31		耕层土壤水解性氮等值线图
15	SB302	耕地地力调查点点位图	32		耕地地力评价等级图
16	SP101	耕层土壤有机质等值线图	33		耕层土壤有效硼等值线图
17	SP102	耕层土壤全氮等值线图			

注：本表为山东省统一的分层情况，平度市为部分图件。

二、属性数据库结构

属性数据结构内容严格按县域耕地资源管理信息系统数据字典及建库县提供的资料编制，属性数据库结构如表 8-2 所示。

表 8-2 耕地资源管理信息系统属性数据库结构表

图　名	属性数据结构	字段类型
行政区划图	内部标识码:系统内部 ID 号	长整型,9
	实体类型:point,polyline,polygon	文本型,8
	实体面积:系统内部自带	双精度,19,2
	实体长度:系统内部自带	长整型,10
	县内行政码:根据国家统计局“统计上使用的县以下行政区划代码编制规则”编制	长整型,6
县乡村位置图	内部标识码:系统内部 ID 号	长整型,9
	实体类型:point,polyline,polygon	文本型,8
	X 坐标:无,Y 坐标:无	双精度,19,2
	县内行政码:根据国家统计局“统计上使用的县以下行政区划代码编制规则”编制	长整型,6
	标注类型:村标注,乡标注,县标注	字符串,6
行政界线图	内部标识码:系统内部 ID 号	长整型,9
	实体类型:point,polyline,polygon	文本型,8
	实体长度:系统内部自带	长整型,10
	界线类型:根据国家基础信息标准(GB/T 13923—92)填写	文本型,40
辖区边界图	内部标识码:系统内部 ID 号	长整型,9
	实体类型:point,polyline,polygon	文本型,8
	实体面积:系统内部自带	双精度,19,2
	实体长度:系统内部自带	长整型,10
	要素代码:依据《国家基础地理信息数据分类与代码》编制要素代码	长整型,5
	要素名称:依据《国家基础地理信息数据分类与代码》编制要素名称	文本型,40
	行政单位名称:单位的实际名称填写	文本型,20
装饰边界图	内部标识码:系统内部 ID 号	长整型,9
面状水系图	内部标识码:系统内部 ID 号	长整型,9
	实体类型:point,polyline,polygon	文本型,8
	实体面积:系统内部自带	双精度,19,2
	实体长度:系统内部自带	长整型,10
	要素代码:依据《国家基础地理信息数据分类与代码》编制要素代码	长整型,5
	要素名称:依据《国家基础地理信息数据分类与代码》编制要素名称	文本型,40
	面状水系码:自定义编码	字符串,5
	面状水系名称:依据 2006 年 10 月版《山东省地图册》编制	字符串,20
	湖泊储水量:依据 1∶300000 地形图	字符串,8

续表

图　名	属性数据结构	字段类型
线状水系图	内部标识码:系统内部 ID 号	长整型,9
	实体类型:point,polyline,polygon	文本型,8
	实体长度:系统内部自带	长整型,10
	要素代码:依据《国家基础地理信息数据分类与代码》编制要素代码	长整型,5
	要素名称:依据《国家基础地理信息数据分类与代码》编制要素名称	文本型,40
	线状水系码:自定义编码	长整型,4
	线状水系名称:依据 2006 年 10 月版《山东省地图册》编制	文本型,20
	河流流量:无	长整型,6
道路图	内部标识码:系统内部 ID 号	长整型,9
	实体类型:point,polyline,polygon	文本型,8
	实体长度:系统内部自带	长整型,10
	要素代码:依据《国家基础地理信息数据分类与代码》编制要素代码	长整型,5
	要素名称:依据《国家基础地理信息数据分类与代码》编制要素名称	文本型,40
	公路代码:根据国家标准《公路路线命名编号和编码规则命名和编号规则》编制	文本型,11
	公路名称:根据国家标准《公路路线命名编号和编码规则命名和编号规则》编制	文本型 20
地貌类型分区图	内部标识码:系统内部 ID 号	长整型,9
	实体类型:point,polyline,polygon	文本型,8
	实体面积:系统内部自带	双精度,19,2
	实体长度:系统内部自带	长整型,10
	地貌类型:数据引自“中国科学院生物多样性委员会地貌类型代码库”(四类码)	文本型,18
灌溉分区图	内部标识码:系统内部 ID 号	长整型,9
	实体类型:point,polyline,polygon	文本型,8
	实体面积:系统内部自带	双精度,19,2
	实体长度:系统内部自带	长整型,10
	灌溉水源:县局提供数据	文本型,10
	灌溉水质:无	文本型,4
	灌溉方法:县局提供数据	文本型,18
	年灌溉次数:县局提供数据	文本型,2
	灌溉条件:无	文本型,4
	灌溉保证率:无	长整型,3
	灌溉模数:无	双精度,5,2
	抗旱能力:无	长整型,3

续表

图　名	属性数据结构	字段类型
土地利用现状图	内部标识码:系统内部 ID 号	长整型,9
	实体类型:point,polyline,polygon	文本型,8
	实体面积:系统内部自带	双精度,19,2
	实体长度:系统内部自带	长整型,10
	地类号:国土资源部发布的《全国土地分类》三级类编码	长整型,3
	平差面积:无	双精度,7,2
土壤图	内部标识码:系统内部 ID 号	长整型,9
	实体类型:point,polyline,polygon	文本型,8
	实体面积:系统内部自带	双精度,19,2
	实体长度:系统内部自带	长整型,10
	土壤国标码:土壤类型国标分类系统编码	长整型,8
地下水矿化度等值线图	内部标识码:系统内部 ID 号	长整型,9
	实体类型:point,polyline,polygon	文本型,8
	实体长度:系统内部自带	长整型,10
	地下水矿化度:依据县级矿化度图实际数据填写	双精度,5,1
耕地地力调查点点位图	内部标识码:系统内部 ID 号	长整型,9
	实体类型:point,polyline,polygon	文本型,8
	X 坐标:北京 54 坐标系	双精度,19,2
	Y 坐标:北京 54 坐标系	双精度,19,2
	点县内编号 AP310102:自定义编号	长整型,8
行政区基本情况数据表	县内行政码 SH110102:根据国家统计局“统计上使用的县以下行政区划	长整型,6
	代码编制规则”编制	字符串,6
	省名称:山东省	字符串,8
	县名称:××市,××区,××县	字符串,18
	乡名称:××乡,××镇,××街道	字符串,18
	村名称:××村,××委员会	字符串 20
	行政单位名称:××市,××区,××县,××乡,××镇,××街道,××村,××委员会	字符串 7
	总人口:无	字符串 7
	农业人口:无	字符串 7
	非农业人口:无	双精度,11,2
	国民生产总值 GNP:无	字符串,20
县级行政区划代码表	行政单位名称:××市,××区,××县,××乡××镇××街道××村××委员会	长整型,6
	县内行政码 SH110102:根据国家统计局“统计上使用的县以下行政区划代码编制规则”编制	长整型 9

续表

图 名	属性数据结构	字段类型
土地利用现状地块数据表	内部标识码:系统内部 ID 号	长整型 9
	地类号:国土资源部发布的《全国土地分类》三级类编码	字符串,3
	地类名称:国土资源部发布的《全国土地分类》三级类名称	字符串,20
	计算面积:无	双精度,7,2
	地类面积:无	双精度,7,2
	平差面积:无	双精度,7,2
	报告日期:无	日期型,10
土壤类型代码表	土壤国标码:土壤类型国标分类系统编码	字符串,8
	土壤国标名:土壤类型国标分类系统名称	字符串,20
耕地地力调查点基本情况及化验结果数据表	灌溉水源:县提供数据	字符串,10
	灌溉方法:县提供数据	字符串,18
	调查点国内统一编号:自定义编号	字符串,14
	调查点县内编号:自定义编号	字符串,8
	调查点自定义编号 AP310103:自定义编号	字符串,40
	调查点类型:耕地地力调查点	字符串,20
	户主联系电话:区号一本地电话号码	字符串,13
	调查人联系电话:区号一本地电话号码	字符串,13
耕地地力调查点基本情况及化验结果数据表	调查人姓名:××××	字符串,8
	调查日期:采集当天日期	日期型,10
	≥0℃积温:无	字符串,5
	≥10℃积温:无	字符串,5
	年降水量:县提供数据	字符串,4
	全年日照时数:无	字符串,4
	光能辐射总量:无	字符串,4
	无霜期:县提供数据	字符串,3
	干燥度 CW210107:无	双精度,4,2
	东经:县提供数据	双精度,9,5
	北纬:县提供数据	双精度,8,5
	坡度:地形坡度海拔:海拔高度	双精度,6,1
	坡向:缺少数据	双精度,4,1
	地形部位:数据引用自《全国耕地类型区、耕地地力等级划分》(NY/T 309—1996)和《全国中低产田类型划分与改良技术规范》(NY/T 310—1996)	字符串,50
	田面坡度:依据田面实际坡度灌溉保证率:无	双精度,4,1
	排涝能力:无	字符串,3
	梯田类型:无	字符串,2
	梯田熟化年限:无	字符串,10
	保护块面积:无	字符串,3
	土壤侵蚀类型:无	双精度,7,2
	土壤侵蚀程度:无明显侵蚀,轻度侵蚀	字符串,8

续表

图名	属性数据结构	字段类型
	污染源企业名称:无	字符串,20
	污染源企业地址:无	字符串,50
	液体污染物排放量:无	字符串,50
	粉尘污染物排放量:无	双精度,6,1
	污染面积 LE220105:无	双精度,6,1
	污染物类型:无	双精度,9,2
	污染范围:无	字符串,20
	污染造成的损害:无	字符串,40
	距污染源距离:无	字符串,30
	污染物形态:无	字符串,5
	污染造成的经济损失:无	字符串,4
	省名称:山东省	字符串,9
	县名称:××市,××区,××县	字符串,8
	乡名称:××乡,××镇,××街道	字符串,18
	村名称:××村,××委员会	字符串,18
	户主姓名	字符串,8
	土壤类型代码(国标):根据县提供数据填写	字符串,8
耕地地力调查点基本情况及化验结果数据表	土类名称(县级):县提供数据	字符串,20
	亚类名称(县级):县提供数据	字符串,20
	土属名称(县级):县提供数据	字符串,20
	土种名称(县级):县提供数据	字符串,20
	剖面构型:土层符号代码表、土层后缀符号代码表、剖面构型数据编码表	字符串,10
	是根据《中国土种志》整理	字符串,8
	质地构型:无	字符串,2
	耕层厚度:县提供数据	字符串,10
	障碍层类型:无	字符串,3
	障碍层出现位置:无	字符串,3
	障碍层厚度:无	字符串,30
	成土母质:数据引自农业出版社《土壤调查与制图》(第二版)	字符串,6
	质地:中壤土,重壤土,沙壤土	双精度,4,2
	容重:县提供数据	字符串,2
	田间持水量:县提供数据	双精度,4,1
	pH:依据土壤化学分析 pH 耕地地力等级评价成果填写	双精度,4,1
	CEC:依据土壤化学分析 CEC 值耕地地力等级评价成果填写	双精度,5,1
	有机质:依据土壤化学分析有机质值耕地地力等级评价成果填写	双精度,6,3
	全氮:依据土壤化学分析全氮值耕地地力等级评价成果填写	字符串,5
	全磷:依据土壤化学分析全磷值耕地地力等级评价成果填写	双精度,5,1
	有效磷:依据土壤化学分析有效磷值耕地地力等级评价成果填写	字符串,4
	缓效钾:依据土壤化学分析缓效钾值耕地地力等级评价成果填写	字符串,3

续表

图 名	属性数据结构	字段类型
耕地地力调查点基本情况及化验结果数据表	速效钾:依据土壤化学分析速效钾值耕地地力等级评价成果填写	双精度,5,2
	有效锌:依据土壤化学分析有效锌值耕地地力等级评价成果填写	双精度,4,2
	水溶态硼:依据土壤化学分析水溶态硼值耕地地力等级评价成果填写	双精度,6,2
	有效硅:依据土壤化学分析有效硅值耕地地力等级评价成果填写	双精度,4,2
	有效钼:依据土壤化学分析有效钼值耕地地力等级评价成果填写	双精度,5,2
	有效铜:依据土壤化学分析有效铜值耕地地力等级评价成果填写	双精度,5,1
	有效锰:依据土壤化学分析有效锰值耕地地力等级评价成果填写	双精度,6,1
	有效铁:依据土壤化学分析有效铁值耕地地力等级评价成果填写	双精度,6,1
	交换性钙:依据土壤化学分析交换性钙值耕地地力等级评价成果填写	双精度,5,1
	交换性镁:依据土壤化学分析交换性镁值耕地地力等级评价成果填写	双精度,5,1
	有效硫:依据土壤化学分析有效硫值耕地地力等级评价成果填写	双精度,5,1
	盐化类型:无	字符串,20
	1m土层含盐量:无	双精度,5,1
	耕层土壤含盐量:无	双精度,5,1
	水解氮:依据土壤化学分析水解性氮值耕地地力等级评价成果填写	双精度,5,3
	旱季地下水位:无	字符串,3
	采样深度:县提供数据	字符串,7
耕层土壤有机质等值线图	内部标识码:系统内部ID号	长整型,9
	实体类型:point,polyline,polygon	文本型,10
	实体长度:系统内部自带	长整型,10
	有机质:依据土壤化学分析有机质值耕地地力等级评价成果填写	双精度,5,1
耕层土壤全氮等值线图	内部标识码:系统内部ID号	长整型,9
	实体类型:point,polyline,polygon	文本型,10
	实体长度:系统内部自带	长整型,10
	全氮:依据土壤化学分析全氮值耕地地力等级评价成果填写	双精度,4,2
耕层土壤有效磷等值线图	内部标识码:系统内部ID号	长整型,9
	实体类型:point,polyline,polygon	文本型,10
	实体长度:系统内部自带	长整型,10
	有效磷:依据土壤化学分析有效磷值耕地地力等级评价成果填写	双精度,5,1
耕层土壤速效钾等值线图	内部标识码:系统内部ID号	长整型,9
	实体类型:point,polyline,polygon	文本型,10
	实体长度:系统内部自带	长整型,10
	速效钾:依据土壤化学分析速效钾值耕地地力等级评价成果填写	长整型,3

续表

图　名	属性数据结构	字段类型
耕层土壤缓效钾等值线图	内部标识码:系统内部ID号 实体类型:point,polyline,polygon 实体长度:系统内部自带 缓效钾:依据土壤化学分析缓效钾值耕地地力等级评价成果填写	长整型,9 文本型,10 长整型,10 长整型,4
耕层土壤有效锌等值线图	内部标识码:系统内部ID号 实体类型:point,polyline,polygon 实体长度:系统内部自带 有效锌:依据土壤化学分析有效锌值耕地地力等级评价成果填写	长整型,9 文本型,10 长整型,10 双精度,5,2
耕层土壤有效钼等值线图	内部标识码:系统内部ID号 实体类型:point,polyline,polygon 实体长度:系统内部自带 有效钼:依据土壤化学分析有效钼值耕地地力等级评价成果填写	长整型,9 文本型,10 长整型,10 双精度,4,2
耕层土壤有效铜等值线图	内部标识码:系统内部ID号 实体类型:point,polyline,polygon 实体长度:系统内部自带 有效铜:依据土壤化学分析有效铜值耕地地力等级评价成果填写	长整型,9 文本型,10 长整型,10 双精度,5,2
耕层土壤有效硅等值线图	内部标识码:系统内部ID号 实体类型:point,polyline,polygon 实体长度:系统内部自带 有效硅:依据土壤化学分析有效硅值耕地地力等级评价成果填写	长整型,9 文本型,10 长整型,10 双精度,6,2
耕层土壤有效锰等值线图	内部标识码:系统内部ID号 实体类型:point,polyline,polygon 实体长度:系统内部自带 有效锰:依据土壤化学分析有效锰值耕地地力等级评价成果填写	长整型,9 文本型,10 长整型,10 双精度,5,1
耕层土壤有效铁等值线图	内部标识码:系统内部ID号 实体类型:point,polyline,polygon 实体长度:系统内部自带 有效铁:依据土壤化学分析有效铁值耕地地力等级评价成果填写	长整型,9 文本型,10 长整型,10 双精度,5,1
耕层土壤pH等值线图	内部标识码:系统内部ID号 实体类型:point,polyline,polygon 实体长度:系统内部自带 pH:依据土壤化学分析pH耕地地力等级评价成果填写	长整型,9 文本型,10 长整型,10 双精度,4,1

续表

图　名	属性数据结构	字段类型
耕层土壤交换性钙等值线图	内部标识码：系统内部 ID 号 实体类型：point，polyline，polygon 实体长度：系统内部自带 交换性钙：依据土壤化学分析交换性钙值耕地地力等级评价成果填写	长整型，9 文本型，10 长整型，10 双精度，6，1
耕层土壤交换性镁等值线图	内部标识码：系统内部 ID 号 实体类型：point，polyline，polygon 实体长度：系统内部自带 交换性镁：依据土壤化学分析交换性镁值耕地地力等级评价成果填写	长整型，9 文本型，10 长整型，10 双精度，5，1
耕层土壤有效硫等值线图	内部标识码：系统内部 ID 号 实体类型：point，polyline，polygon 实体长度：系统内部自带 有效硫：依据土壤化学分析有效硫值耕地地力等级评价成果填写	长整型，9 文本型，10 长整型，10 双精度，5，1
耕层土壤水解氮等值线图	内部标识码：系统内部 ID 号 实体类型：point，polyline，polygon 实体长度：系统内部自带 水解性氮：依据土壤化学分析水解性氮值耕地地力等级评价成果填写	长整型，9 文本型，10 长整型，10 双精度，5，3
耕地地力评价等级图	内部标识码：系统内部 ID 号 实体类型：point，polyline，polygon 实体面积：系统内部自带 等级(县内)：120	长整型，9 文本型，10 双精度，19，2 文本型，2
耕层土壤有效硼等值线图	内部标识码：系统内部 ID 号 实体类型：point，polyline，polygon 实体长度：系统内部自带 有效硼：依据土壤化学分析有效硼值耕地地力等级评价成果填写	长整型，9 文本型，10 长整型，10 双精度，4，2
土壤全盐含量分布图	内部标识码：系统内部 ID 号 实体类型：point，polyline，polygon 实体长度：系统内部自带 全盐：依据土壤化学分析全盐值耕地地力等级评价成果填写	长整型，9 文本型，10 长整型，10 双精度，4，1
耕层土壤有效镁等值线图	内部标识码：系统内部 ID 号 实体类型：point，polyline，polygon 实体长度：系统内部自带 有效镁：依据土壤化学分析有效镁值耕地地力等级评价成果填写	长整型，9 文本型，10 长整型，10 长整型，2

续表

图　名	属性数据结构	字段类型
耕层土壤有效钙等值线图	内部标识码:系统内部ID号	长整型,9
	实体类型:point,polyline,polygon	文本型,10
	实体长度:系统内部自带	长整型,10
	有效钙:依据土壤化学分析有效钙值耕地地力等级评价成果填写	长整型,2

第五节　建库工作方法

一、数据库质量控制

数据库质量涉及三方面的工作:一要满足耕地地力评价工作的需要;二要满足耕地资源管理信息系统数据库建设的需要;三要满足建库所有成果图件输出的需要。为满足以上方面的要求,在数据库建设工作开展前,首先在有关国标、部标和行业标准的基础上,制定统一的工作平台、工作方法和流程,成果图件图名、图例和色彩编制要求,成果质量检查工作方法。对于耕地地力评价基础性图件,首先在建库单位初步检查后,交项目市进行全面检查和修改、补充错漏内容,然后返回建库单位对所有成果图件安排专人进行全面检查和修改,从而可以保证数据库的成果质量。

二、建库工作有关规定

为保证建库工作的按时及保质完成,成立了建库项目组。

建库项目组:设立技术负责人一名,全面负责建库工作有关规程的学习、日常建库工作安排、工作进度、质量检查、建库数据库资料汇总、MAPGIS格式建库成果经ARCGIS规范化处理、导入县域耕地资源管理信息系统等工作。

质量检查组:安排具有工作经验的人员成立检查组,负责所有建库资料的质量检查及修改工作。

建库工作标准:在建库工作前,首先把建库图形子图的大小、线的粗细及线型、面的色彩搭配、图件分层、工作方法和流程下发到每一个建库工作人员手中,统一建库图形扫描矢量化的技术要求。

最终成果检查:所有成果图待评审验收后,依据专家意见,由建库组和耕地地力评价组依据专家和甲方意见进行成果图和数据库修改补充,最后输出成果图件和导入县域耕地资源管理信息系统。

三、建库资料精度及建库工作流程

(一)建库资料精度

为保证建库资料的数学精度,首先形成大于平度市范围的1∶50000标准图幅理论图框，拼接形成县域的 1∶50000 理论图框，以 1∶50000 标准分幅地形图为基础，在地形图和县域土地利用现状图上选择同名地物点（主要为农村道路交叉点等）为几何校正点。为保证县域图件的精度，平度市共选取不少于 30 个的几何校正点。每一个几何校正点选择地形图附近的 4 个公里网交叉点，将其校正到县域的理论图框上，形成满足 1∶50000 精度要求的县域地理底图。以该图为基础，将所有建库成果图件校正到县域地理底图上。

（二）建库工作流程

第一步：按照建库工作的基本要求，对土地利用现状、土壤、灌溉分区、地貌、采样点位等图件进行扫描矢量化和几何校正处理、建库组错漏自查和交甲方进行错漏检查、返回建库组修改及编辑、拓扑检查、属性挂接处理等。第二步：将以上成果交耕地地力评价组进行耕地地力评价工作。第三步：耕地地力评价组将其评价成果资料再返回建库组，由建库组按照县域耕地资源管理信息系统数据库建设要求，对所有建库成果资料进行全面的质量检查及编辑处理、拓扑处理、属性挂接，最后由 MAPGIS—ARCGIS—县域耕地资源管理信息系统及时输出成果图件。

（三）主要空间数据库说明

行政区划图（地理底图）：以土地利用现状图为背景，分别提取乡镇、村庄、主要工矿企业建设用地和主要道路、河流、境界、行政区划等内容。参考地图或 1∶50000 地形图，对主要道路、双线河流等地物进行连接并加注地物注记。依据卫星影像等资料，对近年来增加的主要道路进行更新。

土壤图：依据土壤调查研究报告、土壤志、山东省土壤分类归属标准，编制土种归属对比表和省标与县级对比表图例。在土壤图上保留土壤图原始代码，属性挂接为新编的县域土种代码，可满足各级政府工作的需要。

地貌图：由于地貌图为微地貌图，为满足各级政府使用及建库工作的需要，在地貌图中保留了原地貌代码，其属性尽量对应到数据字典中的名称及代码，在图例中增加了对比表，以满足各项工作的需要。

（四）属性库编制方法

严格按照建库数据字典中的要求及建库单位提供的资料编制各种成果图属性代码。

第六节　建库成果

平度市耕地资源管理信息系统数据库建设成果包括农业部规定格式的数据库和 MAPGIS 格式的成果，共计 24 幅图，如表 8-3 所示。

表 8-3　　平度市耕地资源管理信息系统数据库建设成果表

序　号	成果图名称	备　注
1	平度市土地利用现状图	
2	平度市地貌图	
3	平度市土壤图	

续表

序 号	成果图名称	备 注
4	平度市坡度图	
5	平度市耕地地力调查点点位图	
6	平度市灌溉分区图	
7	平度市耕地地力评价等级图	
8	平度市土壤 pH 分布图	
9	平度市土壤有机质含量分布图	
10	平度市土壤碱解氮含量分布图	
11	平度市土壤全氮含量分布图	
12	平度市土壤有效磷含量分布图	
13	平度市土壤速效钾含量分布图	
14	平度市土壤缓效钾含量分布图	
15	平度市土壤交换性钙含量分布图	
16	平度市土壤交换性镁含量分布图	
17	平度市土壤有效硫含量分布图	
18	平度市土壤有效硅含量分布图	
19	平度市土壤有效铁含量分布图	
20	平度市土壤有效锰含量分布图	
21	平度市土壤有效铜含量分布图	
22	平度市土壤有效锌含量分布图	
23	平度市土壤有效硼含量分布图	
24	平度市土壤有效钼含量分布图	

平度市耕地资源管理信息系统数据库建设包括空间数据库和属性数据库两部分内容。空间数据库全部是按照县域耕地资源管理信息系统数据字典要求进行的。属性数据库由于部分资料难以收集到(如土地平差面积等),属性数据仅按照县域耕地资源管理信息系统数据字典要求编制了部分内容。还有,例如耕地地力评价土壤采样点位图,利用GPS坐标展绘到地理底图上点与实际点位误差较大,达不到精度要求,所以耕地地力评价土壤调查采样点位图是依据野外采样点位图经扫描矢量化后形成,属性挂接为GPS定点的坐标。

专题一　平度市耕地改良利用分区专题报告

耕地是农业生产和农业可持续发展的重要基础。耕地维持着作物生产力，影响着环境的质量和动植物甚至人类的健康。自 1981 年第二次土壤普查以来，随着农村经营体制、耕作制度、作物品种、种植结构、产量水平和肥料施用等方面的显著变化，耕地利用状况也发生了明显改变。近年来，虽然对部分耕地实施了地力监测，但至今对区域中低产耕地状况及其障碍因素等缺乏系统性、实用性的调查分析，使耕地利用与改良难以适应新形势下农业生产发展的要求。因此，开展区域耕地地力调查评价，摸清区域中低产耕地状况及其障碍因素，有的放矢地开展中低产耕地的科学改良利用，挖掘区域耕地的生产潜力，对于平度市耕地资源的可持续利用具有十分重要的意义。

一、耕地改良利用分区原则与系统

(一)耕地改良利用分区原则

耕地改良利用分区的基本原则是：从耕地自然条件出发，主导性、综合性、实用性和可操作性相结合，按照因地制宜、因土适用合理利用和配置耕地资源，充分发挥各类耕地的生产潜力，坚持"用地与养地相结合、近期与长远相结合"原则，以土壤组合类型、肥力水平、改良方向和主要改良措施的一致性为主要依据，同时考虑地貌、气候、水文和生态等条件以及植被类型，参照历史与现状等因素综合考虑进行分区。

(二)耕地改良利用分区系统

根据耕地改良利用原则，将影响耕地利用的各类限制因素归纳为耕地自然环境要素、耕地土壤养分要素和耕地土壤物理要素，将全市耕地改良利用划分为 3 个改良利用类型区，即耕地自然环境条件改良利用区、耕地土壤培肥改良利用区、耕地土体整治改良利用区，并分别用大写字母 E、N 和 P 表示。各改良利用类型区内，再根据相应的限制性主导因子，续分为相应的具体改良利用亚类。

二、耕地改良利用分区方法

(一)耕地改良利用分区因子

耕地改良利用分区因子是指参与评定改良利用分区类型的耕地诸属性。由于影响的因素很多，根据耕地地力评价，遵循主要因素原则、差异性原则、稳定性原则、敏感性原则，进行限制主导因素的选取。考虑与耕地地力评价中评价因素的一致性，以及各土壤养分的丰缺状况及其相关要素的变异情况，选取耕地土壤有机质含量、耕地土壤有效磷含量、耕地土壤速效钾含量、耕地土壤有效锌含量和耕地土壤有效硼含量作为耕地土壤养分状况的限制性主导因子；选取灌溉保证率、坡度和有效土层厚度作为耕地自然环境状况的限制性主导因子；选取耕层质地条件和土体构型作为耕地土壤物理状况的限制性主导因子。

（二）耕地改良利用分区标准

依据农业部《全国中低产田类型划分与改良技术规范》，根据山东省各县市区耕地地力评价资料，综合分析目前全省各耕地改良利用因素的现状水平，同时针对影响平度市耕地利用水平的主要因素，邀请具有土壤管理经验的相关专家进行分析，制定耕地改良利用各主导因子的分区及其耕地改良利用类型的确定标准，具体分级标准如专题表 1-1 所示。

专题表 1-1　　耕地改良利用主导因子分区标准

耕地改良利用区划	限制因子	代号	分区标准
耕地土壤培肥改良利用区(N)	有机质(o,g/kg)	No	<12
	有效磷(p,mg/kg)	Np	<15
	速效钾(k,mg/kg)	Nk	<100
	有效锌(zn,mg/kg)	Nzn	<0.5
	有效硼(b,mg/kg)	Nb	<0.5
耕地自然环境条件改良利用区(E)	灌溉保证(i,%)	Ei	灌溉保障率低于 50%
	坡度(s,度)	Es	>10°
	有效土层(d,cm)	Ed	<60cm
耕地土体整治改良利用区(P)	耕层质地(t)	Pt	砂土、沙壤、粗骨土
	土体构型(c)	Pc	土体中有障碍层次

（三）耕地改良利用分区方法

在 GIS 支持下，利用耕地地力评价单元图，根据耕地改良利用各主导因子分区标准，在其相应的属性库中进行检索分析，确定各单元相应的耕地改良利用类型，通过图面编辑生成耕地改良利用分区图，并统计各类型面积比例。

三、耕地改良利用分区专题图的生成

（一）耕地土壤培肥改良利用分区图的生成

根据耕地土壤养分限制因素分区标准，把平度市耕地有机质分为两类，即有机质改良利用区和有机质非改良利用区，有机质改良利用区用代号 No 标注。同样，有效磷改良利用区用代号 Np 标注，速效钾改良利用区用代号 Nk 标注，有效锌改良利用区用代号 Nzn 标注，有效硼改良利用区用代号 Nb 标注。编辑生成耕地土壤培肥改良利用分区图，如专题图 1-1 所示。

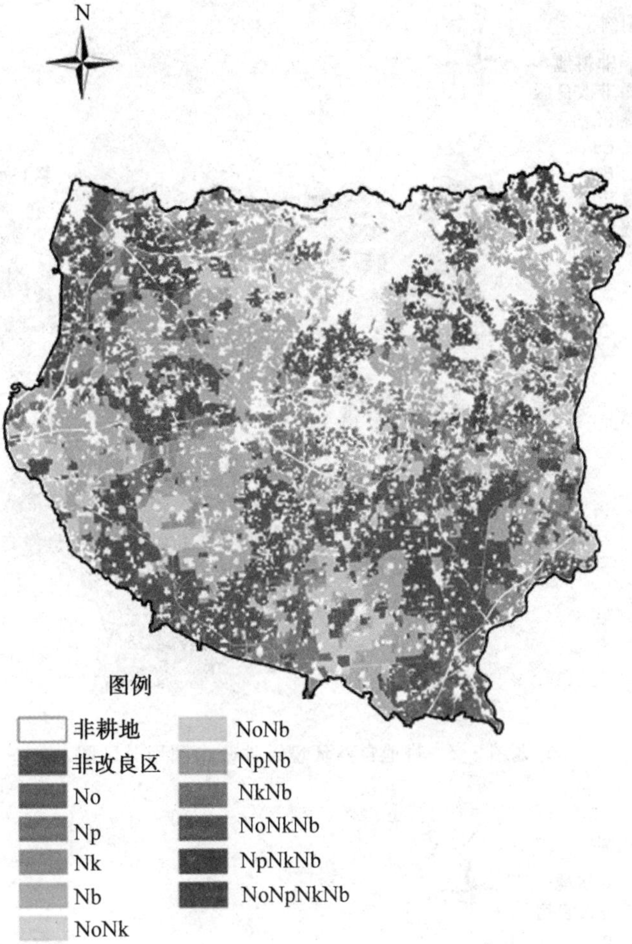

专题图 1-1　耕地土壤培肥改良利用分区图

（二）耕地自然环境条件改良利用分区图的生成

根据耕地自然环境条件限制因素分区标准进行平度市耕地改良利用分区。灌溉保证条件分为灌溉保证条件改良利用区和灌溉保证条件非改良利用区，灌溉保证条件改良利用区用代号 Ei 标注；坡度条件分为坡度条件改良利用区和坡度条件非改良利用区，坡度条件改良利用区用代号 Es 标注；有效土层厚度分为有效土层改良利用区和有效土层非改良利用区，有效土层改良利用区用代号 Ed 标注。标注结果如专题图 1-2 所示。

（三）耕地土体整治改良利用分区图的生成

根据耕地土地条件限制因素分区标准，耕地耕层质地条件改良利用区用符号 Pt 标注，耕地土体构型改良利用区用符号 Pc 标注。在 GIS 下检索生成耕地土体整治改良利用分区图，如专题图 1-3 所示。

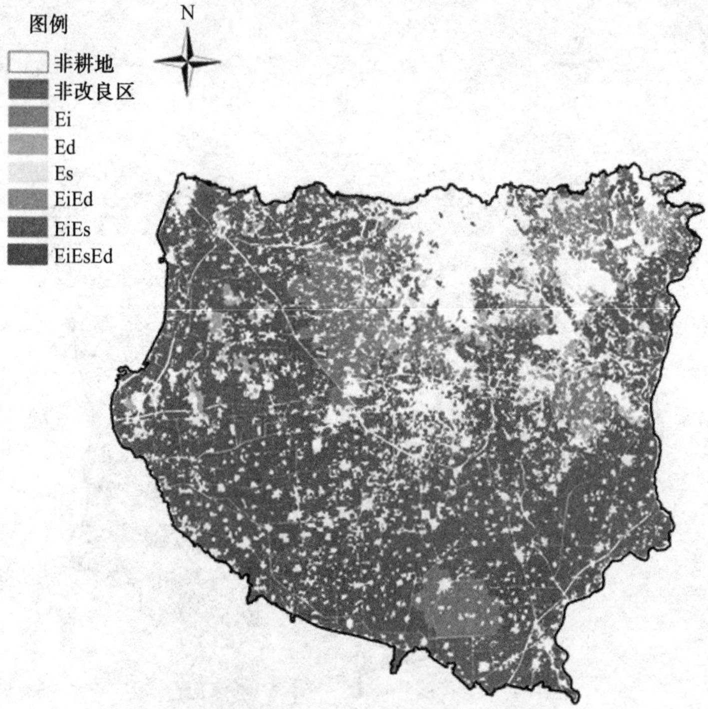

专题图 1-2　耕地自然环境条件改良利用分区图

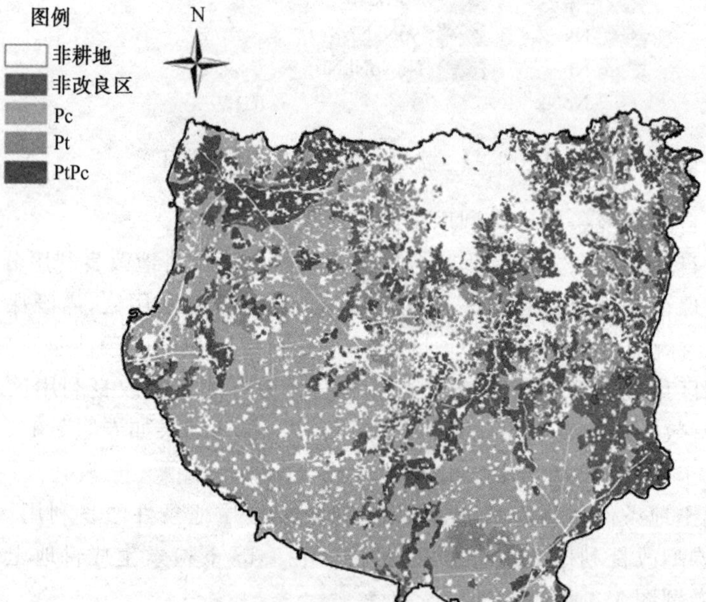

专题图 1-3　耕地土体整治改良利用专题图

四、耕地改良利用分区结果分析

(一)耕地土壤培肥改良利用分区面积统计及问题分析

平度市耕地土壤培肥改良利用分区各改良利用类型面积及其比例如专题表 1-2 所示。

专题表 1-2　　平度市耕地土壤培肥改良利用分区面积统计表

改良利用分区	No	Np	Nk	Nb	NoNk	NoNb
面积(hm^2)	11179.2	4392.34	9791.79	46548.88	3909.54	18559.4
百分比(%)	6.31	2.48	5.53	26.29	2.21	10.48
改良利用分区	NpNb	NkNb	NoNkNb	NpNkNb	NoNpNkNb	非改良区
面积(hm^2)	3659.7	15263.72	10313.66	3039.09	2823.09	47608.3
百分比(%)	2.07	8.62	5.82	1.72	1.59	26.88

由专题图 1-1 和专题表 1-2 可以看出,平度市土壤主要养分状况处于中等水平,非改良耕地面积为 47608.3hm^2,占耕地总面积的 26.88%。其中缺乏有机质的耕地面积为 46784.89hm^2,占耕地总面积的 26.42%,主要分布在北部山区的大泽山、店子、大田、旧店、祝沟、云山、崔召等地;缺乏钾素的耕地面积为 45140.89hm^2,占耕地总面积的 25.49%,主要分布在门村、店子、大田、旧店、祝沟、崔召、云山的低山丘陵区以及古岘、仁兆的大沽河冲积区;缺乏磷素的耕地面积为 14114.22hm^2,占耕地总面积的 7.97%,主要分布在北部山区和西部、南部的砂姜黑土区;缺乏硼素的耕地面积为 100207.54hm^2,占耕地总面积的 56.59%,分布范围广,几乎覆盖了除蔬菜地以外的所有耕地。缺乏单一养分的耕地面积为 71912.21hm^2,占耕地总面积的 40.61%;同时缺乏两种及多种养分的耕地面积为 57568.2hm^2,占耕地总面积的 32.51%。全市锌素含量较高,不需培肥改良。可以看出,平度市土壤养分的特点是耕地中单一养分缺乏较普遍,主要是硼素的大面积缺乏,有机质、有效磷、速效钾在不同地区也有不同程度的缺乏。需要培肥改良的耕地分布比较广泛。从总体来看,北部丘陵区和山区分布面积较大,南部相对比较平坦的地区相对较少,但均需要进行不同程度的培肥改良。

从各类型面积比例看出,平度市耕地土壤培肥改良的主要方向为增施钾肥和微肥(特别是硼肥),同时应注重有机肥料的施用,逐步提高土壤有机质和钾素含量。

(二)耕地自然环境条件改良利用分区面积统计及问题分析

平度市耕地自然环境条件改良利用分区各改良利用类型面积及其比例如专题表 1-3 所示。

专题表 1-3　　平度市耕地自然环境条件改良利用分区面积统计表

改良利用分区	Ei	Ed	Es	EiEs	EiEd	EiEsEd	非改良区
面积(hm^2)	20455.8	5670.87	427.21	901.65	3755.17	840.37	145037.7
百分比(%)	11.55	3.20	0.24	0.51	2.12	0.47	81.90

由专题图 1-2 和专题表 1-3 可以看出，平度市耕地自然环境条件较好，非改良区面积为 145037.7hm^2，占耕地总面积的 81.90%。由于自然环境条件受地势影响较大，因此，南部地形坡度较小的地区明显好于北部山区。在对平度市耕地自然环境条分析的基础上，得出仅有 18.10%的耕地面积需要改良，主要分布在东北部丘陵地区和南部兰底镇及其周边地区。其中灌溉保证水平需要提高的耕地面积为 25952.99hm^2，占耕地总面积的 14.65%；有效土层厚度需要改善的耕地面积为 10266.41hm^2，占耕地总面积的 5.79%；坡度条件需要改善的耕地面积为 2169.23hm^2，占耕地总面积的 1.22%。单一自然条件需要改善的耕地面积为 26553.88hm^2，占耕地总面积的 14.99%；多种自然条件需要改善的耕地面积为 5497.19hm^2，占耕地总面积的 3.10%。可见，平度市耕地自然环境条件改良利用的主要方向为改善耕地灌溉条件，尤其是北部山区的灌溉条件，提高其灌溉保证率；由于西南部砂姜黑土地区土壤中砂姜层次明显，严重制约作物的生长发育，要通过深耕等措施，着力增加有效土层厚度；北部的低山丘陵区地形坡度较大，应做好水土的保持工作，防止水土流失，损害耕层土壤。

（三）耕地土体整治改良利用分区面积统计及问题分析

平度市耕地土体整治改良利用分区各改良利用类型面积及其比例如专题表 1-4 所示。

专题表 1-4　　平度市耕地土体整治改良利用分区面积统计表

改良利用分区	Pc	Pt	PtPc	非改良区
面积(hm^2)	88793.01	28119.11	31795.37	28381.22
百分比(%)	50.14	15.88	17.95	16.03

由专题图 1-3 和专题表 1-4 可以看出，平度市耕地土体结构一般，不需改良的耕地面积为 28381.22hm^2，仅占耕地总面积的 16.03%。需要改良的耕地分布较为广泛，北部山区耕层土壤多为沙壤或砂土，南部地区土壤耕层中含有砂姜、浅黏等障碍性层次。其中，耕层质地较差的耕地面积为 59914.48hm^2，占耕地总面积的 33.83%，主要分布在北部山区；土体构型较差的耕地面积为 120588.38hm^2，占耕地总面积的 68.09%，分布在西部和南部地区。单一条件较差的耕地面积为 116912.12hm^2，占耕地总面积的 66.02%；两种条件都较差的耕地面积为 31795.37hm^2，占耕地总面积的 17.95%。

总之，对于北部地区，宜采取推广秸秆还田技术、增施有机肥料等措施来改善偏砂的土壤表层质地，对于南部地区，除采取上述措施外，还应采取深耕等措施来改善不良的土体结构，这将是平度市耕地土体整治改良的主要方向。

五、耕地改良利用对策及措施

（一）增加经济投入，加大耕地保护力度

农业是既要承担自然风险又要承担市场风险的弱质产业，所以，保护农业是国民经济发展中面临的重大问题。由于调控体制不健全，受比较利益驱使，各层次资金投入重点向非农业倾斜，资金投入不足已成为农业生产发展的主要制约因素。要达到农业增产的途径就要增加耕地投入，加强中低产田改造，不断提高耕地质量，从而提高耕地利用的经济效益。要依靠国家农业项目资金的支持，进一步加强对耕地改良利用的投入，通过对耕地的改良逐步消除制约耕地生产力的限制因素，培肥地力，改善农业生产条件和农田生态环境。

（二）平衡施肥，用养结合，增施有机肥料，培肥地力

长期以来，平度市在耕地开发利用上“重利用、轻培肥，重化肥、轻有机肥”，虽然全市化肥的施用量逐年增加，但有机肥投入量却逐年减少，且投入的化肥以氮、磷肥为主，引起土壤养分特别是速效钾和微量元素含量的下降和矿质养分的失衡。中低产田普遍存在速效钾含量偏低和微量元素特别是有效硼含量偏低等限制性因素。因此，要持续提高中低产耕地的基础地力，为农作物生长创造高产基础，必须将用地与养地妥善结合起来，广辟有机肥源，重视有机肥的施用，提倡秸秆还田和使用有机、无机复混肥。要充分利用全市耕地调查评价成果，制定科学的平衡施肥技术方案，指导化肥的合理调配施用，不断培肥地力，实现中低产耕地资源的持续利用。

（三）加强水利建设，改善灌溉条件，注重农田基本设施建设

水是作物生长的必要条件，灌排条件与耕地的基础地力有着密切的关系。因而可以通过采取以下措施，实现自然降水的空间聚集，改善区域农田的土壤水分状况，推广节水灌溉技术，改善和扩大灌溉面积。

（1）健全灌溉工程，改善灌区输水、配水设备，加强灌溉作业管理，改进地面灌溉技术，采用增产、增值的节水灌溉方法和灌溉技术。应加强水利建设，修筑田埂，防止水土冲刷；安排好水利规划，修好水渠，制止渗漏，加强管理，提高引灌水的利用率。

（2）人工富集天然降水，建造大、中、小型蓄水池、塘等蓄水体系，将集纳雨水、拦截径流和蓄水有效结合起来，在作物需水的关键时期进行灌溉，解决作物的需求和降水错位的矛盾，以充分发挥水分的增产效果。

（3）改善土壤结构，增加土壤的蓄水能力，通过对土壤增施有机物料（如施用有机肥、秸秆还田等）和应用土壤改良剂，改良土壤结构，增强土壤结构的稳定性，提高土壤对降水的入渗速率和持水量。

（四）采用农业措施改良土壤质地、改善土体结构

平度市北部山区耕地土壤限制性因素主要为土层薄、水土流失严重，要从调整土地利用结构和建设基本农田起步，改广种薄收为集约经营，改单一经营为农、林、牧、副全面发展，因地制宜，全面规划，综合治理，连续治理，实行生物措施与工程措施相结合、坡地治理与沟道治理相结合、田间工程和蓄水保土耕作相结合。在不宜种粮的粗骨土和石质土上，因地制宜地大力发展果药土特产。在土层较厚的地方，可以发展果粮间作，以尽快提高经济效益。在土层薄、地面坡度较大的东北部山区，应宜草种草、宜林造林、宜果栽果，防止水土流失。

（五）集约化利用耕地资源，发展生态型可持续农业，改善生态环境

耕地生态环境质量的高低是保证农作物持续稳产、高产、优产、高效的重要前提。根据平度市资源优势以及生态环境的特点，因地制宜地利用耕地资源，通过合理轮作、科学间套种等措施，提高复种指数，努力提高耕地资源的利用率；注重多物种、多层次、多时序、

多种产业的有机结合，建立生态型可持续农业系统，达到经济、生态和社会效益的高度统一。此外，应重新审视耕地承包到户政策所导致的耕地经营权分散在新形势下出现的不利于耕地资源规模集约经营的缺点，努力探讨建立“公司＋农户”或各种专业化合作组织等耕地规模集约经营模式，加快土地流转，在稳定农村土地承包经营权和坚持“依法、自愿、有偿”的原则前提下，建立政策支持机制，以土地适度规模经营推进农业产业化，实现农业土地集聚度和土地产出效率、效益的提升，提高耕地资源的集约经营和经济效益。

专题二　平度市土壤养分管理和施肥信息系统建立与应用专题报告

为适应现代农业发展需求，给一线农业生产者提供区域土壤养分管理和施肥信息服务平台，平度市农业局和青岛农业大学资源与环境学院采取校地联合的方式，利用平度市地图、土地利用现状图、行政区划图，在对样品分析结果和田间试验结果进行综合分析的基础上，以 MAPGIS 为工作平台，建立了土壤养分管理和施肥信息系统。于 2009 年 9 月，在江北(平度)农业信息网上安装使用。

土壤养分管理和施肥信息系统，以地块为最小单元，使测土配方施肥系统能够实现村级、农户级、地块级使用。该系统能够迅速查看某镇(街道办事处)土壤分布情况、种植某种作物该怎么样配方施肥、作物产量能够达到多少等，查阅方便、快捷，且信息准确可靠，为农业生产者、肥料经营者提供区域土壤肥力状况，并能结合施肥模型，利用计算机进行地块的施肥推荐，并为肥料生产、经营部门提供有效信息，提高农民科学施肥水平，提高肥料利用率，达到增加收入、保护环境的目的。

一、土壤养分管理和施肥信息系统设计

(一)系统的设计目标

本系统以地图图件、定位采样、调查和统计资料为主要信息源，以地理信息系统通用软件(MAPGIS)为平台，建立多层面图形与属性数据库。通过链接方式，将自行设计的软件与地理信息系统数据库有机链接。而软件所需要的原始数据(包括图形和属性数据)则通过服务器从数据库中提取，再将软件的运行结果展示给用户。利用 GIS 软件的数字制图功能和计算机的数据库技术，建立了土壤养分管理和施肥信息系统，形成以地块为最小单元的测土配方施肥系统，使测土配方施肥系统能够实现村级、地块级、农户级使用，突破了前人进行测土配方施肥系统不能达到地块级、农户级的瓶颈，为测土配方施肥技术的广泛推广打下了坚实的基础。

(二)系统的设计流程

本系统的设计流程如专题图 2-1 所示。

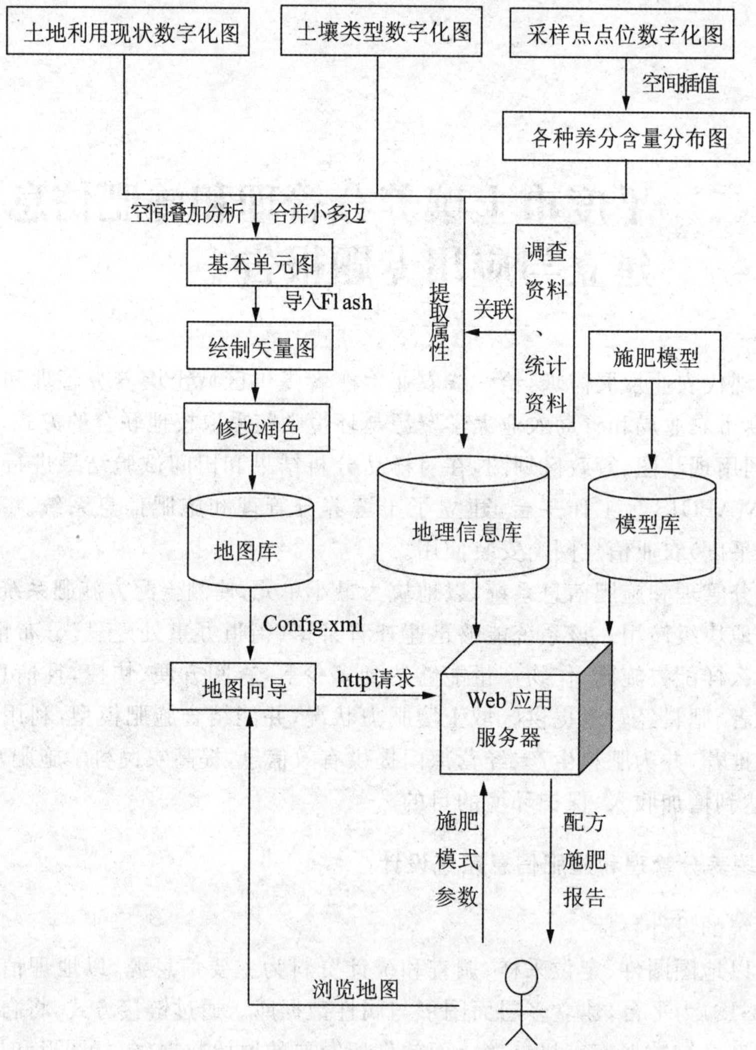

专题图 2-1　土壤养分管理和施肥信息系统技术路线图

（三）系统的结构体系

系统采用B/S架构，易于安装和发布。系统采用这种架构是完全可行且有必要的。一方面，现在的网络技术发展较快，网络应用广泛，网络基本铺设到村一级单位，因此农民上网比较方便；另一方面，地域信息量较大，而且经常需要更新，因此有必要采用数据集中管理的方式。考虑到使用地图向导功能，系统需要建立专门的地图库，存放地图信息，如市区图、乡图、村图、地块图等；地块信息、作物基本信息等数据则存放于地理信息库中，使用专门的数据库管理工具管理；模型库中存放各种专家经验知识和配方模型；Web应用服务器是系统应用核心，接受来自客户端的数据请求并处理，通过查询后台地图库、地理信息库和模型库，结合施肥模型最终计算配方结果并生成报告返回客户端；客户端则采用Flash和XML技术与服务器通信完成地图向导功能，客户端通过Jsp页面提交施肥参数后，由服务器生成配方报告通过Jsp页面返回到客户端。

(四)系统的开发环境

地理信息系统根据其内容可分为两大基本类型:一是应用型地理信息系统,以某一专业、领域或工作为主要内容,包括专题地理信息系统和区域综合地理信息系统;二是工具型地理信息系统,也就是商业通用 GIS 工具软件包,如 MAPGIS、MAPINFO、ARCVIEW 等,具有空间数据输入、存储、处理、分析和输出等 GIS 基本功能。一般而言,应用型 GIS 有 3 种主要的实现方式:独立开发、单纯二次开发和集成式二次开发。

本系统为应用型 GIS 开发,采用独立开发与集成式二次开发相结合的方式,以 MAPGIS 为工作平台,建立基础数据库。软件前端巧妙应用 Flash 和 XML 技术实现"地图向导"功能,实现网络对地图的常用操作功能,增强了系统的交互性,方便直观地引导用户使用系统。软件后台应用服务器采用"Java+Struts+Hibernate"技术,在开发过程中,实现了表现层、业务层和数据层地有效分离,提高了系统开发的效率和易维护性,系统具有良好的跨平台性和可移植性。既满足了系统的要求,又摆脱了专业 GIS 软件的束缚,还节约了系统的开发费用,这是本系统的独到之处。

1. 属性数据库建立

属性数据的收集、组织与管理是建立数据库的重点内容之一,数据组织是否合理将直接影响到数据库的质量、使用的速度与效率,因此,属性数据的收集、筛选、正确性检验以及属性数据在数据库里如何摆放等成为建立属性数据库的关键。属性数据库以 Microsoft Access 数据库来保存属性数据。数据在数据库中以记录为单位存储。一个记录由若干个字段组成,一个表中包含多个记录,一个数据库包含多个表。属性数据依次输入 Microsoft Access 数据库之后,最终要将数据文件转换为 MAPGIS 可以接收的"xx. wb"文件,因此,Microsoft Access 数据库中的字段属性必须设置合理。属性数据库中的部分字段属性如专题表 2-1 所示。

专题表 2-1 属性数据库中的部分字段属性

字段名	代　码	类　型	宽　度	小数位数
权属名称	QSMC	字符串	12	0
土地利用方式	TDLYFS	字符串	16	0
地类码	DLM	短整型	4	0
土属名称	TSMC	字符串	20	0
土种名称	TZMC	字符串	42	0
完整编码	WZBM	短整型	10	0
剖面编码	PMBM	短整型	12	0
成土母质	CTMZ	字符串	10	0
石灰反应	SHFY	字符串	4	0
障碍层次	ZACC	字符串	30	0
耕层厚度	GCHD	短整型	4	0

续表

字段名	代码	类型	宽度	小数位数
耕层质地	GCZD	字符串	8	0
采样点编号	CYDBH	短整型	4	0
全氮(g/kg)	QD	双精度型	4	2
碱解氮(mg/kg)	JJD	双精度型	4	2
有效磷(mg/kg)	YXL	双精度型	4	2
速效钾(mg/kg)	SXJ	双精度型	4	2
pH(H_2O)	PH	双精度型	4	2
有机质(g/kg)	YJZ	双精度型	4	2
有效铜(mg/kg)	YXT	双精度型	4	2
有效锰(mg/kg)	YXM	双精度型	4	2
有效铁(mg/kg)	YXT	双精度型	4	2
有效锌(mg/kg)	YXX	双精度型	4	2
有效钙(g/kg)	YXG	双精度型	4	2
有效镁(g/kg)	YXM	双精度型	4	2
有效硼(mg/kg)	YXP	双精度型	4	2
有效硫(mg/kg)	YXL	双精度型	4	2

2. 土壤养分图的制作

本系统中,采样点采用GPS接收仪进行精确定位。这样,每一个采样点就对应着一个采样点编号和X、Y坐标。将各采样点的坐标数据导入MAPGIS软件中,只需利用MAPGIS投影转换功能模块中的"用户文件投影转换"菜单生成采样点文件,叠加到矢量化后的行政区划图上,编制成为明了的土壤采样位点文件。在此基础上可通过关键字段(采样点编号)实现与土壤属性数据库的连接,建立包括各土壤采样点编号、坐标位置、具体地名、各项养分含量测试指标等属性数据在内的土壤采样点属性数据。

利用MAPGIS软件,传统的土壤养分图的制作过程可以大为简化。利用包含土壤各项养分含量数据属性的土壤采样点,通过MAPGIS的空间分析模块,精确地自动生成土壤养分分区文件。在MAPGIS的空间分析模块中,导入具有土壤养分含量数据的土壤采样点,提取指定养分属性数据,通过Kriging空间插值方法,利用现有的采样点养分含量数据对整个研究区耕地土壤养分含量进行推算预测,并绘制生成等值线图。最后通过叠加到行政区划图和土地利用现状图上,生成需要的各土壤养分含量分区图。

3. 空间数据与属性数据的连接

属性连接时,可以以属性数据或空间数据中的属性值作为关键字段来连接,也可以通过空间数据中的空间位置来连接。对于MAPGIS来说,空间数据和属性数据是统一进行管理的,属性数据可以单独存放,也可以和空间数据存放到一起,因此可以利用空间位置来进行属性连接。例如图斑范围内的零星地物,从空间上可以把两者对应起来。对于本系统中的土地利用数据库和基础地理数据库，一般来说，属性字段选择权属单位代码和图斑号或者图幅号和图斑号，或者三者都用，来唯一标识一个图斑，实现属性数据与空间数据的连接。对于土壤数据库来说，土壤类型图斑通过土壤类型编码实现与土壤类型数据库的连接，通过剖面点编号实现剖面点空间分布图与土壤典型剖面概况数据库库、土壤剖面层次数据库间的连接，采样点空间分布图与土壤养分数据库间的连接通过采样点编号实现。

二、基本单元图和地理信息库的构建

(一)基本单元图的制作

空间分析是 GIS 系统的重要功能之一，是 GIS 系统与计算机辅助绘图系统的主要区别。空间分析的对象是一系列跟空间位置有关的数据，这些数据包括空间坐标和专业属性两部分。其中，空间坐标用于描述实体的空间位置和几何形态，如土壤类型图斑、剖面点空间位置；专业属性则是实体某一方面的性质，如与土壤类型有关的系列属性。空间分析是一种将两层地图要素叠加产生一个新的要素层的操作，其结果是原来的要素被分割、剪断、套合，然后生成新的要素，新要素综合了原来两层要素所具有的属性。也就是说，空间叠加，不仅产生新的空间特征，还将实体的属性连接起来，产生新的属性。

本系统以 MAPGIS 为工作平台，利用空间分析功能模块，对数字化后的土壤类型图、土地利用现状图和各种养分含量分布图进行叠加分析，叠加过程如专题图 2-2 所示。将面积小于一定范围的多边形与相邻的具有某个共同属性的面积最大的多边形合并，形成以地块为最小单元的测土配方施肥基础单元图，使测土配方施肥能够实现村级、地块级、农户级使用，突破了前人进行测土配方施肥不能达到地块级、农户级的瓶颈，为测土配方施肥技术的广泛推广打下了坚实的基础。

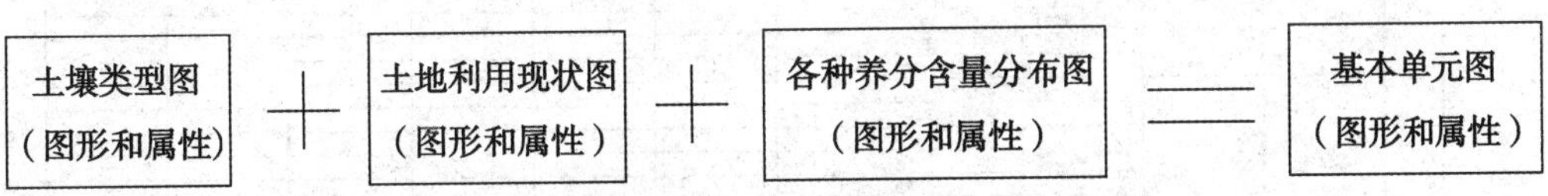

专题图 2-2　空间叠加分析过程示意图

(二)地理信息库的构建

调查资料主要包括农业生产信息、农户肥料施用情况信息、田间试验信息，统计资料包括农村基本情况、农业生产明细、农业生产条件等信息，这些信息都是进行推荐施肥的基础资料。把这些资料收集、整理完成后，利用 Microsoft Access 2003 软件输入，并增加一个关键字段制作成表单形式完成入库(其中，农户施肥情况调查表设计界面如专题图 2-3 所示)。该字段作为数据库各表之间建立各种关联关系的标识符，通过识别该字段来完成连接，这对于数据的存储、调用、校验都具有重要意义。用户通过系统建立的这些调查、统计资料，数据库可以查询、浏览历年种植作物品种、产量、病虫害发生情况、肥料施用量等数据信息。这有助于用户在了解研究区内的基本农业生产情况基础上，更好地利用本系统软件实施测土配方施肥项目，具体构建过程如专题图 2-4 所示。

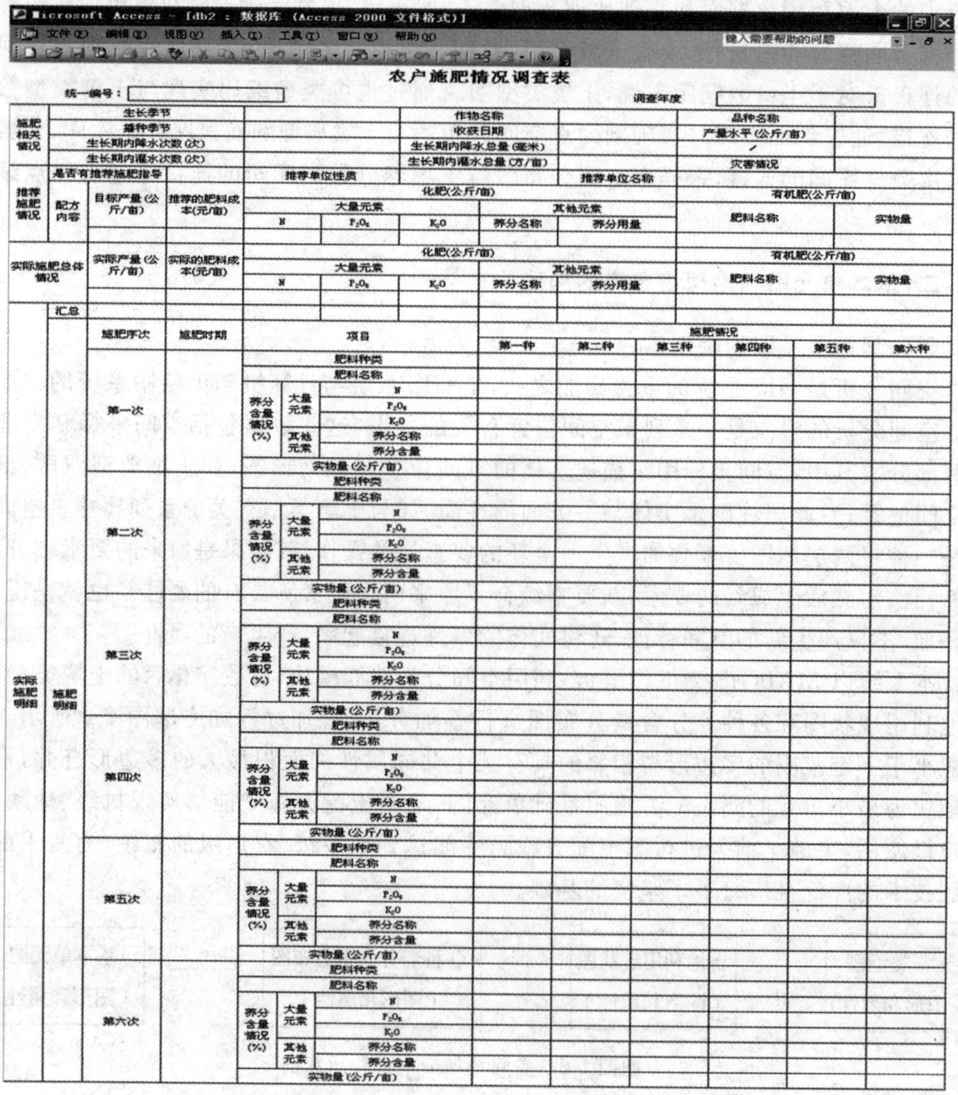
Microsoft Access - [db2 : 数据库 (Access 2000 文件格式)]
文件(F) 编辑(E) 视图(V) 插入(I) 工具(T) 窗口(W) 帮助(H)
键入需要帮助的问题

农户施肥情况调查表

统一编号： 调查年度

施肥相关情况	生长季节		作物名称		品种名称	
	播种季节		收获日期		产量水平（公斤/亩）	
	生长期内降水次数（次）		生长期内降水总量（毫米）		/	
	生长期内灌水次数（次）		生长期内灌水总量（方/亩）		灾害情况	

推荐施肥情况	是否有推荐施肥指导		推荐单位性质			推荐单位名称			
	配方内容	目标产量（公斤/亩）	推荐的肥料成本（元/亩）	化肥（公斤/亩）					有机肥（公斤/亩）	
				大量元素			其他元素			
				N	P_2O_5	K_2O	养分名称	养分用量	肥料名称	实物量
实际施肥总体情况		实际产量（公斤/亩）	实际的肥料成本（元/亩）	化肥（公斤/亩）					有机肥（公斤/亩）	
				大量元素			其他元素			
				N	P_2O_5	K_2O	养分名称	养分用量	肥料名称	实物量

实际施肥明细	汇总									
	施肥明细	施肥序次	施肥时期	项目	施肥情况					
					第一种	第二种	第三种	第四种	第五种	第六种
		第一次		肥料种类						
				肥料名称						
				养分含量情况（%） 大量元素 N						
				P_2O_5						
				K_2O						
				其他元素 养分名称						
				养分含量						
				实物量（公斤/亩）						
		第二次		肥料种类						
				肥料名称						
				养分含量情况（%） 大量元素 N						
				P_2O_5						
				K_2O						
				其他元素 养分名称						
				养分含量						
				实物量（公斤/亩）						
		第三次		肥料种类						
				肥料名称						
				养分含量情况（%） 大量元素 N						
				P_2O_5						
				K_2O						
				其他元素 养分名称						
				养分含量						
				实物量（公斤/亩）						
		第四次		肥料种类						
				肥料名称						
				养分含量情况（%） 大量元素 N						
				P_2O_5						
				K_2O						
				其他元素 养分名称						
				养分含量						
				实物量（公斤/亩）						
		第五次		肥料种类						
				肥料名称						
				养分含量情况（%） 大量元素 N						
				P_2O_5						
				K_2O						
				其他元素 养分名称						
				养分含量						
				实物量（公斤/亩）						
		第六次		肥料种类						
				肥料名称						
				养分含量情况（%） 大量元素 N						
				P_2O_5						
				K_2O						
				其他元素 养分名称						
				养分含量						
				实物量（公斤/亩）						

专题图 2-3 农户施肥情况调查表设计界面

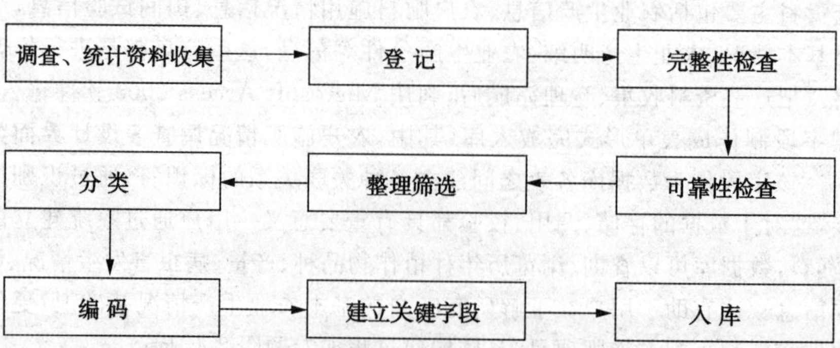

专题图 2-4 文档资料入库流程

基础数据库的建立为构建地理信息库提供了条件，土壤类型图、土地利用现状图和各种养分含量分布图之间的空间叠加分析使得地理空间属性、土壤属性和土地利用属性集为一体。利用 MAPGIS 属性库管理功能模块中的“导出”菜单，从测土配方施肥基础单元图中提取属性，选择需要导出的属性字段，最后把属性数据文件保存为 DBF 格式。通过编码将属性数据文件和调查、统计资料数据库关联在一起，形成包括基础地理数据库、土壤数据库、农业生产数据库、肥料数据库和土地利用数据库 5 个子数据库的地理信息库。

三、配方施肥模型的建立

本系统应用的施肥模型是养分平衡法模型，属于平衡模型，主要为农户提出施肥量建议的微观指导。根据作物目标产量需肥量与土壤供肥量之差估算目标产量的施肥量，通过施肥补足土壤供应不足的那部分养分，其模型构造的表达式如下：

$$施肥量=\frac{目标产量需养分总量-土壤供肥量}{肥料中养分含量\times肥料当季利用率}$$

养分平衡法涉及目标产量、作物需肥量、土壤供肥量、肥料当季利用率和肥料中有效养分含量五大参数。土壤供肥量通过土壤有效养分校正系数估算，因此，养分平衡法又可以称为“土壤有效养分校正系数法”，其计算公式为：

$$施肥量=\frac{作物单位产量养分吸收量\times目标产量-土壤测试值\times0.15\times有效养分校正系数}{肥料中养分含量\times肥料当季利用率}$$

(一)目标产量的确定

目标产量可以采用平均单产法来确定。平均单产法是利用施肥区前三年平均单产和年递增率为基础来确定目标产量，其计算公式为：

$$目标产量=(1+递增率)\times 前三年平均单产$$

一般粮食作物的递增率以 10%～15%为宜，露地蔬菜一般为 20%左右，设施蔬菜为 30%左右。

为了让农户能够自主地输入目标产量的数值，达到理想的产量水平，本系统利用平均单产法确定每一种作物的目标产量范围，为农户提供参考。根据农户输入的基础产量水平和增产幅度水平，计算出目标产量数值。

(二)作物需肥量的计算

$$作物目标产量所需养分量=\frac{目标产量}{100}\times百千克产量所需养分量$$

通过对正常成熟的农作物全株养分的化学分析，测定各种作物百千克经济产量所需养分量，即可获得作物需肥量。部分常见作物单位产量养分吸收量如专题表 2-2 所示。

专题表 2-2　　部分常见作物单位产量养分吸收量

作物	土壤类型	产量水平	百千克经济产量所吸收的养分量(kg)		
			氮(N)	五氧化二磷(P_2O_5)	氧化钾(K_2O)
小麦	棕壤	低	3.01	0.82	2.06
		中	3.15	0.93	1.92
		高	3.07	1.18	2.31
	砂姜黑土	低	3.05	0.85	2.66
		中	2.92	0.72	2.07
		高	3.34	0.88	2.85
玉米	棕壤	低	2.35	0.96	2.64
		中	2.21	1.06	2.14
		高	2.61	1.23	2.84
	砂姜黑土	低	2.39	0.98	2.43
		中	2.17	1.02	2.05
		高	2.66	1.16	2.79
花生	棕壤	低	4.03	0.96	1.36
		中	3.62	0.85	1.26
		高	3.61	0.88	1.34
	砂姜黑土	低	4.11	0.92	1.41
		中	3.44	0.76	1.33
		高	3.67	0.82	1.38

(三)土壤供肥量的计算

土壤供肥量可以通过土壤有效养分校正系数估算:将土壤有效养分测定值乘上一个校正系数,以表达土壤“真实”供肥量,该系数称为“土壤有效养分校正系数”。部分常见作物的土壤有效养分校正系数如专题表 2-3 所示。

$$\text{校正系数}=\frac{\text{缺素区作物地上部分吸收该元素量}}{\text{该元素土壤测定值}\times 0.15}$$

专题表 2-3　　部分常见作物的土壤有效养分校正系数

作 物	土壤类型	产量水平	土壤有效养分校正系数		
			氮(N)	五氧化二磷(P_2O_5)	氧化钾(K_2O)
小麦	棕壤	低	0.48	0.34	0.27
		中	0.68	0.35	0.45
		高	0.83	0.47	0.56
	砂姜黑土	低	0.33	0.31	0.28
		中	0.48	0.49	0.31
		高	0.51	0.61	0.59
玉米	棕壤	低	0.44	0.78	0.53
		中	0.49	0.60	0.62
		高	0.54	0.53	0.68
	砂姜黑土	低	0.64	0.51	0.46
		中	0.67	0.52	0.57
		高	0.66	0.55	0.65
花生	棕壤	低	0.42	0.44	0.33
		中	0.52	0.54	0.36
		高	0.59	0.65	0.49
	砂姜黑土	低	0.41	0.39	0.35
		中	0.49	0.45	0.39
		高	0.56	0.47	0.45

(四)肥料当季利用率的计算

肥料当季利用率一般通过差减法来计算:利用施肥区作物吸收的养分量减去不施肥区作物吸收的养分量,其差值视为肥料供应的养分量,再除以所用肥料养分量就是肥料当季利用率(部分常见作物的肥料当季利用率如专题表 2-4 所示),其计算公式如下:

$$\text{肥料利用率}=\frac{\text{施肥区作物吸收的养分量}-\text{缺素区作物吸收的养分量}}{\text{肥料施用量}\times\text{肥料中有效养分含量}}\times 100\%$$

(五) 肥料有效养分含量的确定

不同的肥料种类含有的养分种类不同,各种类型肥料的有效养分含量也各不相同,几种常用化学肥料的有效养分含量如专题表 2-5 所示。

专题表 2-4　　部分常见作物的肥料当季利用率

作　物	土壤类型	产量水平	肥料当季利用率(%)		
			氮(N)	五氧化二磷(P_2O_5)	氧化钾(K_2O)
小麦	棕壤	低	22.2	9.5	15.3
		中	25.7	15.4	14.3
		高	28.2	19.4	29.6
	砂姜黑土	低	15.6	9.4	19.1
		中	20.6	12.5	24.7
		高	28.1	15.6	37.5
玉米	棕壤	低	20.6	18.7	29.3
		中	23.8	20.5	29.8
		高	27.6	24.3	29.5
	砂姜黑土	低	22.7	17.2	22.4
		中	22.3	17.6	22.9
		高	22.8	18.6	23.1
花生	棕壤	低	14.3	9.5	24.1
		中	17.3	10.2	27.1
		高	23.1	14.5	29.3
	砂姜黑土	低	13.5	9.7	25.1
		中	22.3	12.4	30.1
		高	35.7	15.3	33.2

专题表 2-5　　常用化学肥料有效养分含量

化学肥料名称	有效养分种类	养分含量(%)	化学肥料名称	有效养分种类	养分含量(%)
硫酸铵	N	20	过磷酸钙(3 级)	P_2O_5	14
碳酸氢铵	N	17	过磷酸钙(4 级)	P_2O_5	12
尿素	N	46	钙镁磷肥 1 级)	P_2O_5	18
硝酸铵	N	33	钙镁磷肥 2 级)	P_2O_5	16
氯化铵	N	24	钙镁磷肥 3 级)	P_2O_5	14
液氮	N	82	钙镁磷肥(4 级)	P_2O_5	12
氨水	N	12	重过磷酸钙	P_2O_5	40
石灰氮	N	18	磷石粉	P_2O_5	30

续表

化学肥料名称	有效养分种类	养分含量（%）	化学肥料名称	有效养分种类	养分含量（%）
硝酸钠	N	15	磷酸一铵	N、P_2O_5	N 11，P_2O_5 51
硝酸钙	N	13	磷酸二铵	N、P_2O_5	N 16，P_2O_5 46
过磷酸钙(1 级)	P_2O_5	18	硫酸钾	K_2O	50
过磷酸钙(2 级)	P_2O_5	16	氯化钾	K_2O	60

四、系统软件的设计与实现

（一）设计思想

本系统面向各级农业管理人员和广大农民用户，为满足其操作方便快捷，在开发过程中注意如下性能：

前驱性：系统设计要充分考虑实际情况和今后的发展趋势，尽可能符合实际应用和处理习惯、要求等；系统设计要考虑能适应不同地区的使用。

可靠性：土壤养分信息、经验数据、施肥模型的准确与否，直接影响配方施肥的严肃性和准确性，关系到农民的切身利益，因此，系统设计必须要确保数据和模型的可靠性。

易使用性：系统设计时应针对使用人员设计，使其易学易用，使用方便。如可以使用地图向导，按照“市—乡—村—地块”的顺序引导用户选择到最终的地块单元。在操作中尽可能减少汉字信息的录入要求，流程尽量少，用户界面良好，指导性要强。

易发布性：系统要直接面向广大农民朋友，使其足不出村甚至足不出户，便能够使用本系统，分享施肥专家的经验和知识。

（二）使用技术

Flash：Flash 是一种制作矢量图片和动画的专业工具。用 Flash 制作的动画文件体积小，便于在网络上发布，而且可以具有强大的交互功能。与目前一些大型的专业地理信息系统软件工具比较，用 Flash 制作地图，不仅易于实现，而且成本低、形式多样。这种地图是一种矢量化的电子地图，还具有图形数据量小、精度高、交互性好等优点。除了允许放大、缩小和漫游之外，使用者还可以利用 Flash 插件，对地图进行交互操作，如地图投影变换、信息查询、鹰眼显示和有选择地显示地图等。SNMAIS 中的动态数据要求并不多，因此，使用 Flash 技术制作地图是较佳选择。

XML：XML 作为下一代网络语言，具有极大的灵活性。利用 XML 可以在网络上展开各种复杂的应用。用 XML 作为数据中介，可以实现异构数据的集成和交换。本系统使用 XML 定义的 Flash 客户端和 Web 服务器之间的数据交换格式，描述系统图库的数据形式，可方便客户端进行地图浏览。

由于系统的地图向导功能允许用户在各级地图中前后浏览，因此在描述地图格式时，系统按照“国家—省—地区—区市—乡—村”的层次存储，且所有的地图信息均在此文件中以这种形式予以描述。当用户通过地图向导第一次向系统发出请求时，系统会将该描述文件传至客户端，以供用户浏览地图所用。因为地图描述文件不大，通过将描述文件一次性传送给客户端，在地图浏览过程中地图文件信息的便利查找可以在客户端完成，从而节省了服务器的查询时间，降低了网络的负载。

B/S结构：即浏览器和服务器结构。它是随着Internet技术的兴起，对C/S结构的一种变化或者改进的结构。在这种结构下，用户工作界面通过浏览器来实现，极少部分事务逻辑在前端(Browser)实现，主要事务逻辑在服务器端(Server)实现，形成所谓三层结构。这样就大大简化了客户端电脑载荷，减轻了系统维护与升级的成本和工作量，降低了用户的总体成本(TCO)。以目前的技术看，局域网建立B/S结构的网络应用，并通过Internet/Intranet模式下数据库应用，相对易于把握，成本也是较低的。它是一次性到位的开发，能实现不同的人员，从不同的地点，以不同的接入方式访问和操作共同的数据库。它能有效地保护数据平台和管理访问权限，服务器数据库也很安全。特别是在Java这样的跨平台语言出现之后，B/S架构管理软件更是方便、快捷、高效。

相对于C/S架构软件来说，B/S架构的软件具有以下一些优点：第一，维护和升级方式简单：目前，软件系统的改进和升级越来越频繁，B/S架构的产品明显体现着更为方便的特性。对一个稍微大一点的单位来说，系统管理人员如果需要在几百甚至上千台电脑间来回奔跑，效率和工作量是可想而知的，但B/S架构的软件只需要管理服务器就行了，所有的客户端只是浏览器，根本不需要做任何的维护。无论用户的规模有多大、有多少分支机构，都不会增加任何维护升级的工作量，所有的操作只需要针对服务器进行；如果是异地，只需要把服务器连接专网即可，实现远程维护、升级和共享。所以，客户机越来越"瘦"，而服务器越来越"胖"是将来信息化发展的主流方向。今后，软件升级和维护会越来越容易，而使用起来会越来越简单，这对用户人力、物力、时间、费用的节省是显而易见的。因此，维护和升级革命的方式是"瘦"客户机、"胖"服务器。第二，成本降低，选择更多：大家都知道Windows在桌面电脑上几乎一统天下，浏览器成为了标准配置，但在服务器操作系统上，Windows并不是处于绝对的统治地位。现在的趋势是凡使用B/S架构的应用管理软件，只需安装在Linux服务器上即可，而且安全性高。所以，服务器操作系统的选择是很多的，不管选用哪种操作系统都可以让大部分人使用Windows作为桌面操作系统而电脑不受影响，这就使得最流行的免费的Linux操作系统快速发展起来。Linux除了操作系统是免费的以外，连数据库也是免费的。

Java+Struts+Hibernate：系统服务器端采用的是动态Web技术开发的基于HTTP协议的网络应用程序，主要开发语言采用Java语言，开发框架选择了Struts与Hibernate相结合的方式。

Java语言是目前非常流行的应用程序开发语言，具有"一次编译，到处运行"的特点。本系统的Web服务器采用Java语言开发，因此具有良好的跨平台性和可移植性。

随着Java技术的逐渐成熟与完善，作为建立企业级应用的标准平台，J2EE平台得到了长足的发展。但是，在传统J2EE应用的开发过程中也出现了一些问题：第一，数据模型和逻辑模型之间的矛盾。目前使用的数据库基本上都是关系型数据库，而Java本质上是一种面向对象的语言，对象在存储和读取时使用SQL和JDBC进行数据库操作，降低了编程的效率以及系统的可维护性。第二，传统的J2EE应用多采用基于EJB的重量级框架，这种框架适合于开发大型企业应用，但是使用 EJB 容器进行开发和调试需要耗费大量时间。

为了降低代码的耦合性，提高系统的开发效率，本系统的开发采用了一种基于 Struts 框架和 Hibernate 框架的 J2EE 应用开发策略。

Struts 框架：Struts 框架最早是作为 Apache Jakarta 项目的组成部分问世运做的，它继承了 MVC 的各项特性，并根据 J2EE 的特点，作了相应的变化与扩展。Struts 框架很好地结合了 Jsp、Java Servlet、Java Bean、Taglib 等技术。在 Struts 中，承担 MVC 中控制器角色的是 ActionServlet。ActionServlet 是一个通用的控制组件。这个控制组件提供了处理所有发送到 Struts 的 HTTP 请求的入口点。它截取和分发这些请求到相应的动作类（这些动作类都是 Action 类的子类）。另外，控制组件也负责用相应的请求参数填充 Action Form(From Bean)，并传给动作类（Action Bean）。动作类访问核心商业逻辑，即访问 Java Bean 或调用 EJB。最后，动作类把控制权传给后续的 JSP 文件，由 JSP 文件生成视图。所有这些控制逻辑利用 Struts-config. xml 文件来配置。在 Struts 框架中，视图主要由 JSP 生成页面完成，Struts 提供丰富的 JSP 标签库，这有利于分开表现逻辑和程序逻辑。模型以一个或多个 Java Bean 的形式存在。在 Struts 中，主要存在 3 种 Bean，分别是：Action Bean、ActionForm Bean、EJB 或者 Java Bean。

下面通过交互图来说明 Struts 的运作原理，如专题图 2-5 所示。

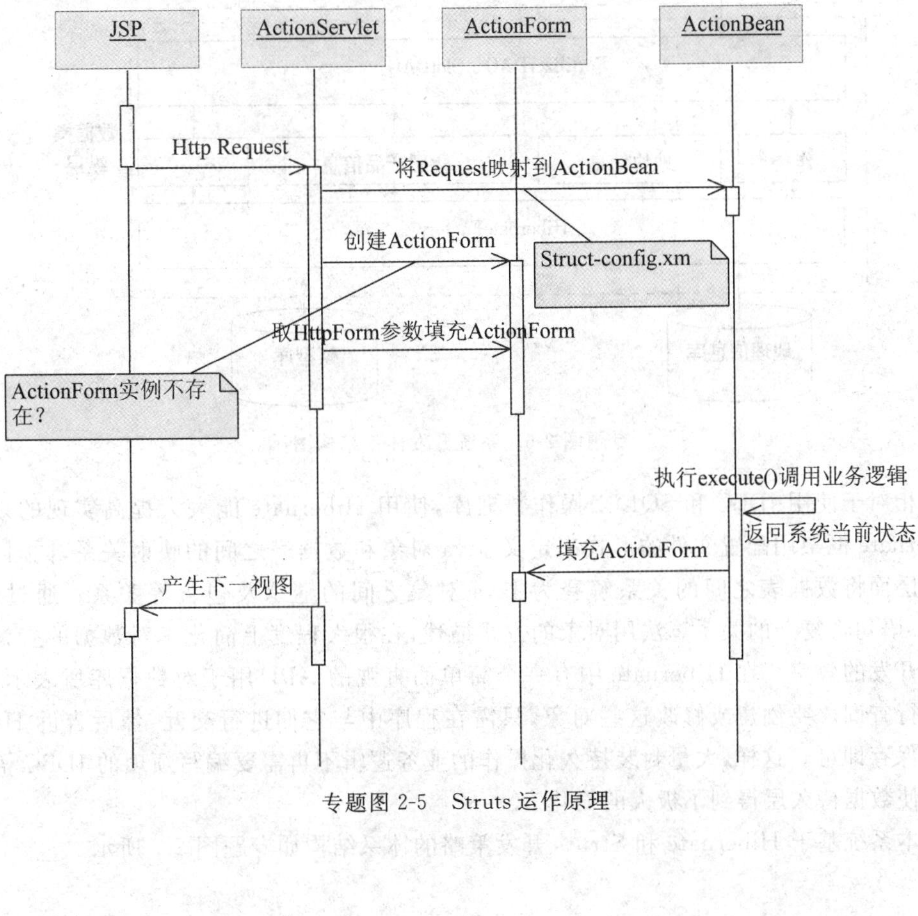

专题图 2-5　Struts 运作原理

数据持久层 Hibernate：Struts 框架没有具体定义模型层的实现。在实际开发中，模型层通常是和业务逻辑紧密相连的，并且要对底层数据进行操作。本系统开发时，将 Hibernate 引入 Struts 框架的模型层中，使用它来进行数据封装和映射，提供持久化的支持。

Hibernate 是一个数据持久层框架，是一种实现对象和关系之间映射（O/R Mapping）的工具，它对 JDBC 进行了轻量级的对象封装，使程序员可以使用对象编程思想来操作数据库。它不仅提供了从 Java 类到数据表的映射，也提供了数据查询和恢复机制。如专题图 2-6 所示。

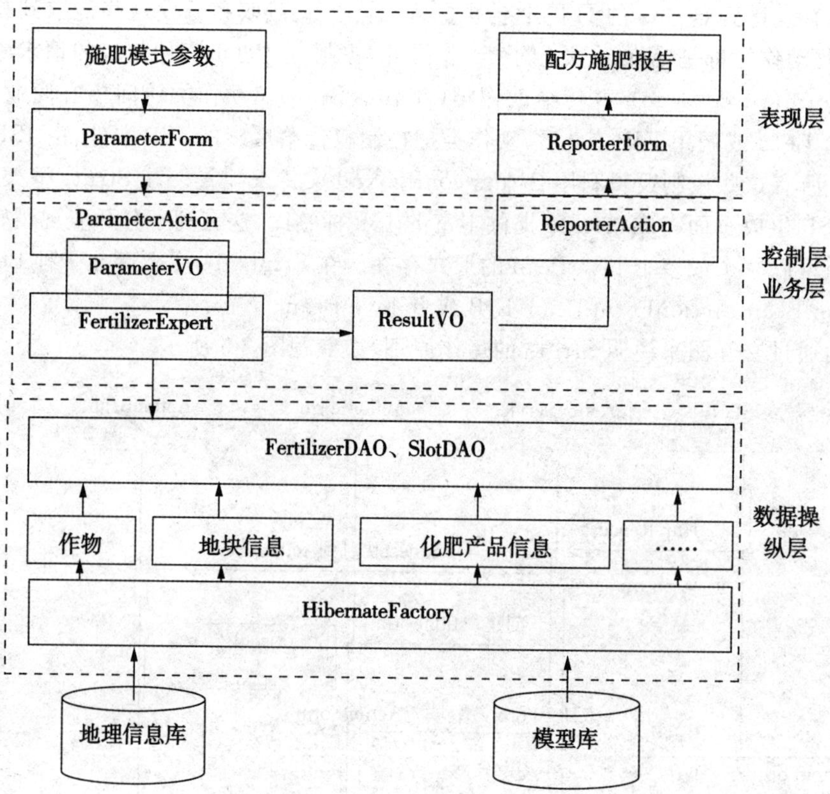

专题图 2-6　系统开发体系结构图

相对于使用 JDBC 和 SQL 来操作数据库，使用 Hibernate 能大大提高实现的效率。Hibernate 框架用配置文件的形式来定义 Java 对象和数据表之间的映射关系，同时在更深的层面将数据表之间的关系解释为 Java 对象之间的继承及包含等关系。通过使用 HQL 语句将复杂的关系算法用对象的方式描述，在很大程度上简化了对数据的查询，加快了开发的效率。在 Hibernate 中有一个简单而直观的 API，用于对数据库所表示的对象执行查询。要创建或修改这些对象，只需在程序中与它们进行交互，然后告诉 Hibernate 保存即可。这样，大量封装持久化操作的业务逻辑不再需要编写烦琐的 JDBC 语句，从而使数据持久层得到了极大的简化。

本系统基于 Hibernate 和 Struts 开发策略的体系结构如专题图 2-7 所示。

Hibernate 是一个功能强大、性能高、非常流行的 ORM 工具，推动了基于普通 Java 对象模型、用于映射底层数据结构的持久对象的开发，能够提供高级数据查询和检索服务。Struts 是一个优秀的、基于 J2EE 平台的 MVC 框架，它简化了 WEB 层的开发，实现了应用程序的显示逻辑和业务逻辑的分离。Web 服务系统的开发将这两种技术结合起来应用，极大地提高了开发效率，并使系统具有更好的可维护性和可扩展性。

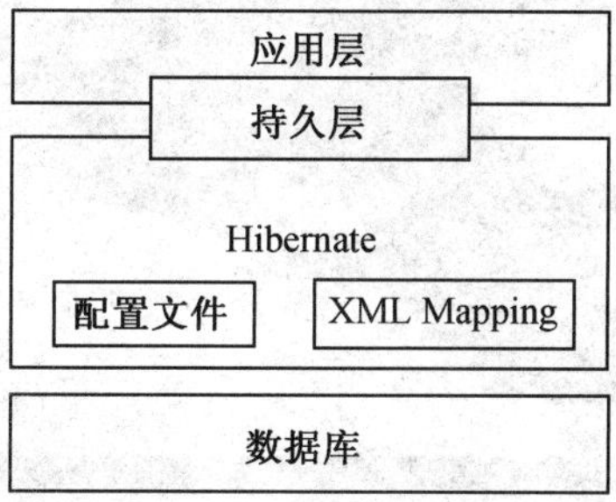

专题图 2-7　Hibernate 体系结构

(三)系统网络体系结构

系统网络体系结构如专题图 2-8 所示。

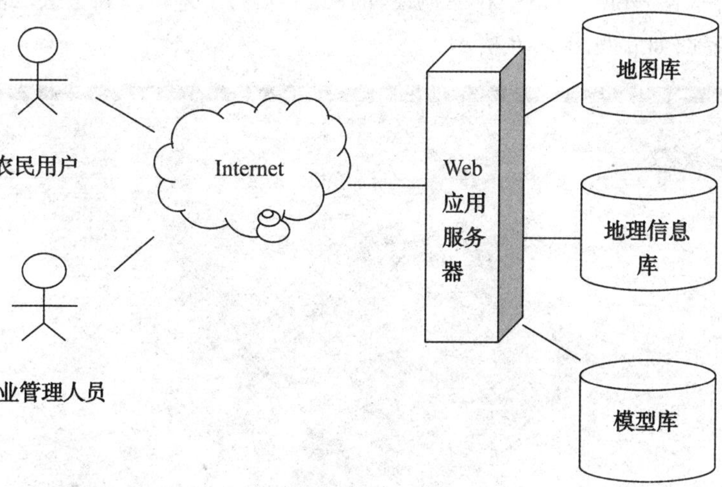

专题图 2-8　系统网络体系结构图

五、土壤养分管理和施肥信息系统运行

(一)主界面

土壤养分管理和施肥信息系统主界面如专题图 2-9 所示。

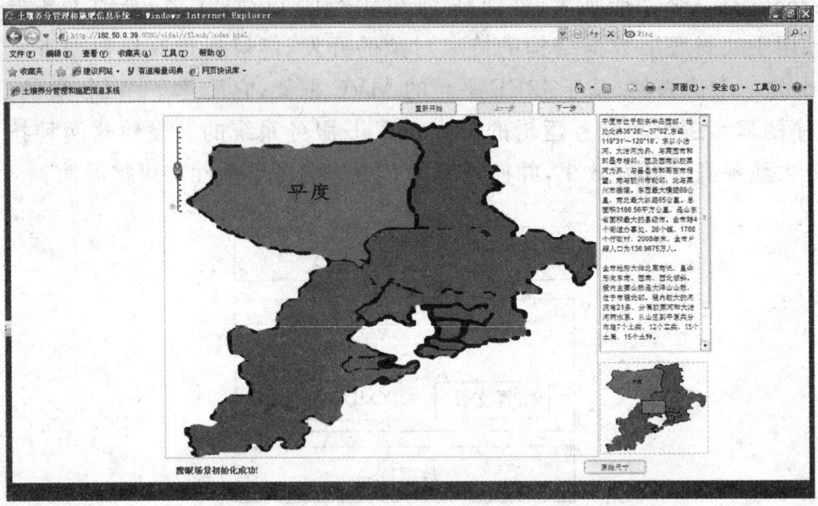

专题图 2-9　土壤养分管理和施肥信息系统主界面

（二）地图向导

使用交互式地图向导，按“市—乡镇—村—地块”的次序层层引导，可以回溯（升级后可以按“国家—省—市—乡镇—村—地块”的次序引导）。地图支持放大、缩小、移动、鹰眼功能。实现界面如专题图 2-10 所示。

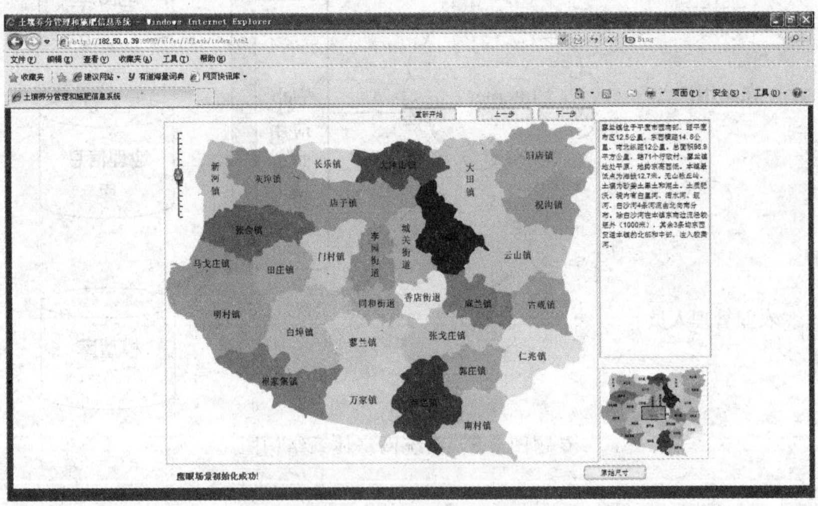

专题图 2-10　系统实现界面

（三）施肥模式设置

在用户确定了待施肥的地块单元后，系统要求用户针对该地块进行部分参数设置。参数设置过程人性化、易操作，按以下几个步骤执行：

(1)选择种植作物。系统会给出研究区域内较为适宜种植的作物供用户选择，在用户选择作物之后，系统会立即根据目标作物给出合理的目标产量范围，供用户参考。

(2)输入目标产量。系统根据用户输入的基础产量和期望增长幅度，自动计算目标产量。

(3)选择化肥品种。系统列出常用的各种氮、磷、钾肥供用户选择，用户可以根据实际情况选择施用或者不用哪个化肥品种。

(4)输入地块信息。系统首先列出指定地块的基本信息，包括地块的权属、地类，同时列出地理信息库中该地块已有的土壤养分数据，如果用户有测定的更新的养分数据信息，可以进行相应修改。

(5)提交参数。上述参数设定完毕后，用户可以提交参数，由系统计算并生成配方施肥报告。

系统施肥模式设置界面如专题图 2-11 所示。

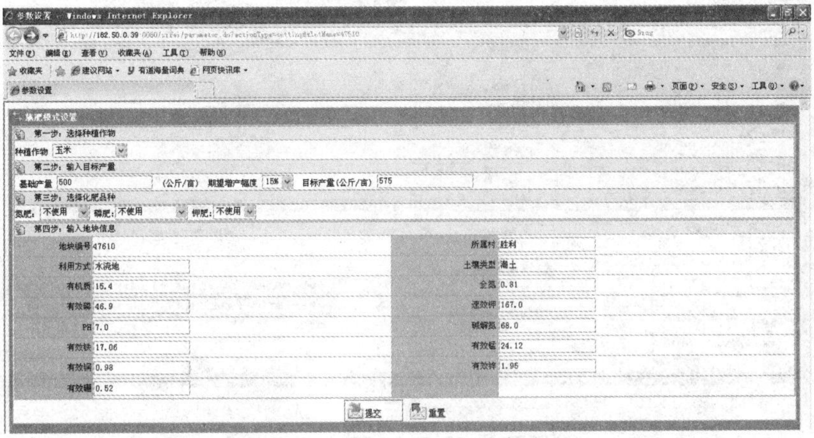

专题图 2-11　系统施肥模式设置界面

(四) 配方施肥报告输出

根据用户输入的参数，系统自动计算出配方方案并以报告形式反馈给用户，报告包含五部分。

1. 地块单元信息

该部分显示待种植作物的目标单元地块基本信息，包含目标作物、目标产量、土壤类型、土地利用方式以及土壤养分测试结果。

2. 土壤养分水平评价

根据地块单元土壤养分含量，系统通过与专家知识库中的经验数据进行比对，给出每一种元素含量的评价结果，结果分为很丰富、较丰富、丰富、中等、缺乏、极缺乏 6 个级别。

3. 施肥建议

系统根据专家知识，结合土地单元实际情况，给出为取得目标产量，农民用户每亩地各种元素的施用量。如果地块单元氮、磷、钾元素含量很丰富，系统则会建议用户不施或少施该元素肥料。

4. 施肥方案

系统给出两种方案供用户选择使用。方案一是针对用户在施肥模式参数设置时所选择施用的化肥种类，按照基肥、追肥的合理比例，给出各种肥料的施用量；方案二是根据专家经验，计算出配方肥的成分及施用量。

5. 作物的需肥规律和技术要点

根据用户所选择的目标作物，系统从专家知识库中调出该作物的施肥规律和施肥技术要点，以让农民用户对所种植的作物有更多的了解，正确施肥。

配方施肥报告界面如专题图 2-12 所示。

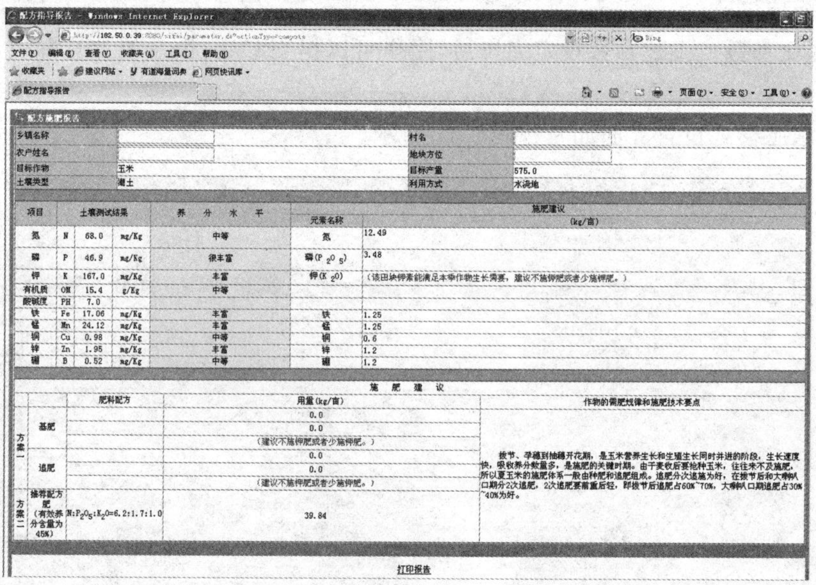

专题图 2-12　配方施肥报告界面

六、系统的推广应用

土壤养分管理和施肥信息系统于 2009 年 9 月在江北（平度）农业信息网上开通应用，覆盖了平度市 1788 个村、6000 余地块约 $14\times10^4\,hm^2$ 耕地的土壤地力信息，农户可通过该系统对所在区域耕地土壤养分情况进行查询，并得到施肥配方。为使该系统深入千家万户，提高其使用效果，采取多种形式进行宣传推广。

（一）平度市政府及时组织召开新闻发布会

2009 年 9 月 18 日，市政府组织召开了“江北（平度）农业信息网《平度市土壤养分管理与施肥信息系统》研发应用新闻发布会”，参加人员有各镇镇长（主任）、分管副镇长（副主任）、农业服务中心主任和技术骨干。会上，市政府分管农业的副市长，就如何推进平度市土壤养分管理与施肥信息系统的推广应用作出了具体的安排和部署；系统管理人员对该系统的使用作了详细的讲解。

（二）加强宣传培训

加强舆论宣传引导，充分利用电视新闻宣传、电视广告宣传、报纸宣传、电脑网络、科技下乡、进村入户指导、发放宣传资料等方式，形成上下联动、横向互动的宣传态势，进行广泛的公益性宣传，促进该系统的广泛推广应用。其中，电视新闻宣传 2 次，电视广告宣传 4 期次，入户指导 600 多人次，印发报纸、明白纸、宣传手册等资料 8 万多份。共举办培训班306期，培训技术骨干708人次、农民21620人次、肥料经销人员239人次。

(三)系统的应用效果

系统的推广应用，实现了家门口看“田医生”，使广大农民足不出村甚至足不出户，便能够使用本系统，查询到相关地块的土壤养分含量情况，为自己的地块进行“体检”，并按照不同农作物、不同产量得到科学的施肥配方，给作物吃上“营养餐”，分享施肥专家的经验和知识，掌握科学施肥、合理用肥、环保施肥技术，最终实现了农作物产量、经济效益、环境保护三赢，取得了较好的经济效益、生态效益和社会效益，实现了养分资源的高效利用。

1. 经济效益

(1)节肥节本：小麦、玉米、花生和其他作物节肥量加权平均为3.25kg/667m^2，累计配方施肥推广面积为1.514×10^5 hm^2，氮、磷、钾肥平均价格为5.5元/kg，平均节本17.87元/667m^2，共节约肥料(纯量)7381.4t，累计为农民节本4.0586×10^7元。

(2)增产增收：推广应用该系统，实施配方施肥技术，相同作物品种、相同耕作水平条件下，小麦增产24.5kg/667m^2，累计增产2.53×10^4 t；玉米增产22.7 kg/667m^2，累计增产1.49×10^4t；花生增产20.2kg/667m^2，累计增产1.0×10^4t；按小麦平均价格1.9元/kg，玉米平均价格1.7元/kg，花生平均价格4.3元/kg，小麦、玉米、花生、蔬菜、果树等作物，累计为农民增收1.3366×10^8元，共节本增收1.74246×10^8元。

2. 社会效益

通过土壤养分管理和施肥信息系统建设应用，使农民掌握了科学施肥、合理用肥、环保施肥技术，大大改变了农民群众的施肥观念和习惯，有效解决了过量施肥和施肥不合理问题，提高了肥料利用率，减少了养分流失，带动了有机肥增施，减少了化学物质和有机废弃物对环境的污染，提高了农产品产量和品质，通过核心区、示范区、示范片建设，辐射带动了测土配方施肥技术在全市的推广应用，促进了农民增收、能源节约、环境优化。

3. 生态效益

(1)节约资源：肥料是资源依赖型产品。生产氮肥需要消耗大量的天然气、煤、石油、电力，磷肥的磷矿石资源我国又少，钾肥主要靠进口。因此，根据作物需肥规律，结合土壤供肥性能和肥料特性，科学合理提出施肥方案，合理确定施肥品种，有效控制施肥量，提高肥料的利用率，减少肥料浪费，可节约资源。

(2)改善环境：不合理施肥不仅造成了肥料的大量浪费，而且多余的肥料势必会污染土壤、地下水，甚至蒸发到空中污染大气。农民为了提高产量，又要大量施用化肥，由此造成恶性循环。推广应用该系统，实施合理施肥技术，提高了肥料利用率。以氮肥为例，与农民传统种植相比，测土配方施肥在小麦生产中可以提高氮肥利用率将近3～8个百分点，有效地减少了肥料在土壤中的滞留量，减少了养分流失，大大减轻了肥料对土壤和水体的污染，改善了生态环境，促进了农业的可持续发展。

(3)提高地力：推广应用该系统，实施配方施肥技术，要求增加有机肥的比例，提高土壤有机质含量，这改善了土壤的物理结构和保水、保肥性能。氮、磷、钾养分的平衡施用保持了土壤养分的丰富状态，中微量元素的配合施用提高了土壤养分库的平衡，从而实现了土壤地力的逐步提高。

专题三　平度市菜地土壤养分状况评价与施肥技术应用专题报告

2009年，平度市蔬菜播种面积为$4.28\times10^4hm^2$左右，形成了以沽河沿岸为主的特色蔬菜主产区。设施栽培也迈出了较大步伐，设施栽培面积发展到$1\times10^4hm^2$，其中冬暖大棚和春暖大棚$0.45\times10^4hm^2$，中小拱棚$0.55\times10^4hm^2$。蔬菜总产2.181×10^6t，占青岛市蔬菜总产量的42%，总产值为20.5×10^8元，商品率为94.7%，是青岛市重要的蔬菜生产基地，2010年被农业部定为蔬菜标准园创建县。其中，圆葱、辣椒、芋头、大姜、大蒜等一批出口创汇型蔬菜已发展成为当地农业的主导产业，产品主要销往日本、韩国和东南亚市场，在国际市场享有较高声誉。已注册商标17个，有马家沟芹菜、蟠桃大姜、洪兰菠菜、四里芹菜、顺科牌蔬菜、姜家埠牌蔬菜、沽河牌蔬菜等，其中马家沟芹菜和蟠桃大姜获得国家地理标志保护，马家沟芹菜获得“国家著名商标”称号。

蔬菜作物对养分和水分的需求量比较大，同时作为一种与市场联系密切的作物，产量和价格直接决定了蔬菜的经济效益。由于农民过分追求高产，蔬菜生产存在水肥资源投入量过大的问题。肥料的过量施用特别是氮肥影响蔬菜品质，导致蔬菜可食部位硝酸盐积累、储存品质下降。肥料的不合理施用，还会导致土壤退化，如酸化、盐渍化、土壤板结等诸多问题，其后果是肥料的增产率、利用率下降，农民的生产成本增高，过多的养分存留于土壤或淋失，已经对生态环境造成严重的影响和破坏。

为确保平度市蔬菜质量安全、提高市场竞争力、切实增加农民收入，平度市开展了“平度市菜地土壤养分状况评价与施肥技术应用”专题研究。

一、菜地土壤养分状况及评价

数据来源：2009年7月采集的498个菜地土壤样品检测数据。

评价标准：山东省耕层土壤养分含量分级标准。

(一)土壤酸碱度

土壤pH是反映土壤质量的重要理化性质。它对土壤的一系列性质有着深刻的影响，如土壤中微生物的活性、元素(包括营养元素和有毒元素)的转化与释放、微量元素(包括重金属元素)的生物有效性强弱、土壤发生过程中的元素迁移等。

从专题表3-1可以看出，菜地土壤pH介于5.3～8.1，众数为6.8。土壤pH的变异系数不大，63.7%的菜地土壤为中性，23.1%的菜地土壤偏酸性，12.4%的菜地土壤偏碱性，强酸性的菜地土壤只占总数的0.4%。各地的情况是，除张戈庄和仁兆的菜地土壤偏酸性外，其他各地菜地土壤都呈中性。

专题表 3-1　　平度市各地菜地土壤 pH 总体分布情况

镇(街道办事处)	样本数	最小值	最大值	众数	标准差	变异系数(%)	各等级占的比例(%)					
							1	2	3	4	5	6
崔家集	88	6.8	8.0	7.2	0.29	3.87	0	45.4	54.5	0	0	0
灰埠	60	6.0	7.2	6.8	0.26	3.88	0	0	60	20	0	0
蓼兰	60	5.3	7.3	6.5	0.37	5.66	0	0	58.3	35.0	6.7	0
麻兰	60	5.7	7.7	6.8	0.41	5.99	0	8.3	75.0	16.7	0	0
明村	60	6.5	8.1	7.1	0.41	5.64	0	30	70	0	0	0
南村	60	6.0	7.1	6.8	0.24	3.62	0	0	73.3	26.7	0	0
仁兆	60	6.0	7.1	6.4	0.25	3.83	0	0	46.7	53.3	0	0
张戈庄	50	6.0	7.5	6.4	0.37	5.60	0	2	54	44	0	0
总计	498	5.3	8.1	6.8	0.49	7.13	0	12.4	63.7	23.1	0.4	0

(二)土壤有机质

土壤有机质含量高低是衡量土壤肥力和质量状况的重要指标，蔬菜相对于大田其他作物而言对土壤肥力的要求更高。从专题表 3-2 可以看出，平度市菜地土壤有机质含量介于 3.0～62.2g/kg，平均值为 14.8g/kg。有机质的变异性较大，有机质含量在 10～20g/kg 的菜地土壤占了 68.1%。各地菜地土壤有机质含量有较大差异，崔家集菜地土壤有机质含量最高，平均值为 19.5 g/kg，张戈庄菜地土壤有机质含量最低，平均值为 11.3g/kg。总体看来，平度市菜地土壤有机质含量中等偏低，主要是农民仍然重施化肥，轻施有机肥，因此，要通过加强有机肥的投入或秸秆还田来培肥土壤。

专题表 3-2　　平度市各地菜地土壤有机质含量总体分布

镇(街道办事处)	样本数(个)	最小值(g/kg)	最大值(g/kg)	均值(g/kg)	标准差	变异系数(%)	各等级占的比例(%)						
							1	2	3	4	5	6	7
崔家集	88	7.8	46.2	19.5	6.89	35.4	46.6	27.3	14.8	7.9	2.3	1.1	0
灰埠	60	7.5	37.0	15.6	5.42	34.8	18.4	31.7	23.3	13.3	11.7	1.7	0
蓼兰	60	4.4	27.3	13.6	4.51	33.3	6.7	31.7	31.7	11.7	6.7	5.0	8.3
麻兰	60	7.7	21.6	13.1	2.87	21.09	3.3	15.0	46.7	21.7	10	3.3	0
明村	60	5.2	62.2	13.6	7.41	54.4	3.3	25.0	31.7	23.3	5.0	6.7	5.00
南村	60	9.2	34.0	16.9	5.44	32.3	18.3	33.3	36.7	8.3	3.3	0	0
仁兆	60	6.0	23.6	12.3	3.54	28.7	3.3	16.7	23.3	26.7	26.7	1.7	1.7
张戈庄	50	3.0	25.6	11.3	4.82	42.7	4.0	12.0	22.0	14.0	26.0	8.0	14.0
总计	498	3.0	62.2	14.8	6.01	40.6	15.1	24.5	28.3	15.7	10.4	3.0	3.0

(三)土壤氮素

土壤氮素由有机态氮和无机态氮组成。在土壤表层中,有机态氮占土壤全氮的90.0%左右。随着土层深度的加深,这一比例迅速降低。一般情况下,在施肥中采用土壤全氮和碱解氮作为土壤供氮能力与水平评估指标。全氮量通常用于衡量土壤氮素的基础肥力,而碱解氮含量反映土壤近期内氮素供应情况。土壤碱解氮的含量与有机质的含量有关。有机质含量丰富,土壤熟化程度高,其碱解氮含量亦高,反之则含量低。碱解氮在土壤中极不稳定,易受土壤的水热条件和生物活动的影响而发生变化。

从专题表3-3可以看出,平度市菜地土壤碱解氮含量介于16～270mg/kg,平均值为71 mg/kg。土壤碱解氮含量变异较大,麻兰菜地土壤碱解氮含量最低,平均值为52 mg/kg,崔家集菜地土壤碱解氮含量最高,平均值为88mg/kg。总体看来,平度市菜地土壤碱解氮含量中等偏低,主要是由于蔬菜生产中灌溉方式采取沟灌或漫灌,氮素容易淋洗出土体,导致土壤中碱解氮含量不高。

专题表3-3　平度市各地菜地土壤碱解氮含量总体分布

镇(街道办事处)	样本数(个)	最小值(mg/kg)	最大值(mg/kg)	均值(mg/kg)	标准差	变异系数(%)	各等级占的比例(%)							
							1	2	3	4	5	6	7	8
崔家集	88	22	203	88	36.64	41.5	5.7	14.8	21.6	18.2	13.6	19.3	4.5	2.3
灰埠	60	16	161	59	29.98	50.9	1.7	3.3	10.0	8.3	20.0	20.0	18.3	18.3
蓼兰	60	23	131	72	24.56	34.2	0	1.7	20.0	25.0	21.7	16.7	10.0	5.0
麻兰	60	25	116	52	21.92	42.1	0	0	6.7	5.0	11.7	26.7	45.0	5.0
明村	60	21	270	63	34.84	55.3	1.7	3.3	5.0	15.0	20.0	26.7	23.3	5.0
南村	60	35	146	76	31.62	41.7	0	15.0	10.0	21.7	13.3	18.3	21.7	0
仁兆	60	29	152	73	28.66	39.2	3.3	5.0	16.7	13.3	30.0	21.7	8.3	16.7
张戈庄	50	16	128	75	29.05	38.8	0	8.0	18.0	22.0	26.0	8.0	12.0	6.0
总计	498	16	270	71	32.26	45.6	1.6	6.8	13.9	16.1	19.1	19.9	17.3	5.4

(四)土壤磷素

从专题表3-4可以看出,平度市菜地土壤有效磷含量介于5.1～359mg/kg,平均值为97.9mg/kg。土壤有效磷含量变异较大,麻兰菜地土壤有效磷含量最低,平均值为53.9 mg/kg。蓼兰菜地土壤有效磷含量最高,平均值为153.4mg/kg。总体看来,平度市菜地土壤有效磷含量过高,这是因为农民对土壤养分状况不了解,盲目施肥,单位面积磷素用量偏多。因此,今后在施肥中应注意选择磷素含量适宜的复混肥,减少磷素的施用量。

专题表 3-4　　平度市各地菜地土壤有效磷含量总体分布

镇(街道办事处)	样本数(个)	最小值(mg/kg)	最大值(mg/kg)	均值(mg/kg)	标准差	变异系数(%)	各等级占的比例(%)								
							1	2	3	4	5	6	7	8	9
崔家集	88	12.5	285.8	101.7	59.29	58.3	35.2	25.0	17.0	11.4	5.7	3.4	2.3	0	0
灰埠	60	8.4	304.1	120.7	72.88	60.4	45.0	25.0	15.0	6.7	0	1.7	1.7	5.0	0
蓼兰	60	11.5	359.1	153.4	79.71	51.9	66.7	13.3	13.3	1.7	1.7	0	3.3	0	0
麻兰	60	12.6	156.6	53.9	29.31	54.4	5.0	6.7	41.7	25.0	8.3	8.3	5.0	0	0
明村	60	10.9	172.6	61.5	36.51	59.4	6.7	18.3	30.0	25.0	10.0	3.3	6.7	0	0
南村	60	25.7	225.5	102.1	61.82	60.5	26.7	33.3	13.3	23.3	3.3	0	0	0	0
仁兆	60	27.0	240.7	94.6	39.35	41.6	16.7	46.7	28.3	6.7	1.7	0	0	0	0
张戈庄	50	5.1	215.7	92.1	56.01	60.8	32.0	10.0	40.0	8.0	0	0	0	10	0
总计	498	5.1	359.1	97.9	63.61	65.0	29.5	22.7	24.1	13.7	3.8	2.2	2.4	1.6	0

(五)土壤钾素

从专题表 3-5 可以看出,平度市菜地土壤速效钾含量介于 19～948mg/kg,平均值为 227mg/kg。土壤速效钾含量变异较大,明村菜地土壤速效钾含量最低,平均值为 133 mg/kg。崔家集菜地土壤速效钾含量最高,平均值为 413mg/kg。总体看来,平度市菜地土壤速效钾含量中等偏上,部分土壤速效钾含量过高,占总数的 28.3%,这部分土壤应适当减少钾肥的投入,部分土壤速效钾含量偏低,占总数的 21.5%,这部分土壤在施肥中应该增加钾肥的投入,或选择钾肥含量高的复合肥。

专题表 3-5　　平度市各地菜地土壤速效钾含量总体分布

镇(街道办事处)	样本数(个)	最小值(mg/kg)	最大值(mg/kg)	均值(mg/kg)	标准差	变异系数(%)	各等级占的比例(%)							
							1	2	3	4	5	6	7	8
崔家集	88	64	789	413	153.9	37.3	75.0	17.0	3.4	1.1	2.3	0	1.1	0
灰埠	60	34	948	272	221.5	81.5	3.17	15.0	18.3	3.3	10.0	15.0	3.3	3.3
蓼兰	60	27	725	294	167.9	57.2	48.3	20.0	8.3	3.3	3.3	10.0	0	6.7
麻兰	60	36	689	148	100.3	67.9	5.0	13.3	15.0	21.7	15.0	13.3	10.0	6.7
明村	60	21	595	133	92.88	69.7	5.0	13.3	15.0	10.0	10.0	18.3	20.0	8.3
南村	60	19	447	119	114.2	95.9	15.0	5.0	0	8.3	5.0	5.00	21.7	23.3
仁兆	60	66	578	182	115.1	63.3	15.0	13.3	20.0	16.7	11.7	16.7	6.7	0
张戈庄	50	45	445	157	88.72	56.7	6.0	18.0	20.0	14.0	14.0	12.0	12.0	4.0
总计	498	19	948	227	174.1	76.7	28.3	14.5	11.8	9.2	8.4	10.6	10.8	6.2

(六)土壤可溶盐

对土壤可溶盐(EC)的状况分析,能了解土壤盐分对作物的危害程度,进而提出改良措施。从专题表 3-6 可以看出，平度市菜地土壤 EC 值介于 33～1673μs/cm，平均值为 233.5 μs/cm。土壤 EC 值变异较大，仁兆菜地土壤 EC 值最低，平均值为 160.1μs/cm。崔家集菜地土壤 EC 值最高，平均值为 293.6μs/cm。总体看来，平度市菜地土壤 EC 值含量较低，没有出现土壤盐渍化的现象(>2.0ds/m，盐渍化土)。

专题表 3-6　平度市各地菜地土壤 EC 含量总体分布

镇(街道办事处)	样本数(个)	最小值(μs/cm)	最大值(μs/cm)	均值(μs/cm)	标准差(μs/cm)	变异系数(%)	各等级占的比例(%)					
							较高	高	中等	低	较低	极低
崔家集	88	35.5	1296	293.6	194.1	66.1						
灰埠	60	48.0	1673	234.0	285.9	122						
蓼兰	60	42.0	934.0	235.5	184.9	78.5						
麻兰	60	46.0	1185	169.5	227.0	133						
明村	60	93.0	994.0	274.3	207.7	75.7						
南村	60	59.0	1391	273.7	272.2	99.5						
仁兆	60	33.0	789.0	160.1	132.9	83.0						
张戈庄	50	33.0	621.0	192.2	158.1	82.3						
总计	498	33.0	1673	233.5	217.5	93.1						

(七)土壤交换性钙

从专题表 3-7 可以看出，平度市菜地土壤交换性钙值含量介于 950～14030mg/kg，平均值为 4428mg/kg。土壤交换性钙含量变异较大，麻兰菜地土壤交换性钙含量最低，平均值为 1960mg/kg。崔家集菜地土壤交换性钙含量最高，平均值为 8350mg/kg。总体看来，平度市菜地土壤交换性钙含量较高，60%左右菜地土壤交换性钙含量处于较高水平。

专题表 3-7　平度市各地土壤交换性钙含量总体分布

镇(街道办事处)	样本数(个)	最小值(mg/kg)	最大值(mg/kg)	均值(mg/kg)	标准差	变异系数(%)	各等级占的比例(%)								
							1	2	3	4	5	6	7	8	9
崔家集	88	2610	14030	8354	3017	36.1	72.7	15.9	10.2	11.4	0	0	0	0	0
灰埠	60	1160	8830	2271	1177	51.9	1.6	5.0	6.7	6.7	30.0	33.3	16.7	0	0
蓼兰	60	950	1120	3249	2427	74.5	10.0	11.7	11.7	11.7	23.3	11.7	16.7	3.3	0
麻兰	60	1010	5090	1962	807.8	41.3	0	3.3	5.0	6.7	21.7	36.7	26.7	0	0
明村	60	1610	11040	4950	2809	56.7	30.0	23.3	13.3	10.0	15.0	8.3	0	0	0
南村	60	1570	9900	2997	1630	54.5	6.7	1.7	13.3	36.7	28.3	13.3	0	0	0
仁兆	60	4460	9200	6635	1117	16.9	31.7	68.3	0	0	0	0	0	0	0

续表

镇(街道办事处)	样本数(个)	最小值(mg/kg)	最大值(mg/kg)	均值(mg/kg)	标准差	变异系数(%)	各等级占的比例(%)								
							1	2	3	4	5	6	7	8	9
张戈庄	50	1040	9550	2915	1794	61.3	8.0	14.0	12.0	10.0	14.0	3.0	12.0	0	0
总计	498	950	14030	4428	3089	69.7	27.7	13.5	9.0	9.8	15.7	15.5	8.40	4.0	0

(八)土壤交换性镁

从专题表3-8可以看出,平度市菜地土壤交换性镁值含量介于169～964mg/kg,平均值为551mg/kg。土壤交换性镁含量变异较大,仁兆菜地土壤交换性镁含量最低,平均值为362mg/kg。明村菜地土壤交换性镁含量最高,平均值为649mg/kg。总体看来,平度市菜地土壤交换性镁含量很高,60%左右菜地土壤交换性镁含量处于较高水平。

专题表3-8　　平度市各地土壤交换性镁含量总体分布

镇(街道办事处)	样本数(个)	最小值(mg/kg)	最大值(mg/kg)	均值(mg/kg)	标准差	变异系数(%)	各等级占的比例(%)						
							1	2	3	4	5	6	7
崔家集	88	182	873	608	153.7	25.3	56.8	30.7	8.0	3.4	0	1.1	0
灰埠	60	283	737	516	99.21	19.2	18.3	66.7	13.3	1.7	0	0	0
蓼兰	60	291	958	643	156.4	24.3	66.7	25.0	6.7	1.7	0	0	0
麻兰	60	293	685	439	92.18	21.0	6.7	56.7	33.3	3.3	0	0	0
明村	60	454	964	649	142.2	21.9	51.7	48.3	0	0	0	0	0
南村	60	456	896	626	90.55	14.5	65.0	35.0	0	0	0	0	0
仁兆	60	169	963	362	145.1	40.0	5.0	25.0	28.3	25.0	13.3	3.3	0
张戈庄	50	273	856	535	130.9	24.4	32.0	56.0	10.0	2.0	0	0	0
总计	498	169	964	551	161.9	29.4	38.9	42.0	12.2	4.6	1.6	0.6	0

综上所述,从土壤样品分析结果可以看出,平度菜地土壤pH总体上为中性,有效氮、有机质含量处于低水平,有效磷处于高水平,速效钾处于中等偏高水平。在施肥上,要根据蔬菜的生长规律,推广应用水肥一体化技术,合理施用氮肥,提高土壤的氮素水平。减少磷肥的投入或选择磷素比例较低的复合肥。同时注重增施有机肥料提高土壤有机质含量,这样不仅能增加作物营养,而且能改良土壤物理性状,增强土壤保肥保墒能力,培肥土壤。施用有机肥料既供应了作物需要的各种养分,也改变了土壤养分的供应状况,特别是各种营养元素的比例。

二、平度市蔬菜施肥技术

平度市的蔬菜主要以圆葱、辣椒、芋头、大姜、大蒜等一批出口创汇型蔬菜为主,结合测土配方施肥土壤养分测试结果，考虑蔬菜的生长特点，提出以下施肥建议。

(一)绿叶菜类蔬菜

这类蔬菜包括菠菜、莴苣、芹菜、茼蒿和茴香等，它们主要是以柔嫩的叶片、叶柄或茎部供人们食用。

1. 营养特性

大多数绿叶菜类的根系较浅，生长迅速，而且种植密度很大，因此，对肥水条件的要求很高。它们的营养特点是氮素充足时，叶片柔嫩多汁而少纤维；氮素不足时，则植株矮小而纤维多，叶面积小，色黄而粗糙，易未熟抽薹，失去食用价值。菠菜性喜硝态氮，对磷、钾吸收量高，缺钾时反应敏感。

芹菜吸肥能力较弱，宜生长在有机质含量高的肥沃土壤上。以吨产品计，其养分吸收量为：N 2.55kg，P_2O_5 1.36kg，K_2O 3.67kg，养分吸收比例为 1∶0.5∶1.4。芹菜是一种喜钾的蔬菜。氮主要影响芹菜叶柄的长度和叶数，氮素不足时显著影响叶片的分化，叶柄老化中空；磷对芹菜的品质有较大影响，但磷过多时会使叶片细长和纤维增多；钾对芹菜后期生长很重要，钾不仅对养分运输有作用，还能促使叶柄粗壮而充实，光泽性好，有利于提高产量和改善品质。

芹菜对缺钙也较敏感，缺钙时通常易导致心腐病。芹菜对缺硼、缺锌很敏感，菠菜对缺铜、缺钼、缺锌敏感，莴苣对缺锌、缺铜和缺钼敏感。因此，对这类蔬菜喷施多元微肥有一定的增产效果。

2. 施肥技术

(1)基肥：绿叶菜需肥量大，施足基肥是关键，一般每公顷施腐熟有机肥 45000～75000kg，复合肥料 1500kg，硼砂 7.5～15.0kg，一次施入土中作为基肥。深翻 20～25cm 使土壤和肥料充分混匀。

(2)追肥：绿叶菜定植后 10～15 天每公顷追施尿素 150～300kg，到叶生长肥大期，因生长茂盛，是养分最大效率期，需供应较多肥水，每公顷追尿素和硫酸钾各 150～225kg。采收前 15～20 天不再追施氮肥。在叶生长肥大期，用 0.5%硝酸钙或氯化钙进行叶面喷洒，喷 2～3 次。

(二)鳞茎类蔬菜

这类蔬菜主要包括韭菜、大蒜、大葱等。

1. 营养特性

鳞茎类蔬菜生长的主要部分是叶子或芽的变态部分。它们的根系都没有明显的主根和侧根，只有不耐干旱的须根，不分枝，根毛亦少。鳞茎类蔬菜抗寒耐热，适应力强，对土壤的适应性较强，具有耐肥、喜肥的特点，无论砂性土、壤土、黏土均可栽培。根据鳞茎类蔬菜根系特点，最好选择表土深厚、富含有机质、保水力强的肥沃土壤。土壤酸碱度以 pH 5.5～8.0 为宜。在过酸的土壤上生长不良。

鳞茎类蔬菜耐寒，有效生长的日平均温度为 8℃～31℃，适宜生长的温度为 13℃～26℃。韭菜在不同生长发育阶段对温度的要求不同。发芽的最适宜温度为 15℃～18℃。韭菜耐旱性强，但根系需水较多。韭菜叶片生长适宜的空气湿度为 60%～70%，超过 80%易发生病害。大蒜蒜薹伸长期适宜的温度为 15℃～20℃。鳞茎膨大期最适宜温度在 20℃左右，高于 27℃即进入休眠状态。大蒜和韭菜均为长日照植物，其正常生长发育要求有良好的光照条件。

2. 需肥特性

鳞茎类蔬菜对养分的需求一般以氮为主，并且配合适当的磷、钾肥，但氮肥过量易引起徒长、倒伏。所以，应该进行氮、磷、钾配合施用。韭菜耐肥力强，春秋两季是韭菜施肥最重要的时期。尤其是秋季施肥，可以将一部分营养物质转移到根和根状茎中去，为第二年新苗萌发创造良好的营养条件。刚播种的韭菜在发芽期和幼苗期，需肥量少。2 年以上生的韭菜，需肥较多。

韭菜不同生育期对肥料的吸收能力不同。发芽期不需要土壤中的营养。幼苗期，根系吸收肥料的能力弱，所以吸肥量也少。旺盛生长期，生长量增大，吸肥量增加，应加强肥水管理。对 1 年生韭菜，一般只进行营养生长，2 年以上的韭菜才能分化花芽，使营养生长和生殖生长交替重叠进行。满足其对营养的需要是保证叶片生长、产品鲜嫩、增产增收的重要措施。每生产 1000kg 韭菜，需吸收氮(N)4.5～6.5kg，磷(P_2O_5)0.7～2.5kg，钾(K_2O)4.0～6.6kg。

大蒜是需肥较多而且较耐肥的蔬菜。发芽期大蒜生长量小，生长期短，消耗的营养也少，所需的营养由种蒜提供。幼苗期随着幼苗的生长，种蒜储藏的营养逐渐消耗，此期大蒜的生长完全靠土壤营养供应，吸肥量也明显增加，如土壤养分供应不足，影响植株正常生长。鳞芽、花芽分化期叶部生长为主，根系生长增强，植株进入旺盛生长期，营养物质的积累增多，为蒜头和蒜薹的生长打下基础。抽薹期营养生长和生殖生长并进，生长量最大，需肥量最多，根系生长和吸肥能力达到高峰，是施肥的关键时期。

鳞茎膨大盛期，以增重为主。此期吸收的养分和叶片及叶鞘中储存的养分集中向鳞茎输送，鳞茎加速膨大和充实。在鳞茎膨大期，根、茎、叶的生长逐渐衰老，对营养的吸收量不大，鳞茎膨大所需要的养分，大多数来自于自身营养的再分配。大蒜对氮的需求量较大，如以吸氮量为 100%时，吸钾量为 95%，吸钙量为 75%，吸磷量为 35%，吸镁量为 6%。每生产 1000kg 大蒜需吸收氮 4.2～5.1kg，吸收磷 1.3～2.0kg，吸收钾 4.1～5.5kg，吸收钙 1.3～2.1kg。其氮、磷、钾比例为 1∶0.3∶0.9。鳞芽和花芽分化后，是大蒜一生中三要素吸收量的高峰期；抽薹前是微量元素铁、锰、镁的吸收高峰期，采薹后，三要素及硼的吸收量再次达到小高峰，锌的吸收量达到高峰。缺氮对产量影响最大。

大蒜对几种营养元素的吸收及生理作用分述如下：

在大蒜的生长发育过程中，氮素供应充足，植株生长速度加快，营养体大，叶片浓绿而厚实。磷能促进大蒜根系发育和蒜薹、蒜瓣的分化。

大蒜是喜钾作物，钾是大蒜吸收的主要营养元素之一，与大蒜体内糖的含量和大蒜的品质有着直接关系。蒜薹伸长期需钾最多，约占总吸收量的一半，苗期吸收量和蒜头膨大期吸收量较少。

镁是叶绿素的组成成分。大蒜缺镁会引起叶片褪绿，镁可促进氮、磷、钾元素的吸收。随着镁浓度的提高，钙的吸收会减少。

鳞茎类蔬菜中都含有挥发性的辛辣味，是因为其中有含硫的化合物，所以在施肥上要注意补充硫肥，防止发生叶片因缺硫而发黄，对提高产品品质和风味有重要意义。

3. 施肥技术

(1)基肥:以腐熟优质有机肥为主。一般每公顷施优质腐熟厩肥 90000～120000kg。缺磷的土壤每公顷施过磷酸钙 375kg 或磷酸二铵 150kg、草木灰 2250～3000kg 或硫酸钾 150～225kg,尿素 180～225kg。

(2)追肥:进入旺盛生长期,立即追肥,有机肥料与速效化肥要配合施用。第一次追肥每公顷施用饼肥 2250kg,尿素 300kg。20 天后再追 1 次速效氮肥,每公顷追施尿素 225～375kg,追肥后浇水、培土,如果土壤肥力较高,底肥充足,可不进行第一次追肥。

附　表

平度市土壤类型表

土类	代号	面积（hm^2）	占百分比（%）	亚类	代号	面积（hm^2）	占百分比（%）	土属	代号	面积（hm^2）	占百分比（%）	土种	代号	面积（hm^2）	占百分比（%）
棕壤	A	44702.75	25.24	棕壤性土	Aa	9940.16	5.61	酸性岩类	Aa1	9940.16	5.61	粗砂表土极薄层硬石底酸性岩类棕壤性土	$Aa_1\frac{1}{1}$	308.08	0.17
												粗砂土薄层硬石底酸性岩类棕壤性土	$Aa_1\frac{1}{2}$	2664.97	1.50
												粗砂土中层硬石底酸性岩类棕壤性土	$Aa_1\frac{1}{3}$	6967.11	3.93
				棕壤	Ac	27159.25	15.34	洪积棕壤	Ac2	27159.25	15.34	砂壤表均砂质洪积棕壤	$Ac_2\frac{3}{1}$	4047.05	2.29
												砂壤表厚壤心洪积棕壤	$Ac_2\frac{3}{3\#}$	19448.68	10.98
												砂壤表厚砂心洪积棕壤	$Ac_2\frac{3}{3\cdot}$	2420.45	1.37
												轻壤表均壤质洪积棕壤	$Ac_2\frac{4}{1}$	1243.07	0.70
				潮棕壤	Ae	7603.34	4.29	洪积冲积潮棕壤	Ae3	7603.34	4.29	砂壤表厚壤心洪积冲积潮棕壤	$Ae_3\frac{3}{3\#}$	3146.07	1.78
												砂壤表厚砂心洪积冲积潮棕壤	$Ae_3\frac{3}{3\cdot}$	1343.66	0.76
												轻壤表均壤质洪积冲积潮棕壤	$Ae_3\frac{4}{1}$	2597.33	1.47
												轻壤表厚粘心洪积冲积潮棕壤	$Ae_3\frac{4}{3\#}$	110.36	0.06
												轻壤表厚粘腰洪积冲积潮棕壤	$Ae_3\frac{4}{5}$	152.12	0.09
												轻壤表厚砂腰洪积冲积潮棕壤	$Ae_3\frac{4}{5\cdot}$	253.8	0.14

续表

土类	代号	面积（hm^2）	占百分比（%）	亚类	代号	面积（hm^2）	占百分比（%）	土属	代号	面积（hm^2）	占百分比（%）	土种	代号	面积（hm^2）	占百分比（%）
褐土	B	5397.75	3.05	褐土性土	Ba	444.02	0.25	坡积洪积褐土	Ba6	444.02	0.25	粗砂土表中层硬石底坡积洪积褐土性土	$Ba_6\frac{1}{3}$	444.02	0.25
				褐土	Bd	243.37	0.14	洪积褐土	Bd2	243.37	0.14	轻壤表均壤质洪积褐土	$Bd_2\frac{4}{1}$	243.37	0.14
				淋溶褐土	Bc	4710.36	2.66	洪积淋溶褐土	Bc2	225.33	0.13	砂壤表厚砂心洪积淋溶褐土	$Bc_2\frac{3}{3\cdot}$	225.33	0.13
								洪积冲积淋溶褐土	Bc3	4485.03	2.53	砂壤表厚壤心洪积冲积淋溶褐土	$Bc_3\frac{3}{3\#}$	2573.51	1.45
												轻壤表均壤质洪积冲积淋溶褐土	$Bc_3\frac{4}{1}$	1911.52	1.08
潮土	C	46689.45	26.37	潮土	Cb	33947.19	19.17	无石灰性河潮土	Cb4	22890.11	12.93	砂壤表厚砂心无石灰性河潮土	$Cb_4\frac{3}{2}$	1493.39	0.84
												砂壤表均砂质无石灰性河潮土	$Cb_4\frac{3}{19}$	8213.39	4.64
												轻壤表厚砂心无石灰性河潮土	$Cb_4\frac{4}{2}$	790.02	0.45
												轻壤表厚粘腰无石灰性河潮土	$Cb_4\frac{4}{16}$	909.1	0.51
												轻壤表均壤质无石灰性河潮土	$Cb_4\frac{4}{19}$	10878	6.14
												中壤表厚粘心无石灰性河潮土	$Cb_4\frac{5}{14}$	606.21	0.34

续表

土类	代号	面积（hm^2）	占百分比（%）	亚类	代号	面积（hm^2）	占百分比（%）	土属	代号	面积（hm^2）	占百分比（%）	土种	代号	面积（hm^2）	占百分比（%）
潮土	C	46689.45	26.37	潮土	Cb	33947.19	19.17	石灰性河潮土	Cb_4'	11057.08	6.24	砂壤表厚砂心石灰性河潮土	$Cb_4'\frac{3}{2}$	1162.53	0.66
												砂壤表厚壤心石灰性河潮土	$Cb_4'\frac{3}{8}$	530.4	0.30
												砂壤表均砂质石灰性河潮土	$Cb_4'\frac{3}{19}$	2796.41	1.58
												轻壤表厚砂心石灰性河潮土	$Cb_4'\frac{4}{2}$	157.41	0.09
												轻壤表厚砂腰石灰性河潮土	$Cb_4'\frac{4}{4}$	271.61	0.15
												轻壤表均壤质石灰性河潮土	$Cb_4'\frac{4}{19}$	3717.2	2.10
												中壤表厚粘心石灰性河潮土	$Cb_4'\frac{5}{14}$	781.9	0.44
												中壤表均壤质石灰性河潮土	$Cb_4'\frac{5}{19}$	1639.62	0.93
				湿潮土	Ce	10140.65	5.73	冲积湿潮土	Ce_8	10140.65	5.73	轻壤表厚粘腰冲积湿潮土	$Ce_8\frac{4}{16}$	220.08	0.12
												砂壤表厚砂心冲积湿潮土	$Ce_8\frac{3}{2}$	840.8	0.47
												轻壤表厚粘心冲积湿潮土	$Ce_8\frac{4}{14}$	1041.41	0.59
												轻壤表均壤质冲积湿潮土	$Ce_8\frac{4}{19}$	3118.45	1.76
												中壤表厚粘心冲积湿潮土	$Ce_8\frac{5}{14}$	2513.23	1.42
												中壤表均壤质冲积湿潮土	$Ce_8\frac{5}{19}$	2406.68	1.36
				盐化潮土	Cc	2601.61	1.47	滨海盐化潮土	Cc6	2601.61	1.47	轻盐化砂壤表均砂质潮土	$Cc_6\frac{3(一)}{19}$	1152.06	0.65
												轻盐化轻壤表厚砂心潮土	$Cc_6\frac{4(一)}{2}$	1449.55	0.82
盐土	D	136.55	0.08	滨海潮盐土	Db	136.55	0.08	滨海潮盐土	Db3	136.55	0.08	砂壤表均砂质滨海潮盐土	$Db_3\frac{(三)}{9}$	136.55	0.08

续表

土类	代号	面积（hm^2）	占百分比（%）	亚类	代号	面积（hm^2）	占百分比（%）	土属	代号	面积（hm^2）	占百分比（%）	土种	代号	面积（hm^2）	占百分比（%）
砂姜黑土	G	80162.21	45.27	砂姜黑土	Ga	80162.21	45.27	黑土裸露	Ga1	78872.36	44.54	轻壤表厚砂姜心黑土裸露砂姜黑土	$Ga_1\frac{4}{8}$	1363.76	0.77
												轻壤表厚砂姜腰黑土裸露砂姜黑土	$Ga_1\frac{4}{10}$	15292.62	8.64
												中壤表厚黑土心黑土裸露砂姜黑土	$Ga_1\frac{5}{3}$	3614.85	2.04
												中壤表厚砂姜心黑土裸露砂姜黑土	$Ga_1\frac{5}{8}$	13270.88	7.49
												中壤表厚砂姜腰黑土裸露砂姜黑土	$Ga_1\frac{5}{10}$	41617.6	23.50
												重壤表厚黑土心黑土裸露砂姜黑土	$Ga_1\frac{6}{3}$	3712.65	2.10
								薄层覆盖	Ga2	1289.85	0.73	轻壤表厚砂姜腰薄黄土覆盖砂姜黑土	$Ga_2\frac{4}{10}$	719.1	0.41
												中壤表厚黑土心薄黄土覆盖砂姜黑土	$Ga_2\frac{5}{3}$	570.75	0.32
合计		177088.71	100			177088.71	100			177088.71	100			177088.71	100

主要参考文献

[1]平度县土壤普查办公室．平度县土壤志(内部资料).1982

[2]平度县地方史志编纂委员会．平度县志(内部资料).1987

[3]平度市统计局．平度统计年鉴(内部资料).2008～2010

[4]山东省土壤肥料工作站．山东土壤．北京:中国农业出版社,1994

[5]辛景树,田有国,任意．耕地地力调查与质量评价．北京:中国农业出版社,2005

[6]崔德杰,金圣爱．安全科学施肥实用技术．北京:化学工业出版社,2012

[7]李俊良等．蔬菜灌溉施肥新技术．北京:化学工业出版社,2008

[8]刘树堂,崔德杰．作物施肥技术与缺素症矫治．北京:金盾出版社,2009

[9]石伟勇．植物营养诊断与施肥．北京:中国农业出版社,2010

[10]宋志伟．肥料配方师培训教程．北京:中国农业科学技术出版社,2012

[11]陈清,张福锁．蔬菜养分资源综合管理理论与实践．北京:中国农业大学出版社,2007

[12]黄昌勇．土壤学．北京:中国农业出版社,2000

[13]沈其荣．土壤肥料学通论．北京:高等教育出版社,2001

[14]鲍士旦．土壤农化分析．北京:中国农业出版社,2000

[15]万广华,李涛,高瑞杰．农田节水技术与应用研究．济南:山东大学出版社,2013

[16]宋国通．肥料科学施用与管理．青岛:青岛出版社,2006

[17]农业部农民科技教育培训中心,中央农业广播电视学校．测土配方施肥技术．北京:中国农业科学技术出版社,2008

图书在版编目(CIP)数据

平度耕地/孙坚主编.—济南:山东大学出版社,
2016.5
ISBN 978-7-5607-5551-9

Ⅰ.①平… Ⅱ.①孙… Ⅲ.①耕作土壤—土壤肥力—土壤调查—平度市②耕作土壤—土壤评价—平度市
Ⅳ.①S159.252.4 ②S158

中国版本图书馆CIP数据核字(2016)第122147号

责任策划:李　港
责任编辑:李　港
封面设计:张　荔

出版发行:山东大学出版社
社　址　山东省济南市山大南路20号
邮　编　250100
电　话　市场部(0531)88364466
经　　销:山东省新华书店
印　　刷:山东德州新华印务有限责任公司
规　　格:787毫米×1092毫米　1/16
12.5印张　12插页　306千字
版　　次:2016年5月第1版
印　　次:2016年5月第1次印刷
定　　价:45.00元

附　图

平度市土地利用现状图

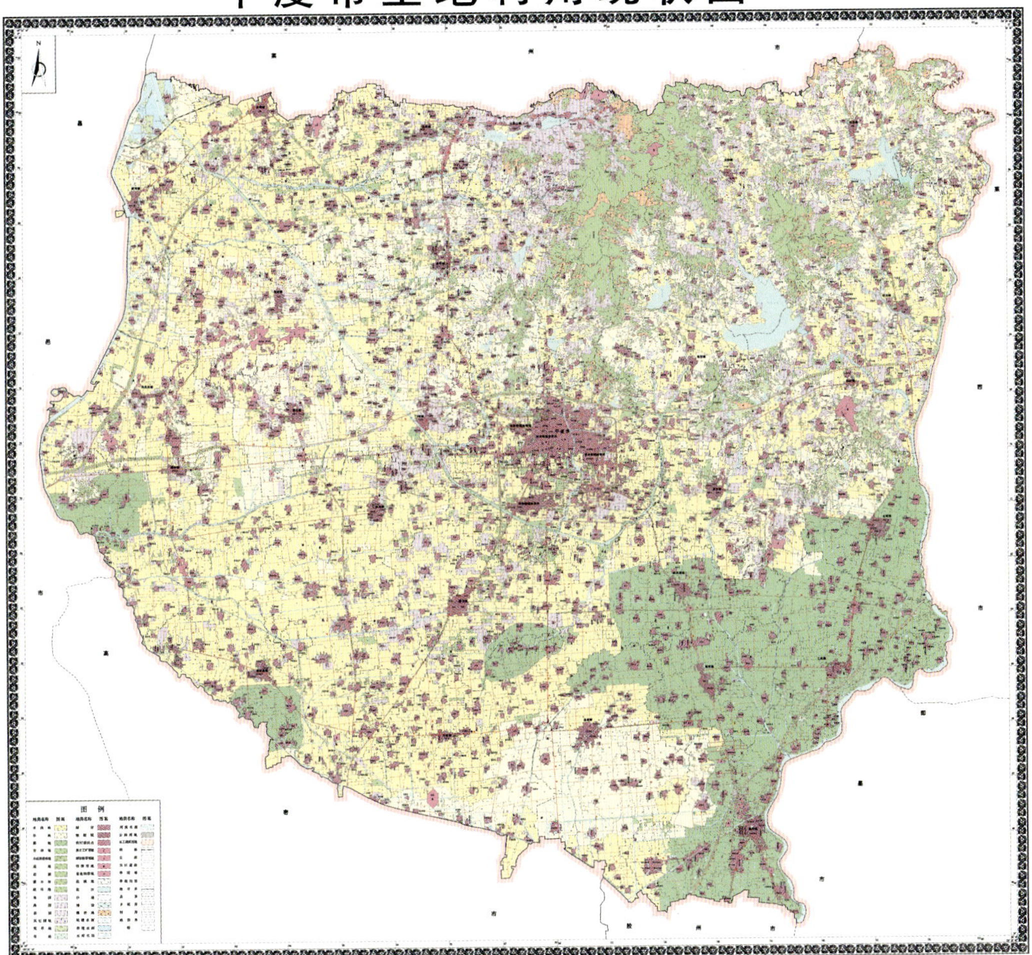

1954年北京坐标系 1956年黄海高程系　　比例尺：1∶550000　　山东农业大学资源与环境学院　山东天地亚太国土遥感有限公司　二〇一〇年十月

平度市地貌图

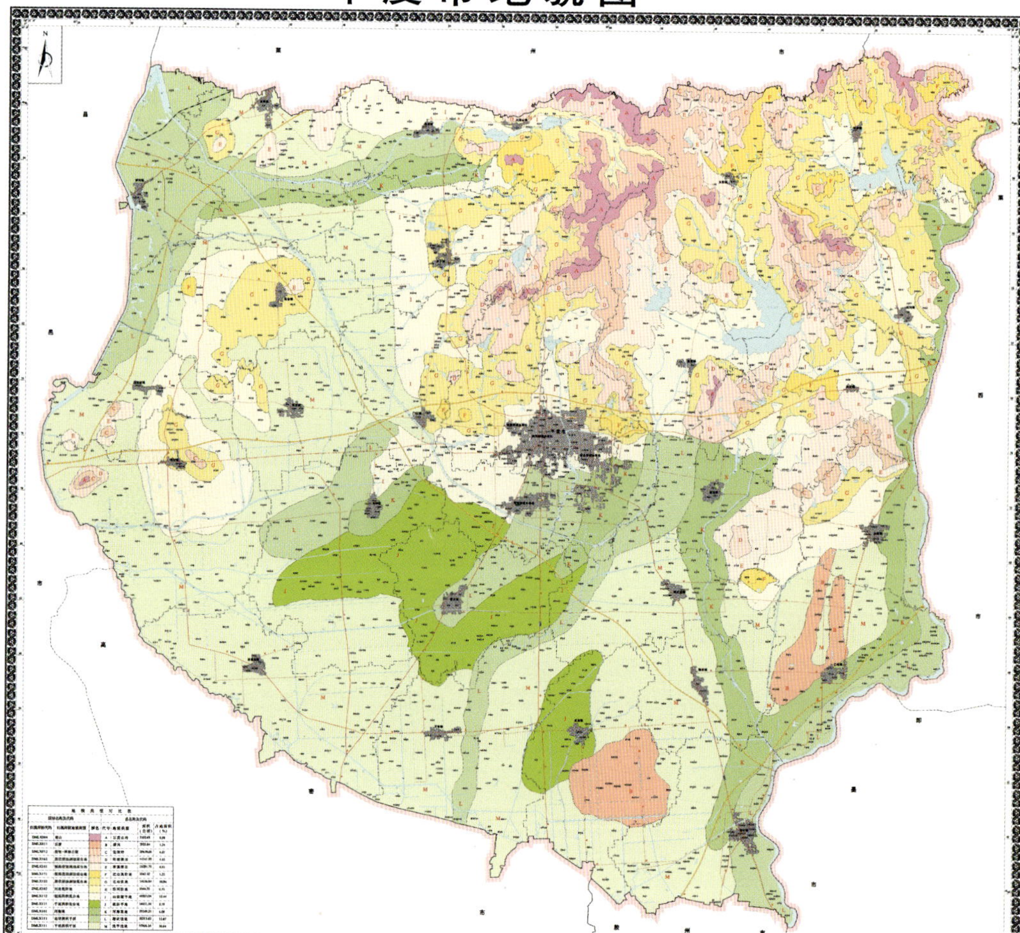

1954年北京坐标系 1956年黄海高程系　　比例尺：1:550000　　山东农业大学资源与环境学院
山东天地亚太国土遥感有限公司　二〇一〇年十月

平度市土壤图

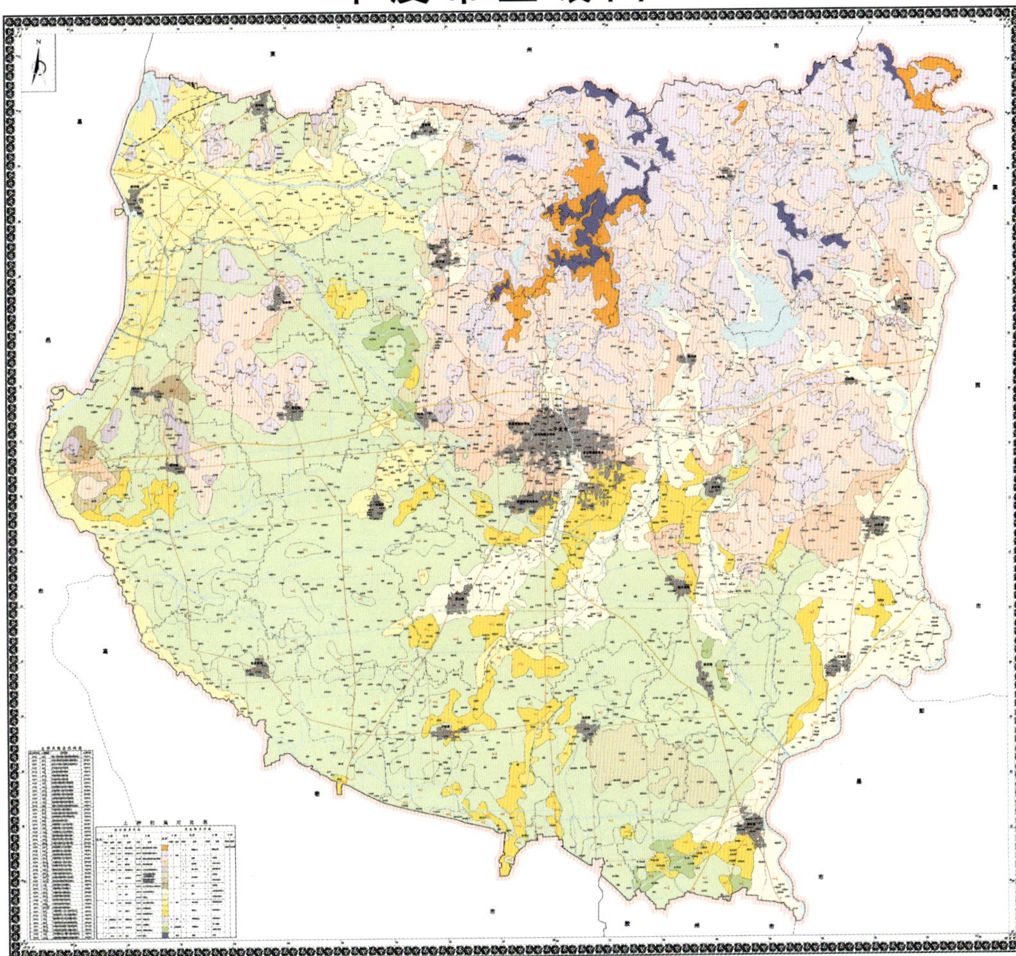

1954年北京坐标系 1956年黄海高程系

比例尺：1∶550000

山东农业大学资源与环境学院
山东天地亚太国土遥感有限公司 二〇一〇年十月

平度市坡度图

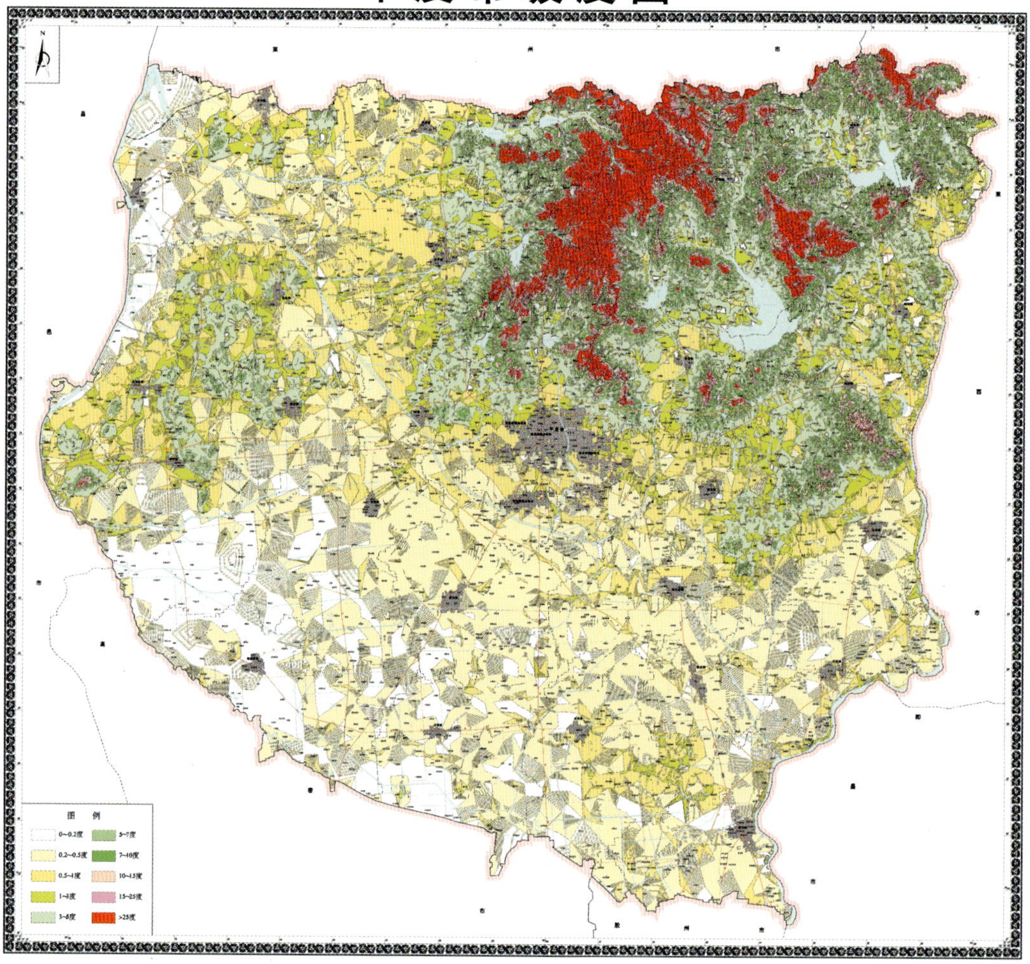

1954年北京坐标系 1956年黄海高程系

比例尺：1∶550000

山东农业大学资源与环境学院
山东天地亚太国土遥感有限公司 二〇一〇年十月

平度市耕地地图调查点点位图

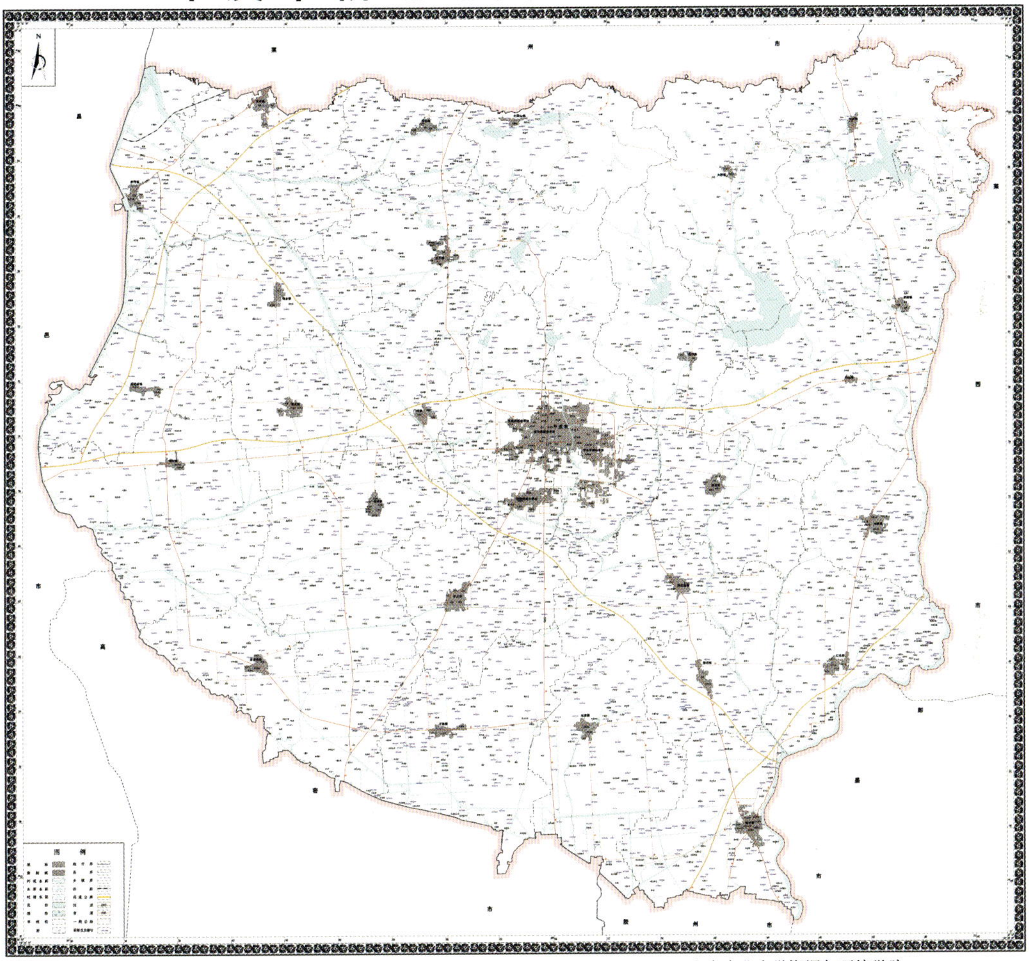

1954年北京坐标系 1956年黄海高程系

比例尺：1∶550000

山东农业大学资源与环境学院
山东天地亚太国土遥感有限公司 二〇一〇年十月

平度市灌溉分区图

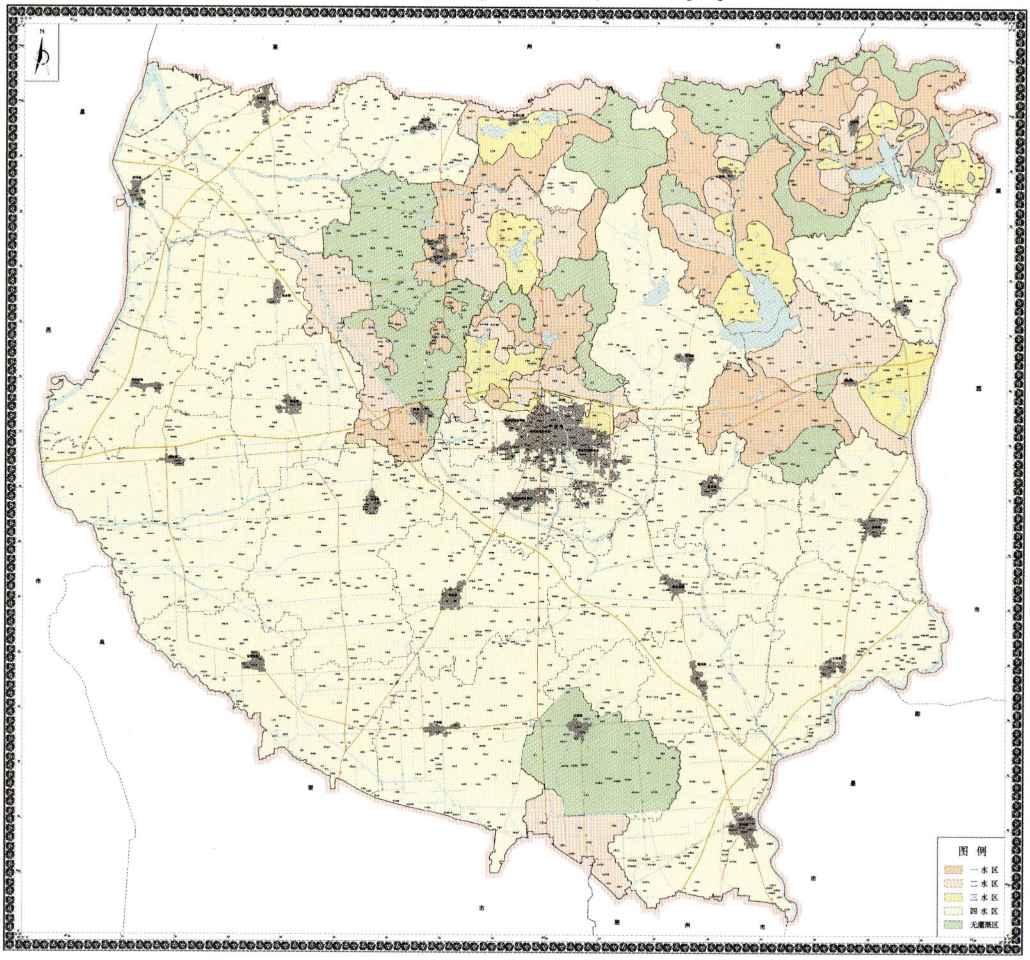

1954年北京坐标系 1956年黄海高程系　　比例尺：1∶550000　　山东农业大学资源与环境学院
山东天地亚太国土遥感有限公司 二○一○年十月

平度市耕地地力评价等级图

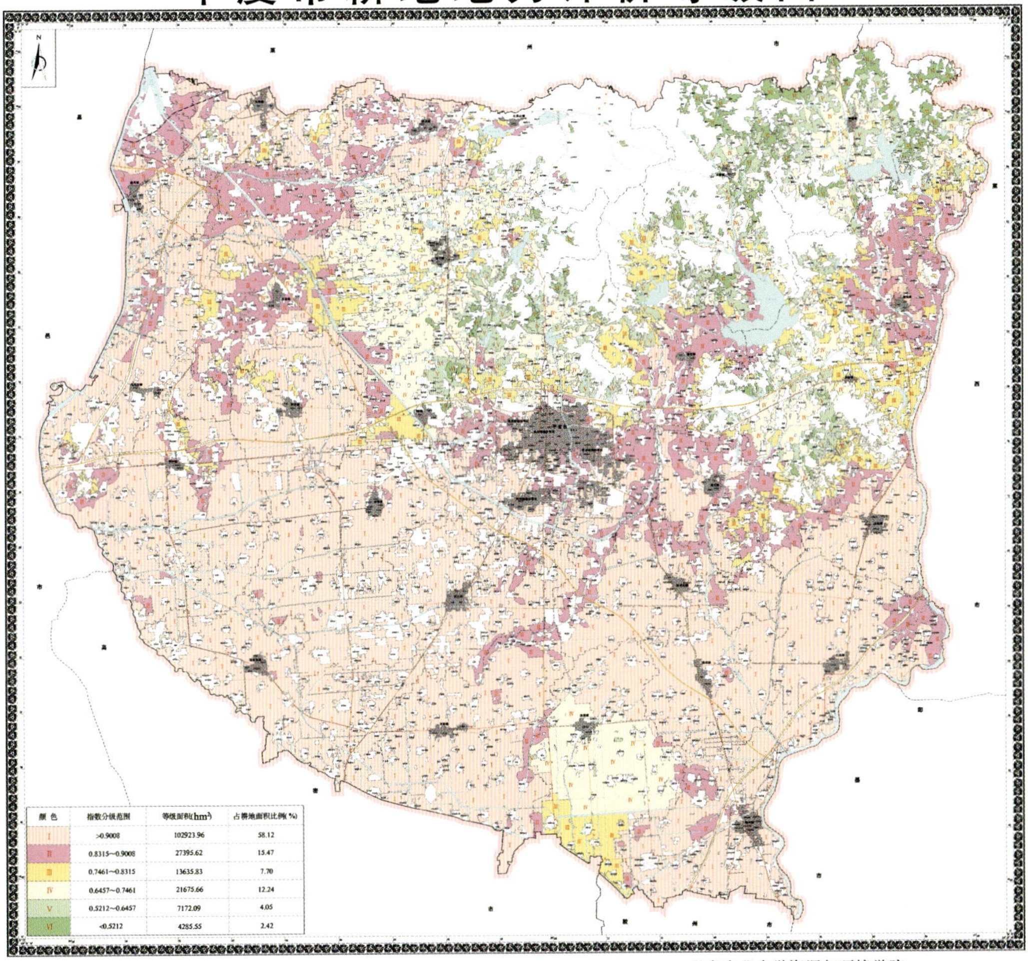

1954年北京坐标系 1956年黄海高程系　　比例尺：1∶550000　　山东农业大学资源与环境学院 山东天地亚太国土遥感有限公司 二〇一〇年十月

平度市土壤pH分布图

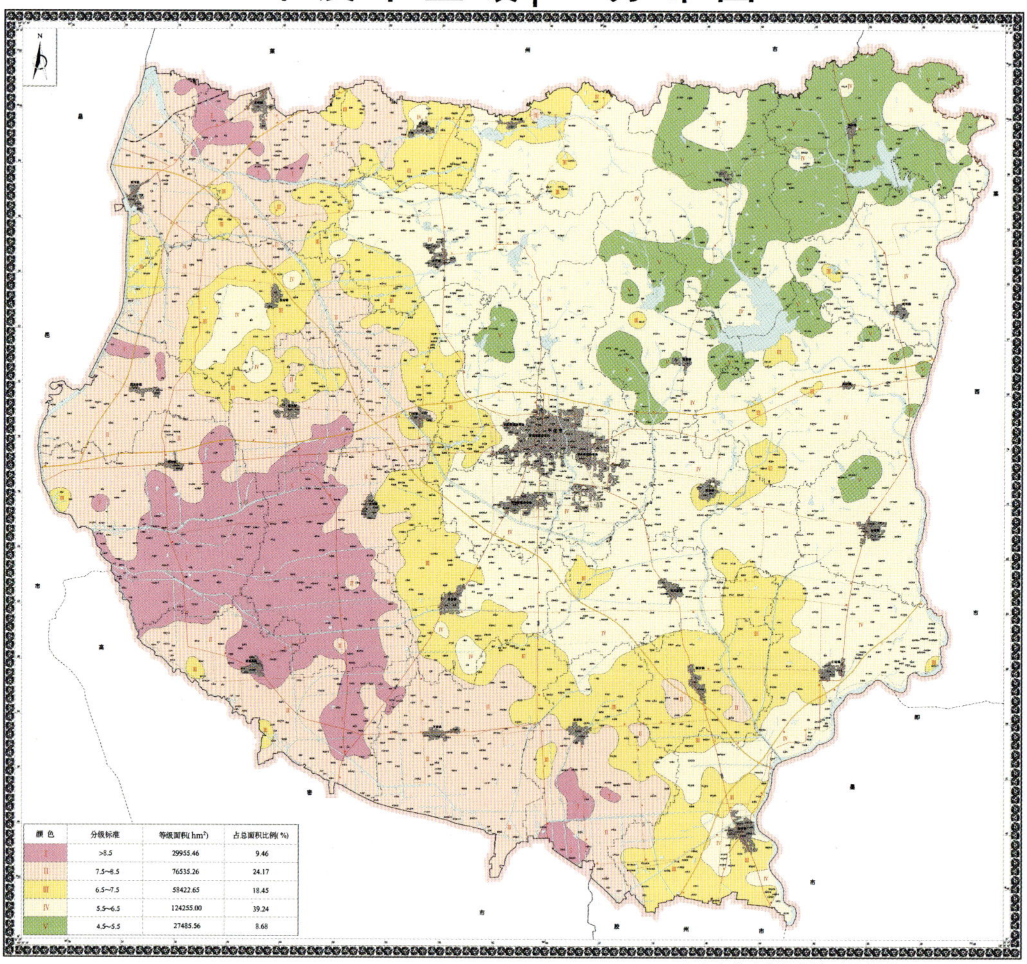

颜色	分级标准	等级面积(hm²)	占总面积比例(%)
Ⅰ	>8.5	29955.46	9.46
Ⅱ	7.5~8.5	76535.26	24.17
Ⅲ	6.5~7.5	58422.65	18.45
Ⅳ	5.5~6.5	124255.00	39.24
Ⅴ	4.5~5.5	27485.56	8.68

1954年北京坐标系　1956年黄海高程系　　比例尺：1∶550000

山东农业大学资源与环境学院
山东天地亚太国土遥感有限公司　二〇一〇年十月

平度市土壤有机质含量分布图

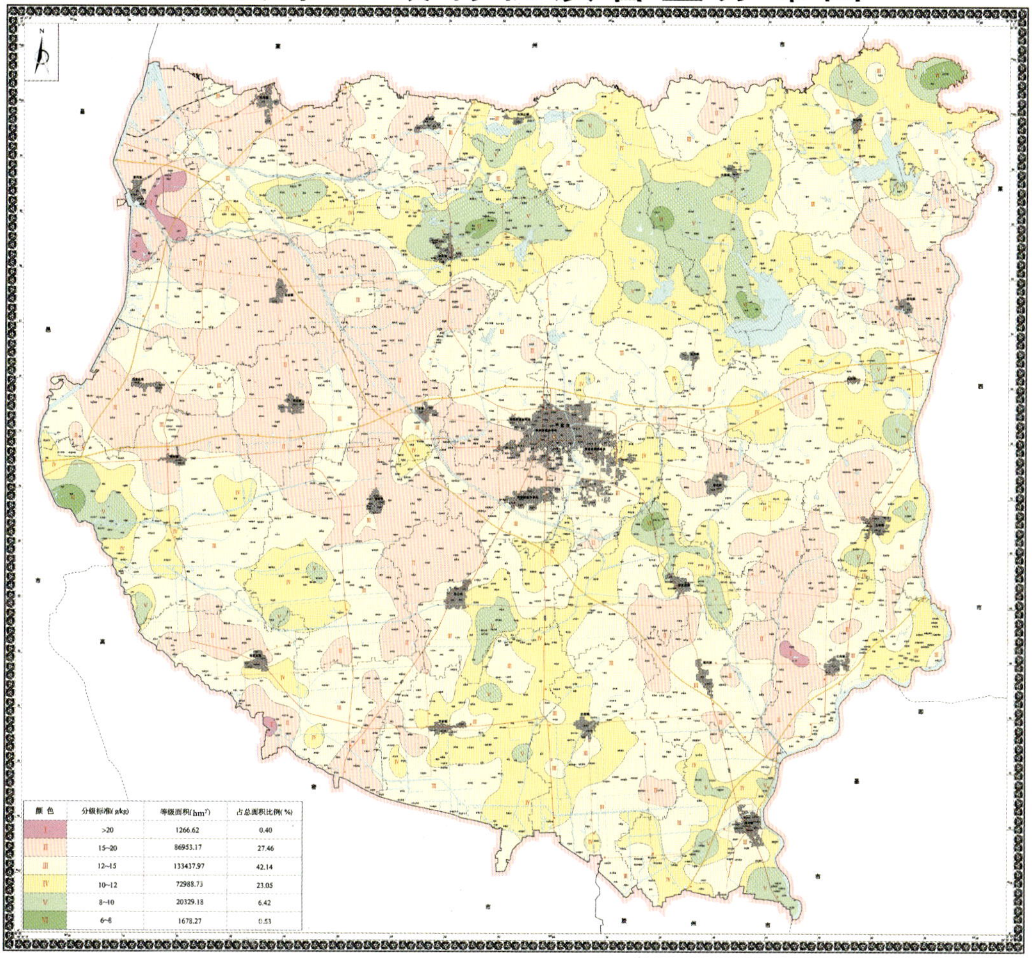

1954年北京坐标系 1956年黄海高程系

比例尺：1∶550000

山东农业大学资源与环境学院
山东天地亚太国土遥感有限公司 二〇一〇年十月

平度市土壤碱解氮含量分布图

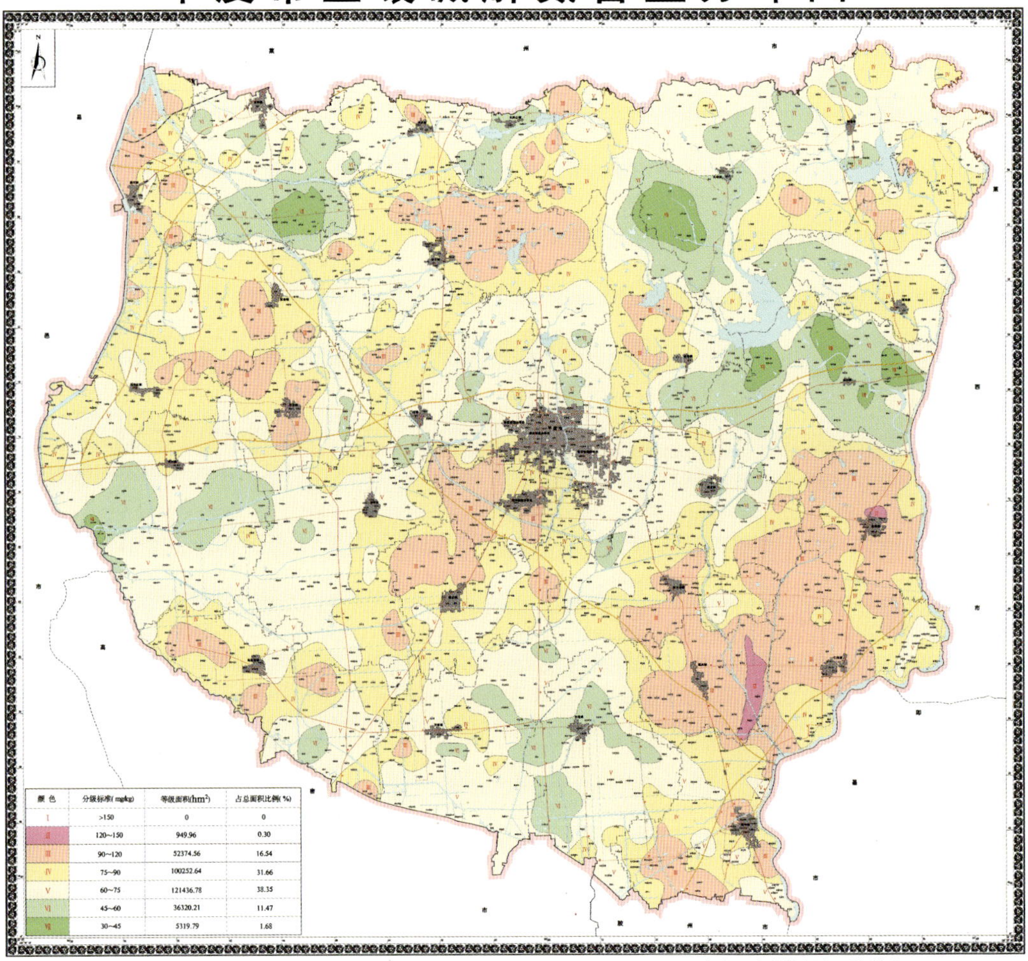

颜色	分级标准(mg/kg)	等级面积(hm^2)	占总面积比例(%)
Ⅰ	>150	0	0
Ⅱ	120~150	949.96	0.30
Ⅲ	90~120	52374.56	16.54
Ⅳ	75~90	100252.64	31.66
Ⅴ	60~75	121436.78	38.35
Ⅵ	45~60	36320.21	11.47
Ⅶ	30~45	5319.79	1.68

1954年北京坐标系 1956年黄海高程系　　比例尺：1:550000　　山东农业大学资源与环境学院 山东天地亚太国土遥感有限公司 二〇一〇年十月

平度市土壤全氮含量分布图

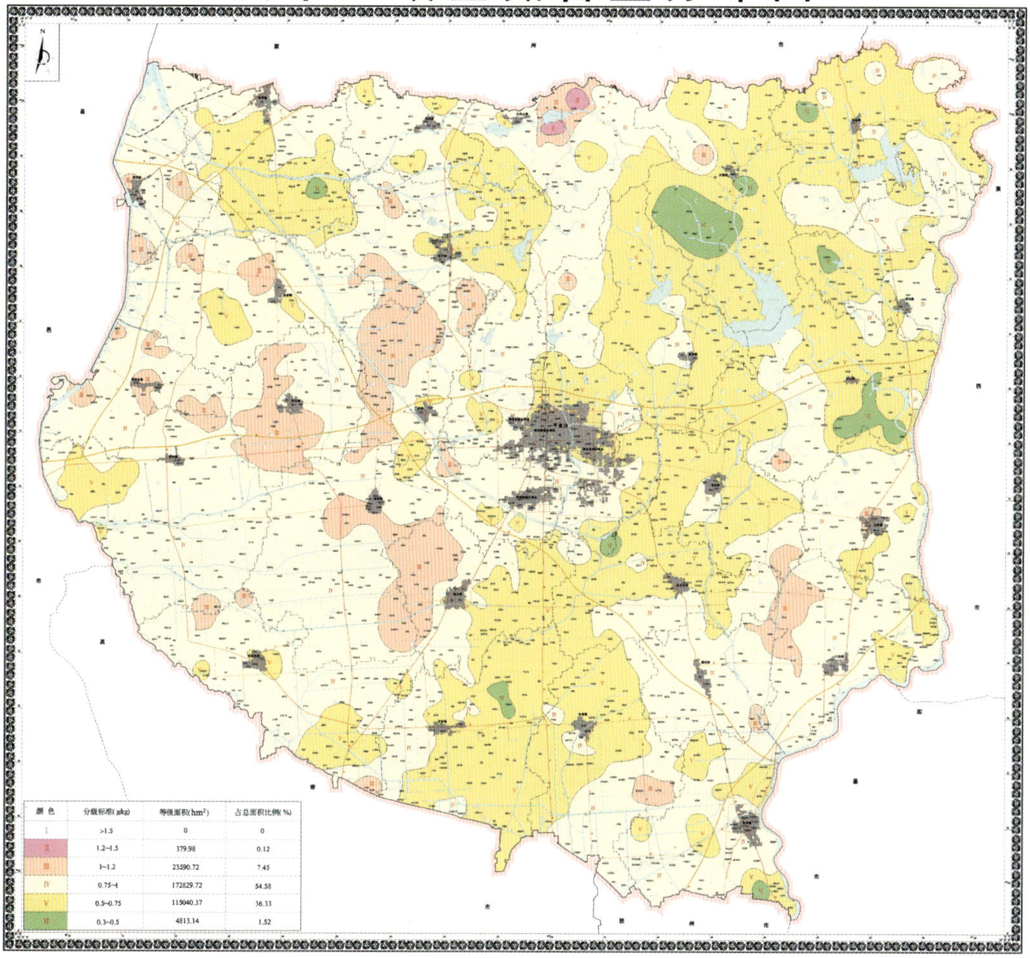

1954年北京坐标系 1956年黄海高程系

比例尺：1∶550000

山东农业大学资源与环境学院
山东天地亚太国土遥感有限公司 二〇一〇年十月

平度市土壤有效磷含量分布图

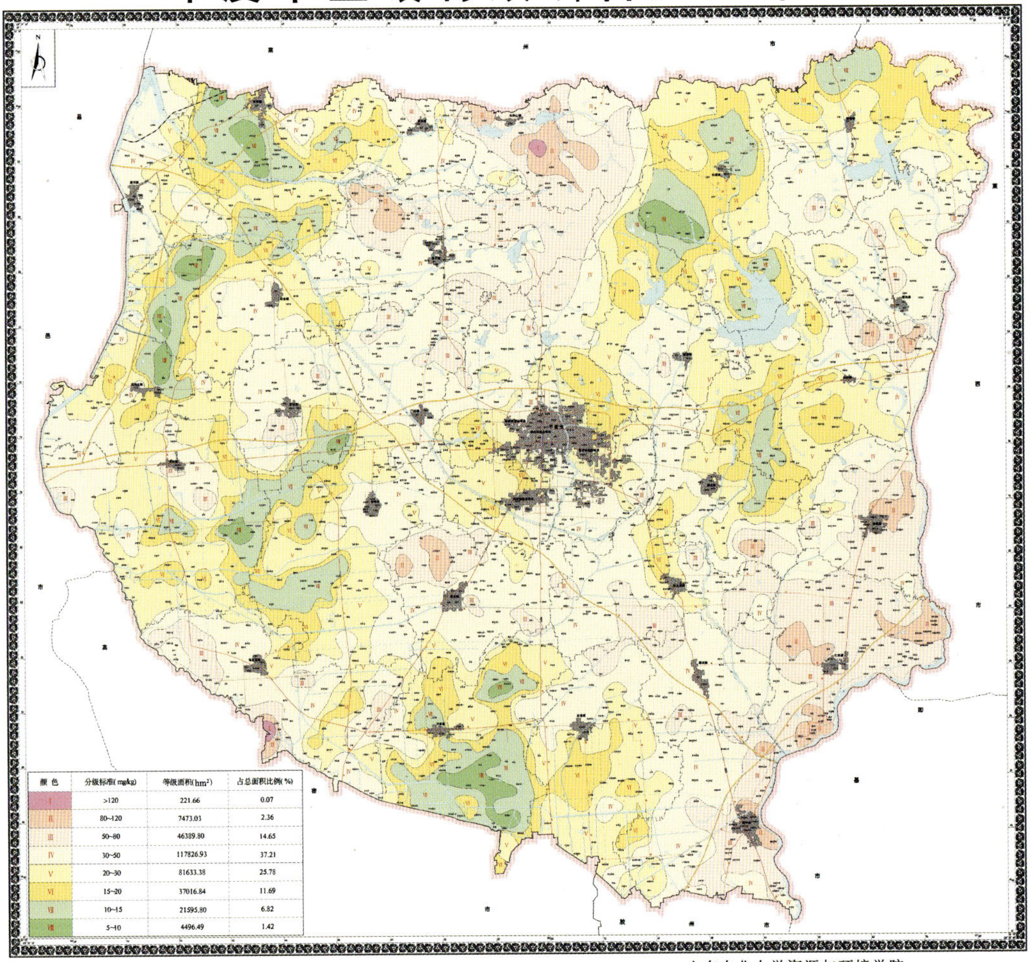

颜 色	分级标准(mg/kg)	等级面积(hm^2)	占总面积比例(%)
Ⅰ	>120	221.66	0.07
Ⅱ	80~120	7473.03	2.36
Ⅲ	50~80	46389.80	14.65
Ⅳ	30~50	117826.93	37.21
Ⅴ	20~30	81633.38	25.78
Ⅵ	15~20	37016.84	11.69
Ⅶ	10~15	21595.80	6.82
Ⅷ	5~10	4496.49	1.42

1954年北京坐标系 1956年黄海高程系

比例尺：1∶550000

山东农业大学资源与环境学院
山东天地亚太国土遥感有限公司 二〇一〇年十月

平度市土壤速效钾含量分布图

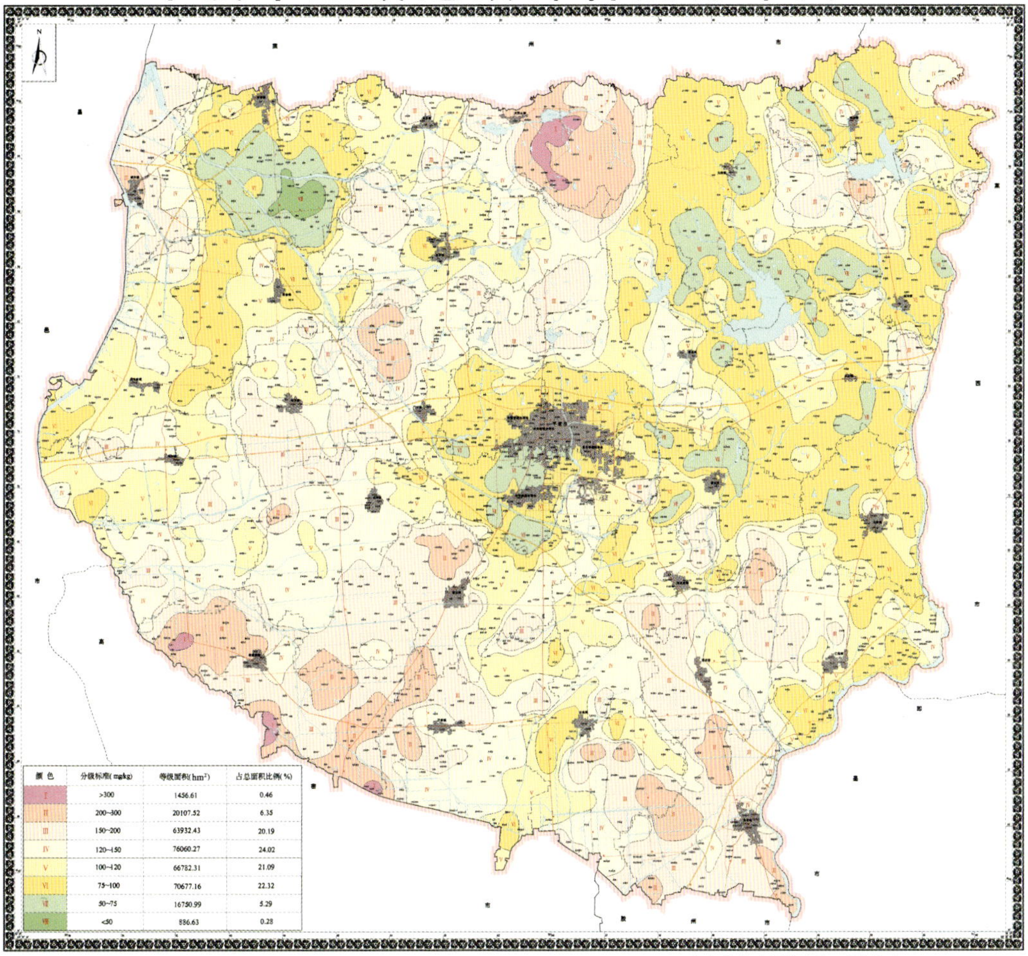

颜 色	分级标准(mg/kg)	等级面积(hm²)	占总面积比例(%)
Ⅰ	>300	1456.61	0.46
Ⅱ	200~300	20107.52	6.35
Ⅲ	150~200	63932.43	20.19
Ⅳ	120~150	76060.27	24.02
Ⅴ	100~120	66782.31	21.09
Ⅵ	75~100	70677.16	22.32
Ⅶ	50~75	16750.99	5.29
Ⅷ	<50	886.63	0.28

1954年北京坐标系 1956年黄海高程系　　比例尺：1∶550000　　山东农业大学资源与环境学院 山东天地亚太国土遥感有限公司 二〇一〇年十月

平度市土壤缓效钾含量分布图

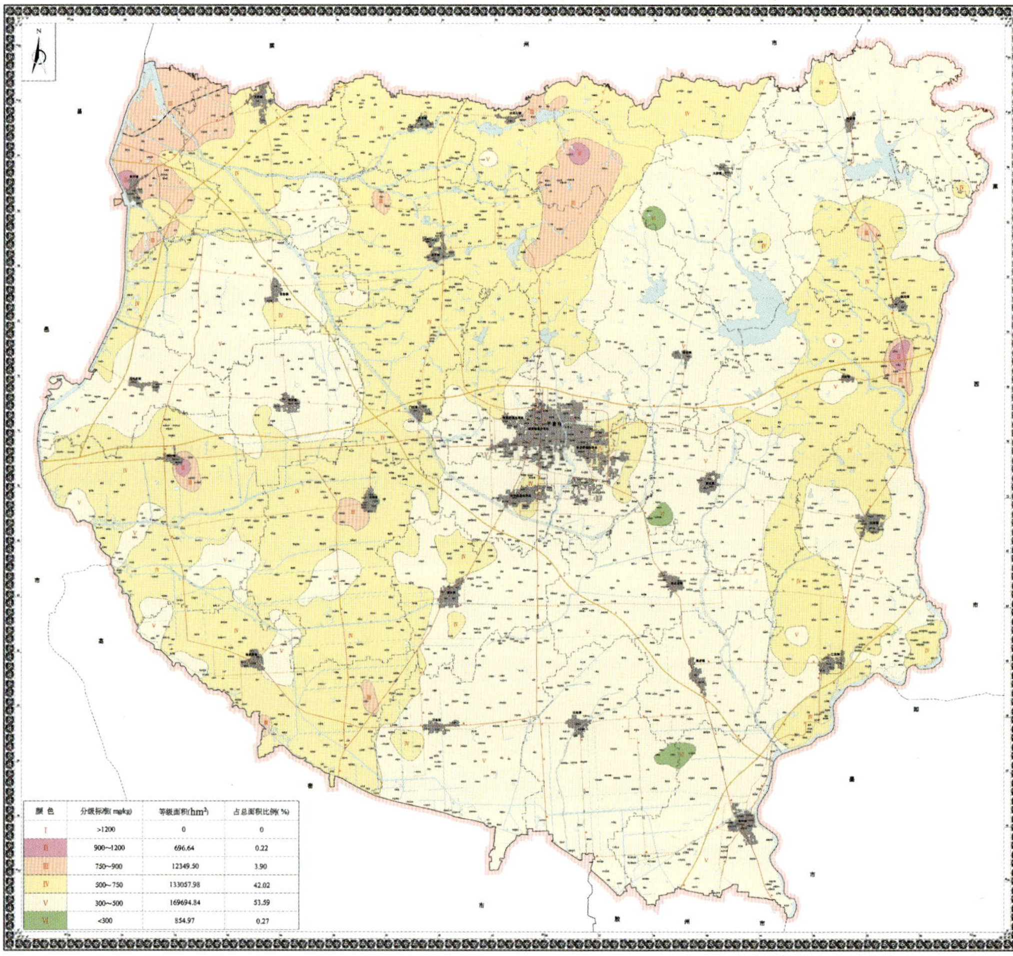

颜色	分级标准(mg/kg)	等级面积(hm²)	占总面积比例(%)
Ⅰ	>1200	0	0
Ⅱ	900~1200	696.64	0.22
Ⅲ	750~900	12349.50	3.90
Ⅳ	500~750	133057.98	42.02
Ⅴ	300~500	169694.84	53.59
Ⅵ	<300	854.97	0.27

1954年北京坐标系 1956年黄海高程系

比例尺：1∶550000

山东农业大学资源与环境学院
山东天地亚太国土遥感有限公司 二〇一〇年十月

平度市土壤交换性钙含量分布图

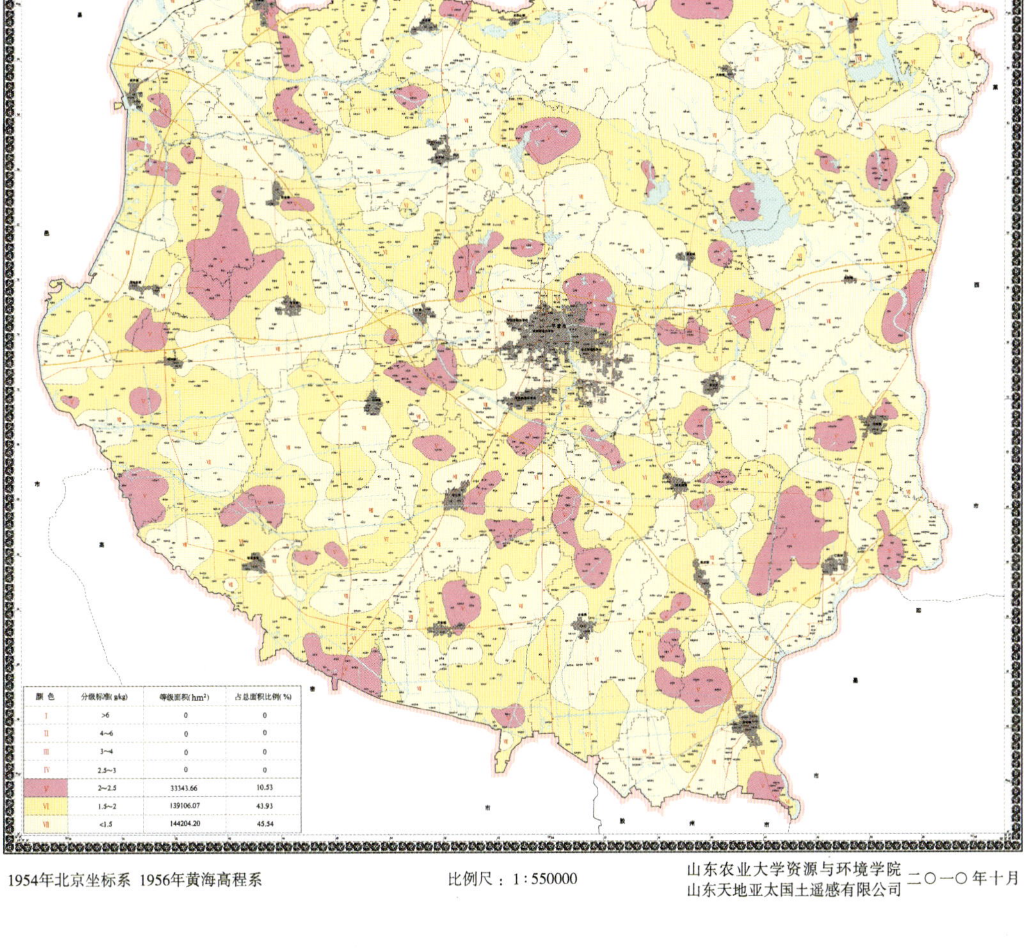

颜 色	分级标准(g/kg)	等级面积(hm²)	占总面积比例(%)
I	>6	0	0
II	4~6	0	0
III	3~4	0	0
IV	2.5~3	0	0
V	2~2.5	33343.66	10.53
VI	1.5~2	139106.07	43.93
VII	<1.5	144204.20	45.54

1954年北京坐标系 1956年黄海高程系　　比例尺：1:550000　　山东农业大学资源与环境学院
山东天地亚太国土遥感有限公司　二〇一〇年十月

平度市土壤交换性镁含量分布图

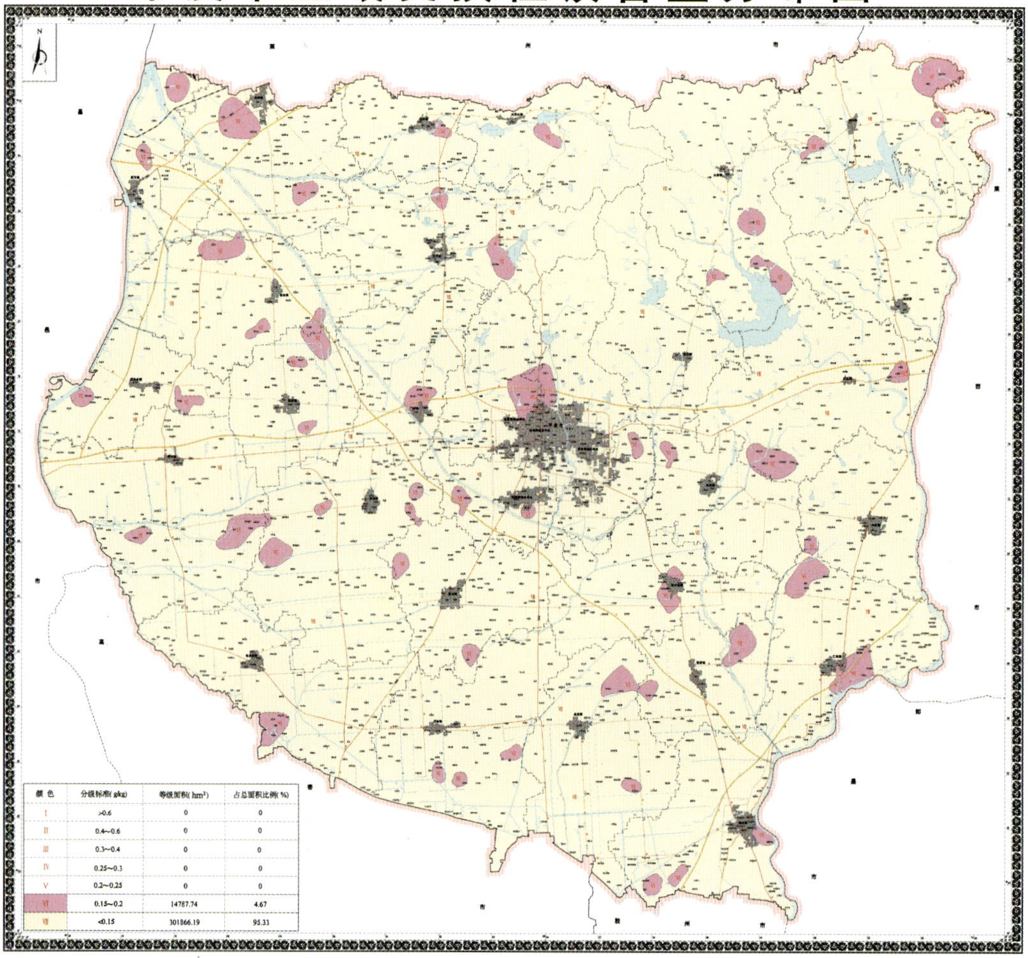

颜色	分级标准(g/kg)	等级面积(hm²)	占总面积比例(%)
Ⅰ	>0.6	0	0
Ⅱ	0.4~0.6	0	0
Ⅲ	0.3~0.4	0	0
Ⅳ	0.25~0.3	0	0
Ⅴ	0.2~0.25	0	0
Ⅵ	0.15~0.2	14787.74	4.67
Ⅶ	<0.15	301866.19	95.33

1954年北京坐标系 1956年黄海高程系　　比例尺：1∶550000　　山东农业大学资源与环境学院 山东天地亚太国土遥感有限公司 二〇一〇年十月

平度市土壤有效硫含量分布图

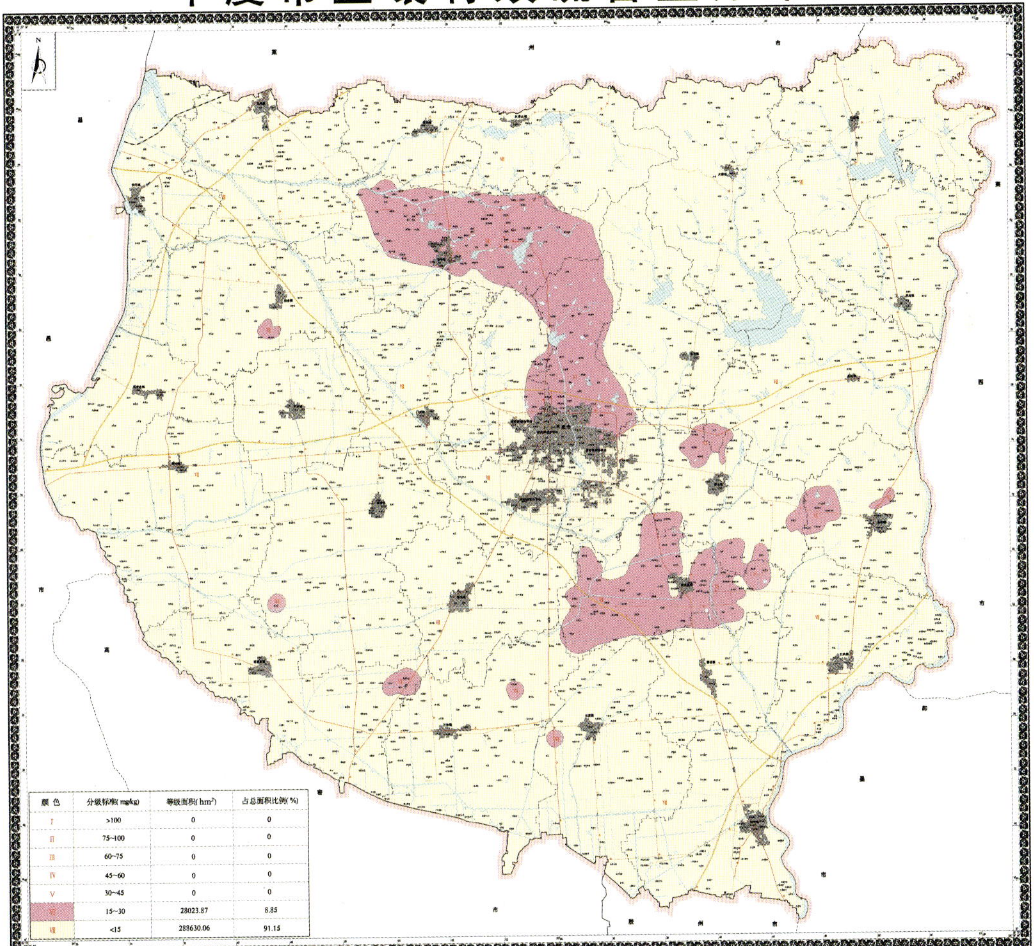

颜 色	分级标准(mg/kg)	等级面积(hm²)	占总面积比例(%)
Ⅰ	>100	0	0
Ⅱ	75~100	0	0
Ⅲ	60~75	0	0
Ⅳ	45~60	0	0
Ⅴ	30~45	0	0
Ⅵ	15~30	28023.87	8.85
Ⅶ	<15	288630.06	91.15

1954年北京坐标系 1956年黄海高程系

比例尺：1∶550000

山东农业大学资源与环境学院
山东天地亚太国土遥感有限公司
二〇一〇年十月

平度市土壤有效硅含量分布图

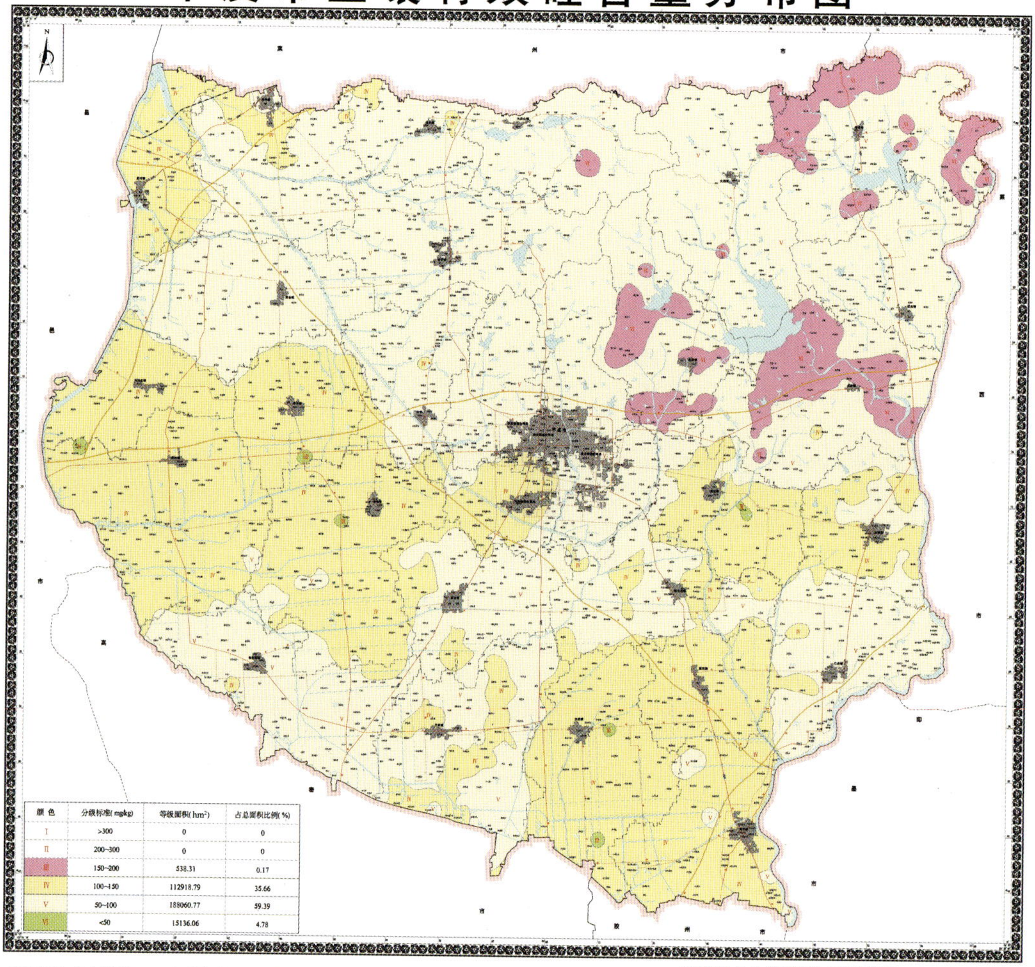

颜 色	分级标准(mg/kg)	等级面积(hm^2)	占总面积比例(%)
Ⅰ	>300	0	0
Ⅱ	200~300	0	0
Ⅲ	150~200	538.31	0.17
Ⅳ	100~150	112918.79	35.66
Ⅴ	50~100	188060.77	59.39
Ⅵ	<50	15136.06	4.78

1954年北京坐标系 1956年黄海高程系

比例尺：1∶550000

山东农业大学资源与环境学院
山东天地亚太国土遥感有限公司 二〇一〇年十月

平度市土壤有效铁含量分布图

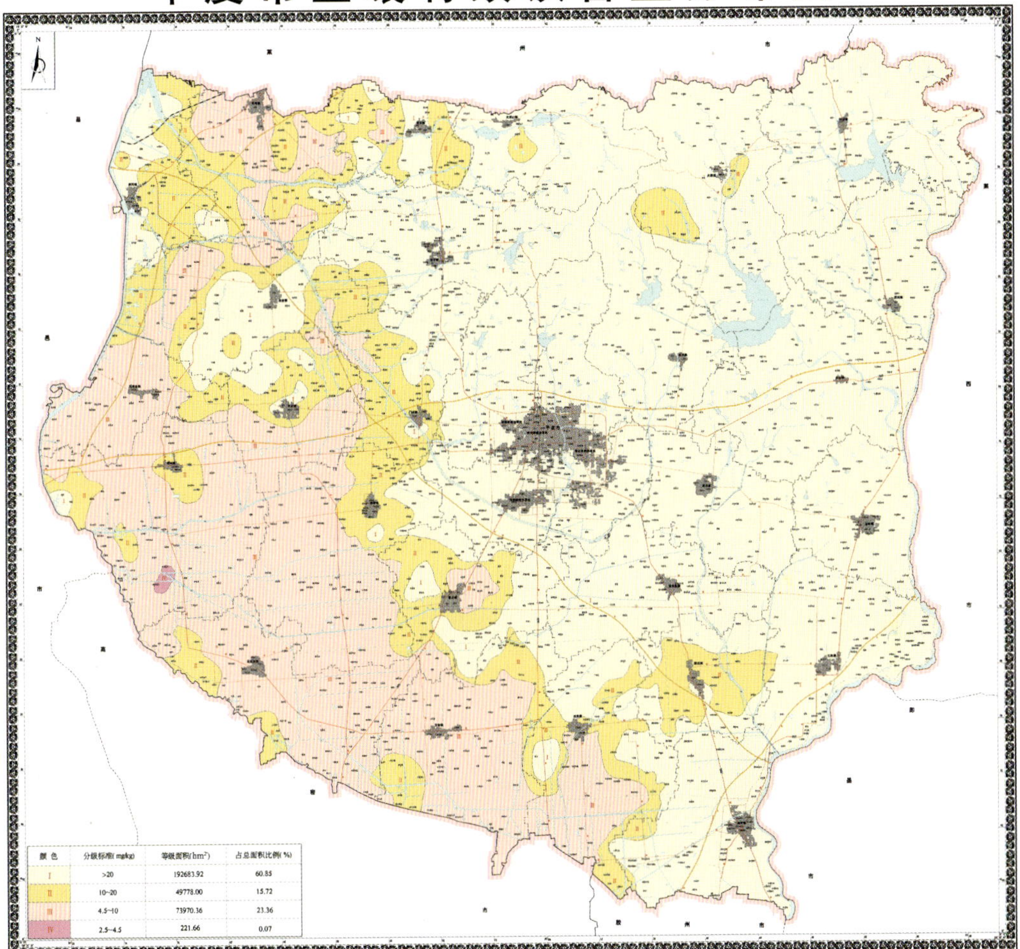

1954年北京坐标系 1956年黄海高程系　　比例尺：1:550000　　山东农业大学资源与环境学院 山东天地亚太国土遥感有限公司 二〇一〇年十月

平度市土壤有效锰含量分布图

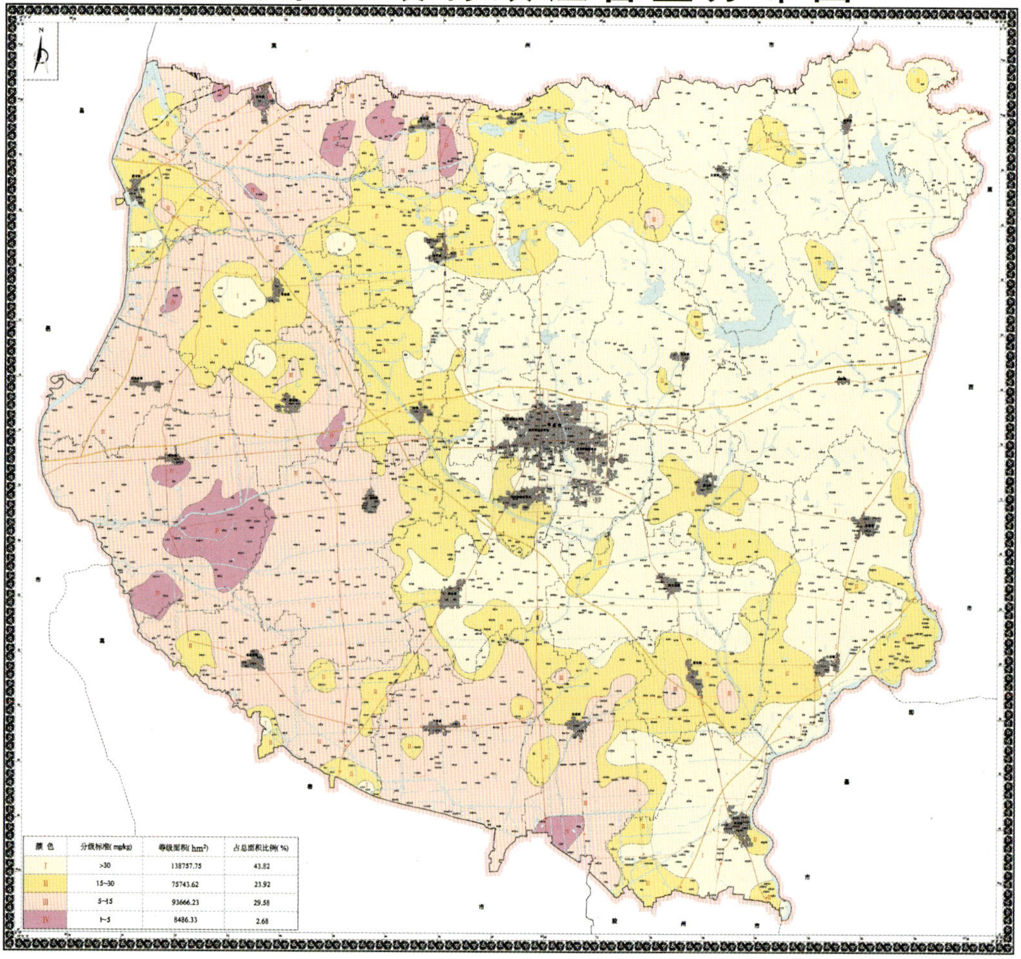

颜色	分级标准(mg/kg)	等级面积(hm^2)	占总面积比例(%)
Ⅰ	>30	138757.75	43.82
Ⅱ	15~30	75743.62	23.92
Ⅲ	5~15	93666.23	29.58
Ⅳ	1~5	8486.33	2.68

1954年北京坐标系 1956年黄海高程系

比例尺：1∶550000

山东农业大学资源与环境学院
山东天地亚太国土遥感有限公司 二〇一〇年十月

平度市土壤有效铜含量分布图

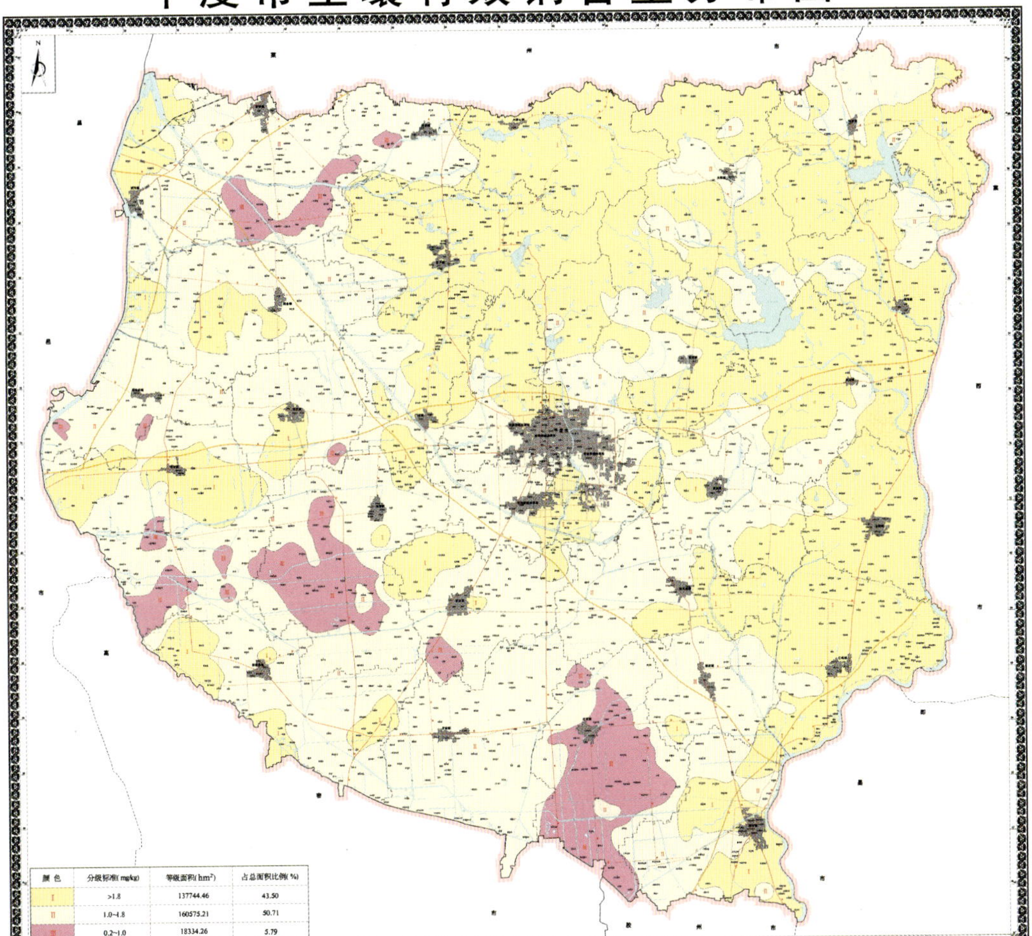

1954年北京坐标系 1956年黄海高程系

比例尺：1∶550000

山东农业大学资源与环境学院
山东天地亚太国土遥感有限公司 二○一○年十月

平度市土壤有效锌含量分布图

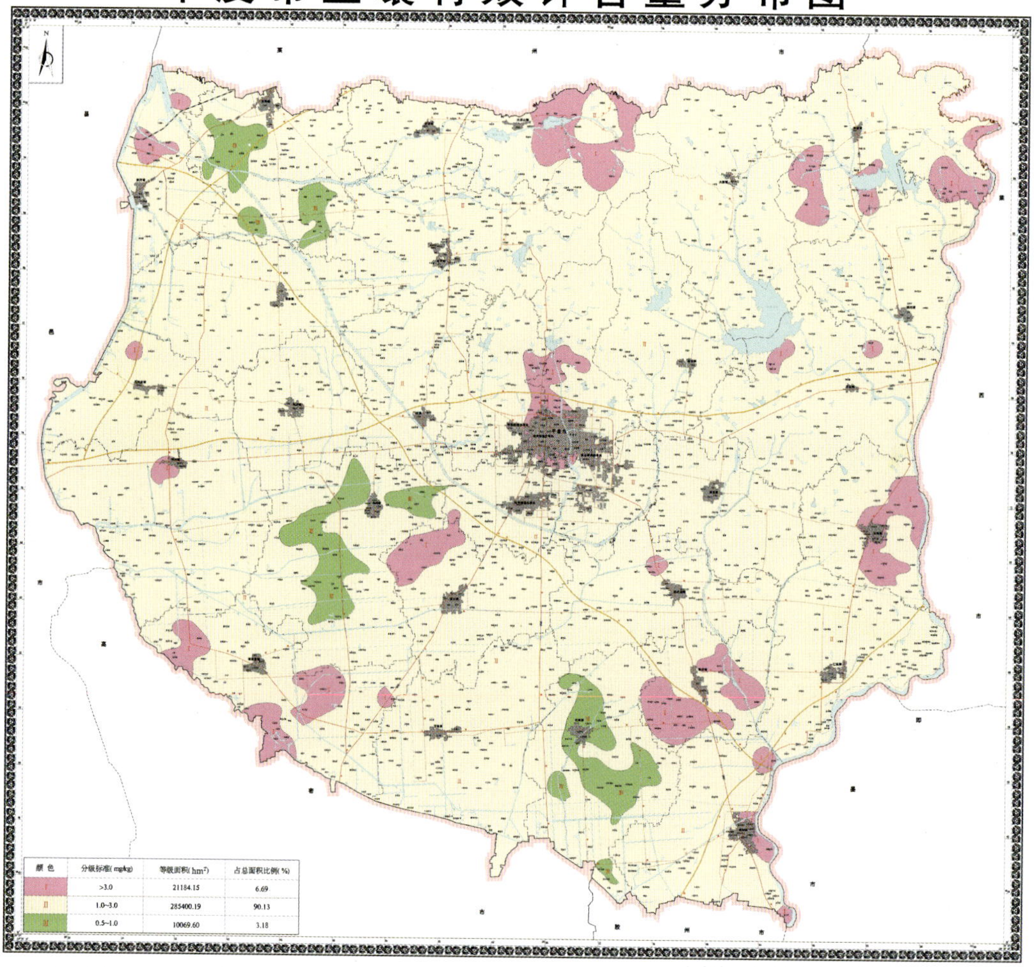

1954年北京坐标系 1956年黄海高程系

比例尺：1∶550000

山东农业大学资源与环境学院
山东天地亚太国土遥感有限公司 二〇一〇年十月

平度市土壤有效硼含量分布图

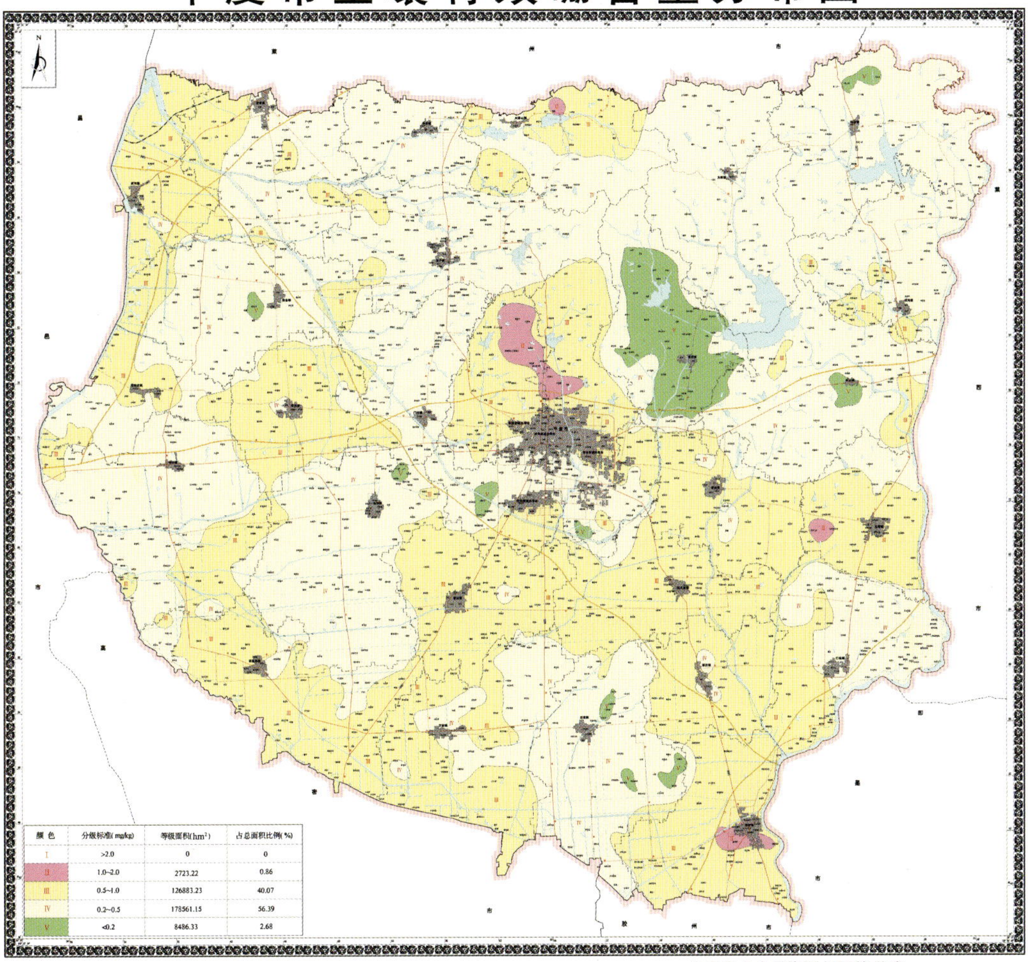

颜 色	分级标准(mg/kg)	等级面积(hm^2)	占总面积比例(%)
Ⅰ	>2.0	0	0
Ⅱ	1.0~2.0	2723.22	0.86
Ⅲ	0.5~1.0	126883.23	40.07
Ⅳ	0.2~0.5	178561.15	56.39
Ⅴ	<0.2	8486.33	2.68

1954年北京坐标系 1956年黄海高程系

比例尺：1∶550000

山东农业大学资源与环境学院
山东天地亚太国土遥感有限公司 二〇一〇年十月

平度市土壤有效钼含量分布图

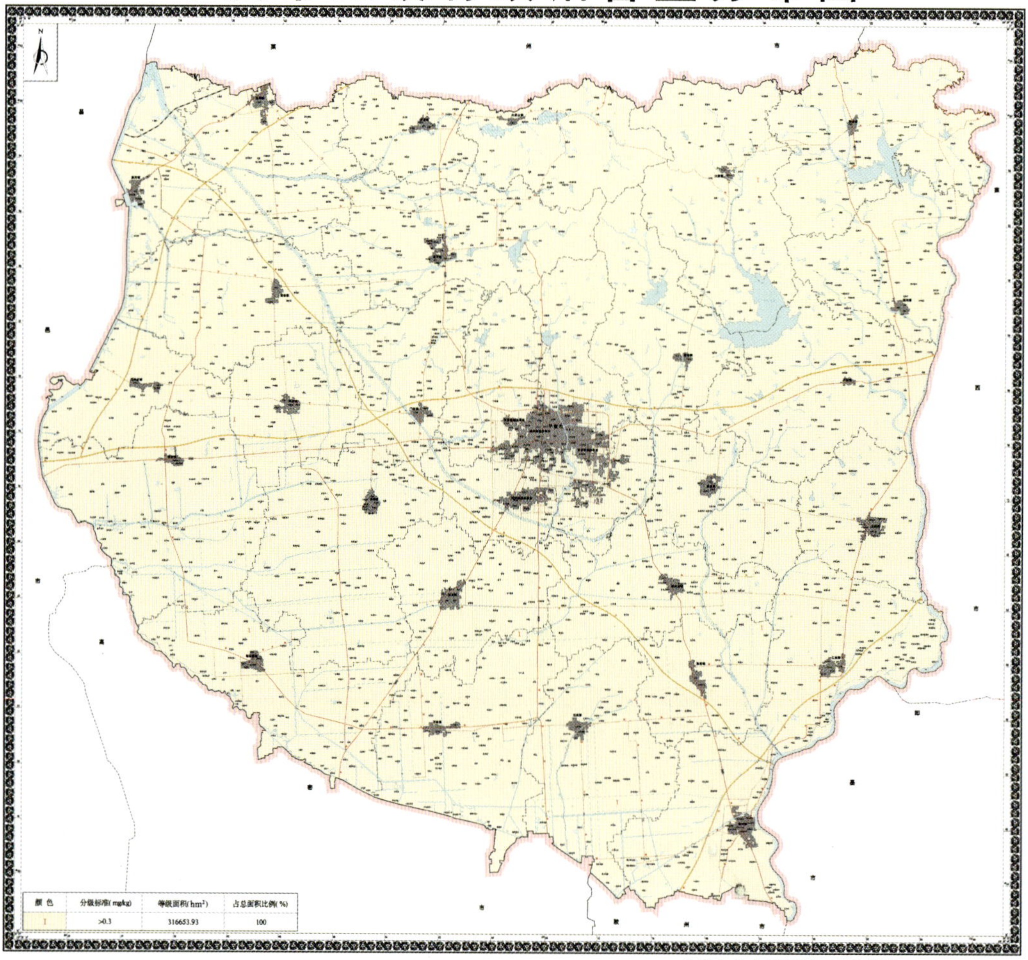

1954年北京坐标系 1956年黄海高程系

比例尺：1∶550000

山东农业大学资源与环境学院
山东天地亚太国土遥感有限公司 二〇一〇年十月